U0203940

教育部高等学校电子信息类专业教学指导委员会规划教材

高等学校电子信息类专业系列教材·新形态教材

模式识别

原理、应用及实现

郭志强 主编

阮军 王昱 副主编

清华大学出版社

北京

内容简介

本书主要介绍模式识别的基础知识、基本方法、原理实现和典型工程应用。全书共10章。第1章介绍模式识别的基础知识；第2章介绍贝叶斯决策理论；第3章介绍概率密度函数的参数估计；第4章介绍非参数判别分类方法；第5章介绍聚类分析；第6章介绍特征提取与选择；第7章介绍模糊模式识别；第8章介绍神经网络在模式识别中的应用；第9章介绍典型深度学习模型及应用；第10章介绍模式识别的工程应用。每章的内容安排从问题背景引入，系统讲述基本原理、方法和实践应用（通过Python软件编程）。本书内容传统与前沿结合，理论与实践并重，做到基本理论、实际编程与工程应用的统一。本书已入选"武汉理工大学本科教材建设专项基金项目"。

本书可作为高等院校电子信息类、计算机类、自动化类等相关专业本科生的教材，以及信息与通信工程、控制科学与工程、计算机科学与技术等专业研究生的教材；也可作为从事人工智能相关研究与开发的工程技术人员的参考书。

版权所有，侵权必究。举报：010-62782989，beiqinquan@tup.tsinghua.edu.cn。

图书在版编目（CIP）数据

模式识别：原理、应用及实现/郭志强主编. -- 北京：清华大学出版社，2025. 2.
（高等学校电子信息类专业系列教材）. -- ISBN 978-7-302-68232-5
Ⅰ. O235
中国国家版本馆CIP数据核字第2025XW1427号

策划编辑：盛东亮
责任编辑：范德一
封面设计：李召霞
责任校对：王勤勤
责任印制：宋　林

出版发行：清华大学出版社
网　　址：https://www.tup.com.cn，https://www.wqxuetang.com
地　　址：北京清华大学学研大厦A座　　**邮　　编**：100084
社 总 机：010-83470000　　**邮　　购**：010-62786544
投稿与读者服务：010-62776969，c-service@tup.tsinghua.edu.cn
质量反馈：010-62772015，zhiliang@tup.tsinghua.edu.cn
课件下载：https://www.tup.com.cn，010-83470236
印 装 者：三河市铭诚印务有限公司
经　　销：全国新华书店
开　　本：185mm×260mm　　**印　张**：13.75　　**字　　数**：335千字
版　　次：2025年3月第1版　　**印　　次**：2025年3月第1次印刷
印　　数：1～1500
定　　价：59.00元

产品编号：101467-01

序

FOREWORD

2022年,我国规模以上计算机、通信和其他电子设备制造业实现营业收入15.4万亿元,占工业营业收入比重达11.2%。电子信息产业在工业经济中的支撑作用凸显,更加促进了信息化和工业化的高层次深度融合。随着移动互联网、云计算、物联网、大数据和石墨烯等新兴产业的爆发式增长,电子信息产业的发展呈现了新的特点,电子信息产业的人才培养面临着新的挑战。

(1) 随着控制、通信、人机交互和网络互联等新兴电子信息技术的不断发展,传统工业设备融合了大量最新的电子信息技术,它们一起构成了庞大而复杂的系统,派生出大量新兴的电子信息技术应用需求。这些"系统级"的应用需求,迫切要求具有系统级设计能力的电子信息技术人才。

(2) 电子信息系统设备的功能越来越复杂,系统的集成度越来越高。因此,要求未来的设计者应该具备更扎实的理论基础知识和更宽广的专业视野。未来电子信息系统的设计越来越要求软件和硬件的协同规划、协同设计和协同调试。

(3) 新兴电子信息技术的发展依赖于半导体产业的不断推动,半导体厂商为设计者提供了越来越丰富的生态资源,系统集成厂商的全方位配合又加速了这种生态资源的进一步完善。半导体厂商和系统集成厂商所建立的这种生态系统,为未来的设计者提供了更加便捷却又必须依赖的设计资源。

教育部2020年颁布了新版《普通高等学校本科专业目录》,将电子信息类专业进行了扩充,为各高校建立系统化的人才培养体系,培养具有扎实理论基础和宽广专业技能的、兼顾"基础"和"系统"的高层次电子信息人才给出了指引。

传统的电子信息学科专业课程体系呈现"自底向上"的特点,这种课程体系偏重对底层元器件的分析与设计,较少涉及系统级的集成与设计。近年来,国内很多高校对电子信息类专业课程体系进行了大力度的改革,这些改革顺应时代潮流,从系统集成的角度,更加科学合理地构建了课程体系。

为了进一步提高普通高校电子信息类专业教育与教学质量,推动教育与教学高质量发展,教育部高等学校电子信息类专业教学指导委员会开展了"高等学校电子信息类专业课程体系"的立项研究工作,并启动了《高等学校电子信息类专业系列教材》(教育部高等学校电子信息类专业教学指导委员会规划教材)的建设工作。其目的是推进高等教育内涵式发展,提高教学水平,满足高等学校对电子信息类专业人才培养、教学改革与课程改革的需要。本系列教材定位于高等学校电子信息类专业的专业课程,适用于电子信息类的电子信息工程、电子科学与技术、通信工程、微电子科学与工程、光电信息科学与工程、信息工程及其相近专业。经过编审委员会与众多高校多次沟通,初步拟定分批次建设约100门核心课程教材。

本系列教材将力求在保证基础的前提下，突出技术的先进性和科学的前沿性，体现创新教学和工程实践教学；重视系统集成思想在教学中的体现，鼓励推陈出新，采用“自顶向下”的方法编写教材；注重反映优秀的教学改革成果，推广优秀的教学经验与理念。

为了保证本系列教材的科学性、系统性及编写质量，本系列教材设立顾问委员会及编审委员会。顾问委员会由教指委高级顾问、特约高级顾问和国家级教学名师担任，编审委员会由教育部高等学校电子信息类专业教学指导委员会委员和一线教学名师组成。同时，清华大学出版社为本系列教材配置优秀的编辑团队，力求高水准出版。本系列教材的建设，不仅有众多高校教师参与，也有大量知名的电子信息类企业支持。在此，谨向参与本系列教材策划、组织、编写与出版的广大教师、企业代表及出版人员致以诚挚的感谢，并殷切希望本系列教材在我国高等学校电子信息类专业人才培养与课程体系建设中发挥切实的作用。

吕志伟 教授

前言

PREFACE

随着大数据、云计算、人工智能等新技术的出现，信息学科得到空前的发展。模式识别技术已经成为多学科和多领域专家、学者和技术人员共同关心的技术问题。作为人工智能的重要方面，模式识别也从单一的信息学科专业方向，演变成一个在自然科学和社会科学等诸多领域都受到重视的学科方向。

模式识别学科在武汉理工大学的发展有较深厚的底蕴和传承。早在1996年，武汉理工大学设置电子信息工程本科专业，从那时起，杨杰等教授就开始为本科生开设模式识别课程，后逐渐延伸到研究生的课程体系。2017年，由杨杰教授担任主编、郭志强教授担任副主编，编写了模式识别教材《模式识别与MATLAB实现》，并由电子工业出版社出版。该教材的出版为“模式识别”课程的发展做出了贡献，被很多高校和科研院所作为教材或参考书，也为本课程的建设奠定了基础。通过几年的教学实践，以及众多热心读者的反馈，我们发现原来的教材已不能适应当前教学的需求，而且近年来模式识别理论与应用又有了很多新发展。因此，我们重新组建了教材改编小组，从内容到形式，对原有教材进行大规模的修订，形成了本次出版的《模式识别——原理、应用及实现》，并由清华大学出版社出版发行。

本书共分10章。第1章为绪论；第2～3章介绍贝叶斯决策理论，包括贝叶斯分类器及概率密度函数的参数估计；第4章介绍非参数判别分类方法，包括线性分类器和支持向量机基本原理；第5章介绍聚类分析；第6章介绍特征提取与选择；第7章介绍模糊模式识别；第8章介绍传统神经网络基本原理；第9章介绍深度学习的主要模型；第10章介绍模式识别的工程应用，包括中文文本分类、人脸识别和图像分类。

为了适应模式识别学科的新发展，体现模式识别的新应用，满足日常教学的需要，本教材主要有以下特点：

与《模式识别与MATLAB实现》相比，本书在内容上，完善传统内容，跟踪学科发展，充实工程应用。如第9章紧跟学科发展前沿，充实了深度学习的内容，介绍当前深度学习主流模型。第10章为全新内容，以工程案例的形式，介绍了3个模式识别的工程应用。全书的实验例程也全部在Python环境下改写调试完成。

在形式上，教材结构更加完善，编排更加合理，同时充分利用现代教材建设手段，引进数字化、立体化编撰方法，针对教材的知识难点和学习中的痛点，编者在不同章节里精心制作了36个微课视频，进一步增强了教材的可读性和可用性。

本教材第1章、第3章、第5章和第7章由郭志强修订(编写)，第2章、第4章、第6章和第10章由阮军修订，第8章和第9章由王昱修订，吴尚佳、倪应芳、韩鑫武等参加了部分插图的制作和程序的调试工作。全书由郭志强统稿。

特别感谢杨杰教授在本教材的撰写过程中给予的支持和帮助，在百忙之中，杨教授审阅了全书并给出了宝贵意见。编者还要感谢清华大学出版社盛东亮在本书编写过程中的支持。当然，最重要的，编者要感谢参加编写《模式识别与MATLAB实现》的所有老师和同学，因为在本书中仍使用了其基本内容，这是本版教材的重要基础。在编写本书的过程中参考了大量模式识别和机器学习领域的文献，在此对这些文献的作者表示真诚的感谢。

由于时间仓促和编者水平所限，教材中难免有不足之处，敬请广大同行和读者批评指正。

编　者

2024年10月3日

教学建议

TEACHING SUGGESTIONS

教学内容	学习要点及教学要求	学时安排	
		全部/学时	部分/学时
第1章 绪论	• 了解模式识别的模型概念 • 了解模式识别系统的组成和基本方法 • 通过举例的方式了解常见的应用实例	2	2
第2章 贝叶斯决策理论	• 复习概率论的基本知识 • 重点学习基于最小错误率的贝叶斯决策与基于最小风险的贝叶斯决策 • 了解正态分布中的贝叶斯分类方法及决策面	4	2～3
第3章 概率密度函数的参数估计	• 了解概率密度函数估计的基本概念，以及最大似然估计的基本思想 • 学习贝叶斯估计与贝叶斯学习及其推导过程 • 学习非参数估计方法：Parzen 窗法和 k_N-近邻估计法	2～4	2
第4章 非参数判别分类方法	• 学习线性分类器及决策面，掌握从二分类推广到多类的常见形式 • 重点学习感知器算法，以及 Fisher 线性判别函数 • 重点学习支持向量机算法，掌握从线性可分、线性不可分、引入非线性核函数的三个演化过程	2～4	2
第5章 聚类分析	• 了解模式相似性测度概念，掌握常用的距离测度、相似测度和匹配测度 • 学习聚类准则函数，掌握最大最小距离聚类算法 • 重点掌握 C 均值聚类算法，了解 ISODATA 聚类算法	2～4	2
第6章 特征提取与选择	• 了解基于距离的类别可分性判据 • 了解按概率距离判据的特征提取方法和基于熵函数的可分性判据 • 掌握基于 Karhunen-Loeve 变换的特征提取，了解常用特征选择算法	2	2

续表

教学内容	学习要点及教学要求	学时安排	
		全部/学时	部分/学时
第 7 章　模糊模式识别	• 了解模糊数学的基础知识，掌握隶属度函数概念和模糊集合的基本运算 • 了解最大隶属度识别法 • 学习模糊 C 均值聚类	4	0～2
第 8 章　神经网络在模式识别中的应用	• 人工神经网络的发展历史与基础知识 • 学习多层感知器，掌握 BP 算法 • 了解自组织特征映射网络、径向基函数神经网络	4	2～3
第 9 章　典型深度学习模型及应用	• 了解深度学习的基本原理和训练过程 • 掌握卷积神经网络的基本结构 • 了解 R-CNN 系列原理及方法 • 学习 LSTM 模型和 Transformer 模型	4	2
第 10 章　模式识别的工程应用	• 学习基于朴素贝叶斯的中文文本分类 • 学习基于 PCA 和 SVM 的人脸识别 • 学习基于 ResNet 的图像分类	2～4	2
	教学总学时建议	28～36	18～21

说明：

1. 本教材为电子信息类本科专业“模式识别”或“机器学习”课程教材，理论授课学时数为 28～36 学时（相关配套实验另行单独安排），不同专业根据不同的教学要求和计划教学时数可酌情对教材内容进行适当取舍。电子信息工程、通信工程、自动控制等专业，教材内容原则上全讲；其他专业，可酌情对教材内容进行适当删减。

2. 本教材理论授课学时数为 28～36 学时，其中包含习题课、课堂讨论等必要的课内教学环节。

3. 本教材安排的 19 个实验不在理论课学时内，建议学生在课外时间完成。

知识结构

CONTENT STRUCTURE

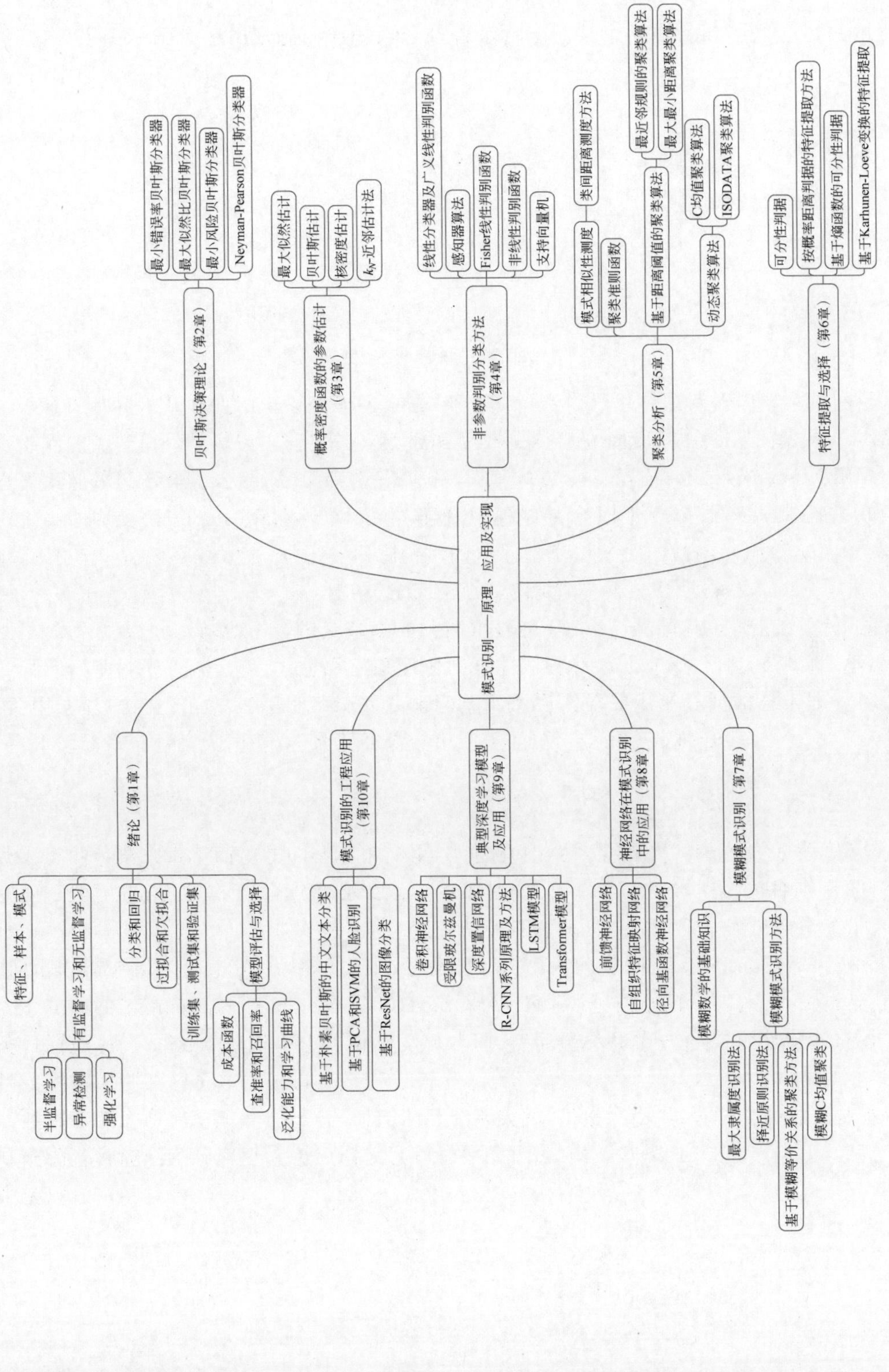

目录
CONTENTS

视频目录

VIDEO CONTENTS

视频名称	时长/min	位　置
第 1 集　最小错误率贝叶斯决策	10	2.2.1 节
第 2 集　最小风险贝叶斯决策	12	2.2.2 节
第 3 集　朴素贝叶斯算法	9	2.4 节
第 4 集　朴素贝叶斯与 NumPy	8	2.4 节
第 5 集　最大似然估计	8	3.2 节
第 6 集　线性判别函数	16	4.1 节
第 7 集　广义线性判别函数	12	4.1.3 节
第 8 集　线性判别函数的几何特性	14	4.1.4 节
第 9 集　感知器算法	12	4.1.5 节
第 10 集　SVM1	9	4.3 节
第 11 集　感知器与鸢尾花	8	4.4 节
第 12 集　模式相似性测度	14	5.1 节
第 13 集　基于距离阈值的聚类	11	5.4.1 节
第 14 集　层次聚类算法	9	5.4.2 节
第 15 集　动态聚类算法	13	5.5 节
第 16 集　K 均值聚类算法	6	5.6 节例 5.8
第 17 集　相似性测度	14	6.2 节
第 18 集　KL 变换特征提取	14	6.5 节
第 19 集　PCA(上)	6	6.7 节
第 20 集　PCA(下)	5	6.7 节
第 21 集　模糊模式分类的直接方法	8	7.2.1 节
第 22 集　模糊模式识别的间接方法	11	7.2.2 节
第 23 集　模糊聚类分析法	10	7.2.3 节
第 24 集　模糊 K 均值算法	15	7.2.4 节
第 25 集　神经网络的基本概念	12	8.1 节

续表

视 频 名 称	时长/min	位 置
第 26 集　神经网络的历史沿革	20	8.1.1 节
第 27 集　前馈神经网络 1	9	8.2.1 节
第 28 集　前馈神经网络 2	15	8.2.2 节
第 29 集　BP 神经网络 1(上)	9	8.5 节
第 30 集　BP 神经网络 1(下)	14	8.5 节
第 31 集　BP 神经网络 2	10	8.5 节
第 32 集　BP 神经网络 3	17	8.5 节
第 33 集　朴素贝叶斯与 Sklearn	18	10.1 节
第 34 集　SVM2	12	10.2 节
第 35 集　卷积神经网络 1	19	10.3 节
第 36 集　卷积神经网络 2	19	10.3 节

第1章 绪 论

CHAPTER 1

模式识别是在20世纪60年代初迅速发展起来的一门学科，其研究成果在很多科学和技术领域中得到了广泛的应用，推动了人工智能技术、图像处理、信号处理、计算机视觉、多媒体技术等学科的融合与发展，扩大了计算机应用的领域。了解与熟悉模式识别的一些基本概念与基本处理方法，对从事该领域相关工作的研究人员具有十分重要的意义。从学科分类来看，模式识别属于人工智能的范畴，旨在实现用机器完成以往只能由人类方能胜任的智能活动。

1.1 模式识别的基本概念

1.1.1 生物的识别能力

人类一般可以通过面部特征、声音、步态等信息识别出自己熟知的人。人们通过特殊的信息处理方式去感知事物的类别，判断事物的能力被称为"模式识别"。在客观世界中，许多我们熟知的动物也存在模式识别的能力。例如，蝙蝠的雷达系统、螳螂的视觉系统都是灵敏度非常高的模式识别系统。警犬能通过嗅觉判断疑犯的行踪；小猫会通过味觉判断一个物体是否为食物；向日葵总是自动感知太阳的方向；微生物会根据化学物质的浓度来判断应当繁殖还是逃离。这些生物都是通过功能强大的模式识别系统来感知周围环境并以此生存。只有具备了模式识别的能力，生物体才能有效地感知外界环境，并对外界刺激采取适当的反应，也才能在客观世界中生存。

当生物感知到某事物或现象时，会对该事物或现象的信息进行加工和处理，进而形成一种模式，然后将其与自身存储的模式相比较，如果找到一个与之匹配的模式，就可以将该事物或现象识别出来。生物之所以具有这种识别能力，是因为经过长期的训练学习，在它们体内已经建立了抽象的标准模式，当接收一个新模式后马上就能够判断其与标准模式的相似度，从而把它与最相近的标准模式划为一类。

1.1.2 模式识别的概念

本书所说的模式识别可以定义为识别一个模式，其英文为 Pattern Recognition。"Pattern" 的本意是图案、式样，但在模式识别学科中，它是指从事物中抽象出来的特征，代表的不是一个具体的事物,而是事物所包含的信息特点。虽然世界上没有完全相同的两幅书法作品,但我们仍然可以识别出两幅书法作品是否出自同一书法家之手。所以,模式(Pattern)在模式识别系统中指的是从具体事物中抽象出来、用于识别事物类别的特征信息。

识别的英文是"Recognition",直译成汉语可以是"再认知",就是对已经具有一定先验知识的事物去判断它是什么。由于模式是从具体事物中抽象出来的特征,因此,它需要在长期的"学习"或"训练"过程中,从大量属于同一种类的事物中归纳总结出来。例如,我们看某个人的多幅不同姿态、表情的照片,就可以利用这些照片的信息抽象归纳出这个人的面部特征。当我们拿到一张新的照片时,就能依据这些特征来判断该幅照片是否属于这个人,也就是说是否能将这幅照片归到"某人"这一类别中去。

本书讨论的"模式识别"是指利用计算机自动地把待识别模式划分到模式所属的类别中去。一般认为,模式是通过对具体的事物进行观测所得到的具有时间与空间分布的信息,模式所属的类别或同一类中的模式的总体称为模式类,其中某个具体的模式称为样本。模式识别就是研究通过计算机自动地将待识别的模式分配到各个模式类中的技术。

模式识别的本质是对事物的分类。学习或训练的过程是建立类别标签和类别模式之间的关联规则,识别则是将新的、未知的事物根据已建立的规则划归到已知的类别中去。

1.1.3 模式识别的特点

"模式识别学科"就是通过计算机用数学技术方法来研究模式的自动处理和判读的学科。生物模式识别的研究属于生物学、神经生理学和脑科学的范畴,作为信息学科中重要分支的模式识别学科,是研究如何让计算机具有判别模式的能力,将未知类别的事物划归到已知的类别中去的学科。理想的模式识别系统能够实现生物模式识别的性能,但目前机器识别的效能还远远达不到生物识别的水平。为了学习方便,下面先给出模式识别相关术语的描述。

1. 学习和分类

学习在人类的日常生活中扮演着重要的角色,在人类的模式识别活动中,就是通过学习形成类别的模式特征。人类从出生起就开始学习活动,并随着年龄的增长不断增强这种能力。孩子们通过学习知道应该称呼什么样的人为爷爷、什么样的人为奶奶,这种识别能力就是通过日常大量的爷爷和奶奶的样本学习得到的。人类在出生或年龄很小时并不知道爷爷、奶奶应有什么样的特征,但后天的学习过程使他们逐渐掌握这种分辨能力。

给学习下个定义就是从大量的样本中发现属于同一类别的事物的共同特征,建立类别判定标准的过程;分类就是依据特征对待识别的事物进行归类,从而确定该事物的类别属性。

2. 有监督学习和无监督学习

学习依据有无监督,可分为有监督学习和无监督学习。有监督学习方法预先把模式样本分为训练集和测试集,训练集用于学习识别模型,测试集用于测试识别模型的性能。在学习的过程中已知训练样本的类别信息,识别的结果是给待识别样本加上了类别标号,因此训练样本集必须由带标号的样本组成。而无监督学习方法不去区分训练集和测试集,只有要分析的数据集本身,所有样本并没有类别标号。如果数据集呈现某种聚集性,则可按自然的聚集性分类,但不以与某种预先的分类标号相匹配为目的。

3. 模式的紧致性

在模式识别中，分类器设计与模式在特征空间的分布方式有密切关系，例如图 1-1 表示了两类模式的样本在空间分布的三种情况。其中，图 1-1(a)中两类样本有各自明确的区域，它们之间的分界线具有简单的形式，因而也较易区分。图 1-1(b)中的两类虽有各自不同的区域，但分界面的形式比较复杂，因而设计分类器的难度要大得多。如果遇到如图 1-1(c)所示的情况，则几乎无法将其正确分类。

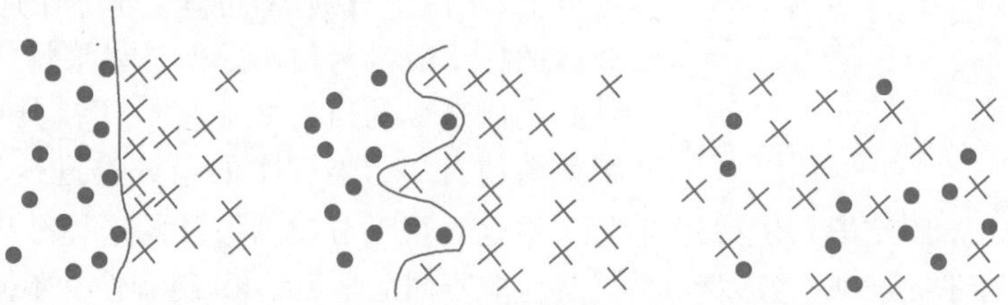

(a) 比较容易分类的样本　(b) 比较难正确分类的样本　(c) 无法正确分类的样本

图 1-1　两类模式的样本在空间分布的三种情况

在多分类问题中，某些样本的值有微小变化时就变成另一类样本，则该值称为临界样本(点)。根据以上讨论可以定义一个紧致集，它具有下列性质。

(1) 临界点的数量与总的点数相比很少。

(2) 集合中任意两个内点可以用光滑线连接，在该连线上的点也属于这个集合。

(3) 每个内点都有一个足够大的邻域，在该领域中只包含同一集合中的点。

然而，很多实际问题在原始的量测空间表示时往往不满足紧致性，但它们可以通过变换，将数据从原始的量测空间转换到特征空间，在相应的特征空间中满足紧致性，从而也达到模式可分。模式识别的一个关键步骤就是要寻找这样一种变换，即选择一种特征空间，当数据投影到这个特征空间后，使不同类别的样本能正确地分开。因此在讨论模式识别的问题时，通常假设同一类的各个模式在该空间中构成一个紧致集。至于如何找到这种变换仍是当前模式识别领域研究的热点。

4. 相似性判断

相似性被用来衡量两个样本之间的相似程度。两个样本属于同一类是由于它们具有某些相似的属性，因此可选择适当的方法去度量它们之间的相似性。在模式识别系统中，计算机也正是依据模式之间的相似程度进行分类的。例如，在特征空间中可以用特征向量表示样本的属性，可用向量的空间距离来度量模式的相似性。在找到合适的特征空间情况下，同类样本应具有较大的相似性，而不同类别样本的相似性较小。模式识别是利用同一类别的样本具有相似的属性来完成分类，因此相似性是度量模式识别理论的基础。事实上，生物体常常能够识别出未见过的某个事物，并能对存在形变和其他失真情况的事物实现识别。

5. 识别结果的正确性

模式识别的原理是“根据经验判断”，而经验数据总是有限的，无法包括所有可能的分类情况。因此，识别是在认知基础上的“识别”，而不是“确认”，识别的结果只能在一定的概率和置信度上表达事物所属的真实类别。

模式识别中的学习或训练是从训练样本集中找出某种数学表达式的最优解，这个最优解使分类器得到一组参数，按这种参数设计的分类器使人们设计的某种准则达到极值。如

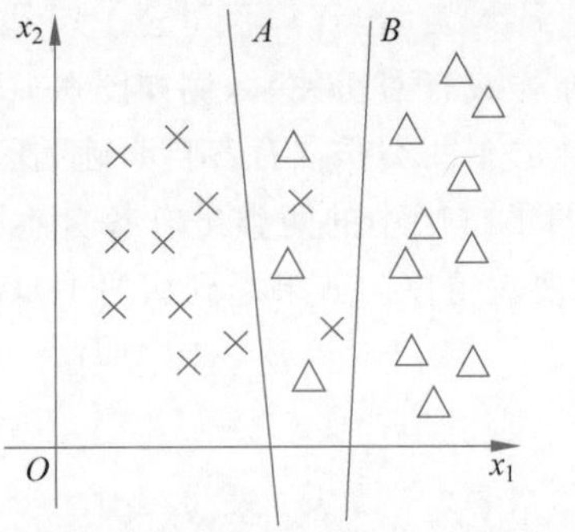

图 1-2　分布在二维特征空间的两类样本

图 1-2 所示为分布在二维特征空间的两类样本，分别用“×”与“△”表示。从图中可见这两类样本在二维特征空间中有重叠区域，很难找到一个简单的线性分界线将其完全分开。如果我们用直线作为分界线，对图 1-2 中所示的样本分布情况，无论直线参数如何设计，总会有错分类发生。如果我们以分类数错误最小为原则分类，则图中直线 A 可能是最佳的分界线，它使错分类的样本数量为最小。但是如果将“×”样本错分成“△”类所造成的损失要比将“△”错分成“×”类严重，则偏向使对“×”类样本的错分类进一步减少，可以使总的损失为最小，那么直线 B 就比直线 A 更优。可见分类器参数的选择结果取决于准则函数。设计者选择不同准则函数，获得最优解对应不同的学习结果，得到性能不同的分类器。

1.1.4　模式的描述方法及特征空间

在模式识别中，被观测的每一个对象称为样本（如病人、产品、目标等），本书中用大写英文字母 $\boldsymbol{X}$、$\boldsymbol{Y}$ 或者 $\boldsymbol{Z}$ 表示样本。如果一批样品共有 N 个样本，则分别记为 $\boldsymbol{X}_1,\boldsymbol{X}_2,\cdots,\boldsymbol{X}_N$。如果一批样本分别来自 c 个不同的类，来自第一类的样本有 N_1 个，来自第二类的样本有 N_2 个，来自第 c 类的样本有 N_c 个，则可以表示为

$$\boldsymbol{X}_1^{(1)},\boldsymbol{X}_2^{(1)},\cdots,\boldsymbol{X}_{N_1}^{(1)},\boldsymbol{X}_1^{(2)},\boldsymbol{X}_2^{(2)},\cdots,\boldsymbol{X}_{N_2}^{(2)},\cdots,\boldsymbol{X}_1^{(c)},\boldsymbol{X}_2^{(c)},\cdots,\boldsymbol{X}_{N_c}^{(c)}$$

式中，记号 $\boldsymbol{X}_i^{(j)}$ 表示第 j 类的第 i 个样本。

对每个样本必须确定一些与识别有关的属性，每个属性称为一个特征，如人脸识别中双目之间的距离、嘴的宽度和下颌的弧度等。对特征用小写英文字母 x、y 或 z 表示。

假设一个待识别的样本有 n 个特征，该样本的模式可用向量、矩阵或几何等方式表示，样本的 n 维特征所张成的空间称为样本的 n 维的特征空间，如图 1-3 所示。

$$\boldsymbol{X}=\begin{bmatrix} x_1 \\ x_2 \\ \vdots \\ x_N \end{bmatrix}$$

(a) 向量表示

变量 x_1　x_2　$\cdots$　x_n

样本

$$\begin{matrix} \boldsymbol{X}_1 \\ \boldsymbol{X}_2 \\ \vdots \\ \boldsymbol{X}_N \end{matrix}\begin{bmatrix} x_{11} & x_{12} & \cdots & x_{1n} \\ x_{11} & x_{22} & \cdots & x_{2n} \\ \vdots & \vdots & & \vdots \\ x_{N1} & x_{N2} & \cdots & x_{Nn} \end{bmatrix}$$

(b) 矩阵表示

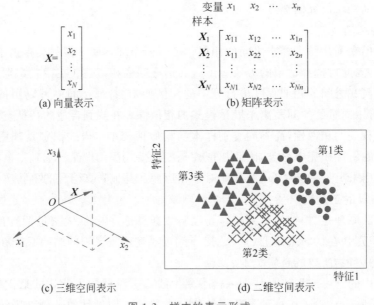

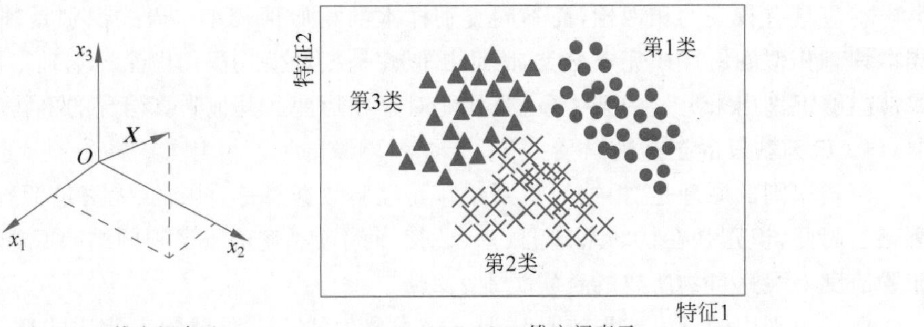

(c) 三维空间表示　　(d) 二维空间表示

图 1-3　样本的表示形式

【例 1.1】 假设苹果的直径限定在 7～15cm，它们的质量在 3～8 两(1 两＝50g)。如果直径 x_1 以 cm 为单位，质量 x_2 以两为单位。那么，由 x_1 值的范围 7～15 和 x_2 值范围 3～8 包围的二维空间就是对苹果进行度量的特征空间。用向量表示苹果的特征如图 1-4 所示。

$$\text{苹果：} \boldsymbol{X} = \begin{bmatrix} x_1 \\ x_2 \end{bmatrix} = \begin{bmatrix} \text{直径} \\ \text{质量} \end{bmatrix}, \quad \boldsymbol{X} = \begin{bmatrix} x_1 \\ x_2 \end{bmatrix} = \begin{bmatrix} 7 \sim 15 \\ 3 \sim 8 \end{bmatrix}$$

图 1-4 用向量表示苹果的特征

1.2 模式识别系统的组成和主要方法

1.2.1 模式识别系统的组成

模式识别系统主要由信息获取、预处理、特征提取和选择、分类器设计和模式分类五部分组成，系统的构成如图 1-5 所示。下面对这五部分分别进行说明。

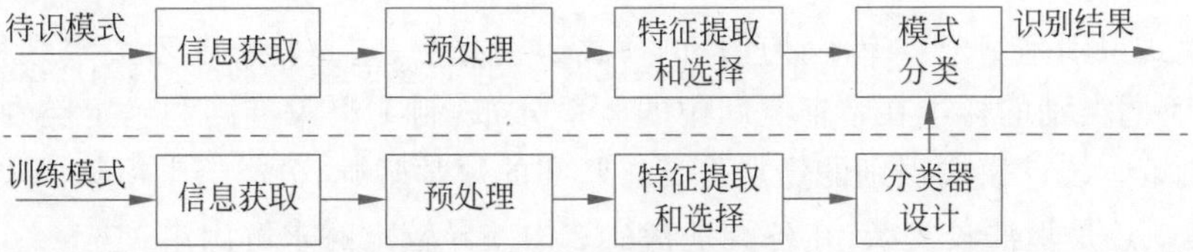

图 1-5 模式识别系统的构成

1. 信息获取

为了使计算机能够对所研究的对象进行分类识别，必须将研究对象表示为计算机所能接收的形式，通常有下列三种类型。

(1) 二维图像：文字、指纹、地图、照片等。

(2) 一维波形：脑电图、心电图、季节震动波形等。

(3) 物理参量和逻辑值：体温、化验数据、参量正常与否的描述。

通过测量、采样和量化，可以用矩阵表示二维图像，向量表示一维波形，这就是信息获取过程。

2. 预处理

预处理的目的是“去伪存真”，去除噪声的同时应能保留有用信息，并对输入测量仪器或其他因素所造成的退化现象进行复原，如对缺失的数据进行补充，去除明显错误的数据，以及对数据进行规范化等。

3. 特征提取和选择

由信息获取得到的原始数据量一般是相当大的。为了有效地提升系统分类识别的精度和速度，需要对预处理后的数据进行选择或变换，得到最能反映分类本质的样本特征。

4. 分类器设计

为了把待识模式划归到所属的类别中去，需要制定相应的判别准则，分类的结果使判别准则对应的函数达到极值。通常的做法是：选用一定数量的样本组成训练样本集，依据分类判别准则构造判别函数，对训练样本学习出分类判别函数，使得按分类判断准则对待识别模式进行分类所造成的错误识别率或引起的损失最小。

5. 模式分类

在特征空间中用模式识别方法把被识别对象归为某一类别，即输出分类结果。

1.2.2 模式识别的方法

针对不同的应用目的，可以采用不同的模式识别方法。目前主流的技术有模板匹配、统计模式识别、支持向量机、聚类分析、模糊模式识别、结构模式识别和人工神经网络模式识别等。

1. 模板匹配

模板匹配是在计算机出现之前就已经开始使用的一种模式识别方法。其基本思想是为每个类别建立一个或多个标准模板，将待识别的样本与每个类别的模板进行比对，根据与模板的相似程度将样本划分到相应的类别中。该方法的优点是简单，在类别特征稳定、类内差距小、类间差距大的时候往往能取得较好的识别效果，但其缺点是适应能力较差。

2. 统计模式识别

统计模式识别是基于概率统计理论的模式识别方法，它是将样本看成多维特征空间中的点，根据不同类别的样本在特征空间中的概率分布，制定决策准则和确定类别分界面，再进行分类决策。统计模式识别的优点是具有坚实的数学基础，分类器学习算法成熟，应用领域广泛；其缺点是算法较复杂，在各类别特征结构差异较大时求解困难。

3. 支持向量机

支持向量机方法是建立在统计学习理论的万普尼克-泽范兰杰斯维（Vapnik-Chervonenkis Dimension，VC 维）理论和结构风险最小原理基础上的模式分类方法，它在样本集较小的情况下，利用空间映射和最优化理论来确定最优或者次优的分类决策面。支持向量机在解决小样本、非线性及高维模式识别中具有独特的优势；其缺点是算法对大规模训练样本难以实施，对参数和核函数选择敏感，需要组合多个二分类支持向量机来实现多分类。

4. 聚类分析

当模式识别中分类器学习采用无监督学习时，分类器主动对样本集进行类别划分的过程称为聚类分析。聚类分析有单独的算法（如层次聚类法、动态聚类法等），可以看成模式识别的一类特殊方法。

5. 模糊模式识别

模糊模式识别是建立在模糊数学的基础上的一种模式识别方法，其基本思想是把模糊集的概念和其他的模式识别方法相融合，形成一种分类结果模糊化的识别方法。该方法可以解决许多样本特征值不精确的分类问题，当分类识别对象本身或要求的识别结果具有模糊性时，该方法通常可获得较好的识别效果。其缺点是模糊集合和模糊规则的建立具有较大的主观性。

6. 结构模式识别

结构模式识别是按照每个样本的结构特征进行分类的。结构模式识别技术将对象分解成若干个基元，用字符串或图来表示基元及其结构关系，然后采用形式语言理论进行句法分析，根据对象基元及结构关系是否符合某一类的文法而进行类别划分。结构模式识别对于字符识别、语言识别这样的结构化很强的模式识别问题是有效的，但它的学习方法比较困难,理论上还有很大的研究空间。面向复杂的模式识别问题,结构模式识别方法与神经网络等方法结合,形成识别能力更强的混合模型,已受到研究者越来越广泛的关注。

7. 人工神经网络模式识别

人工神经网络是由大量简单的基本单元——神经元(Neuron)相互连接而构成的非线性动态系统,每个神经元结构和功能比较简单,而由其组成的系统却可以非常复杂,对具有三层结构的神经网络,其输入/输出关系在理论上就可以逼近任意非线性函数。因此,神经网络模式识别在解决复杂的非线性分类问题上具有优势;其缺点是学习速度较慢,训练参数选择困难,并且所获得的分类决策规则是不透明和非解析的。

上述方法各有其特点及应用范围,它们相互促进、借鉴、渗透及融合。一个较完善的识别系统很可能是综合利用上述各类识别方法的观点、概念和技术而形成的。下面通过一个实例来说明模式识别方法在实际中的应用。

【例 1.2】 男、女共 19 个人进行体检,测量身高和体重,如表 1-1 所示。但事后发现 4 个人忘了写性别,试问:这 4 个人是男还是女?

表 1-1　参加体检的 19 个人的身高和体重测量表

序号	身高/cm	体重/kg	性别	序号	身高/cm	体重/kg	性别
1	170	68	男	11	140	62	男
2	130	66	女	12	150	64	女
3	180	71	男	13	120	66	女
4	190	73	男	14	150	66	男
5	160	70	女	15	130	65	男
6	150	66	男	16	140	70	?
7	190	68	男	17	150	60	?
8	210	76	男	18	145	65	?
9	150	66	女	19	160	75	?
10	170	75	男				

【解】 试验样本是人,分为男、女两个类别。二维的主要特征是身高、体重,构成二维特征空间。已知 15 个人的性别,可以作为训练样本,根据其值确定他们在特征空间的位置,如图 1-6 所示。

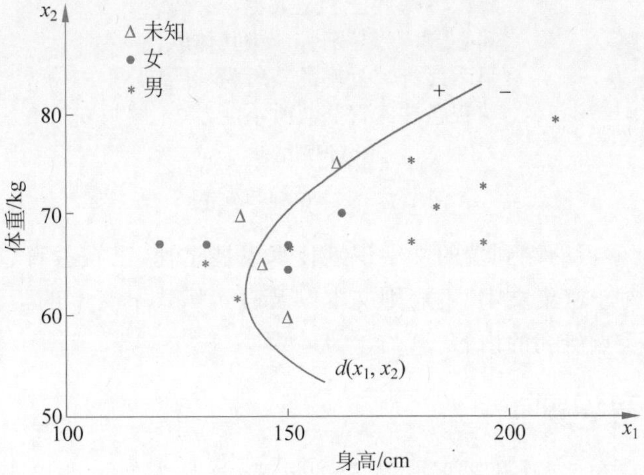

图 1-6　特征空间里的样本分布图

在图 1-6 中，代表男性的点集中于右上方，代表女性的点集中于左下方，样本可表示为 $\boldsymbol{X}=(x_1,x_2)^{\mathrm{T}}$，称为模式向量。采用数理统计方法，可在两个性别之间描绘一条曲线，它是特征 x_1(身高)、x_2(体重)的函数，表示为 $d(x_1,x_2)=0$，所描绘的曲线称为分界线。可以确定：

$$\begin{cases} d(x_1,x_2)>0, \Rightarrow \boldsymbol{X} \in \text{女性} \\ d(x_1,x_2)<0, \Rightarrow \boldsymbol{X} \in \text{男性} \end{cases} \quad \text{(判别规则)}$$

现考查第 16～19 号体检者，由身高、体重确定其在图 1-6 中的位置。显然，代表第 16、19 号体检者的点在曲线的“+”一侧，判定她们为女性；代表第 17、18 号体检者的点位于曲线的“−”一侧，判为男性。上述判决方法使分类错误率最小。

1.3 模式识别的应用举例

1.3.1 文字识别

人类有文字记载的历史已有几千年。对人而言，经过一定时间的学习，认识文字并不困难，但想让机器像人一样能对文字进行自动识别，却并不是一件容易的事情。利用模式识别技术使计算机也像人一样对文字或字符有自动识别的能力，这是人工智能领域的一个重要研究方向。文字识别一般包括以下几个步骤。

(1) 信息采集：将印刷体或手写的文字变换成电信号，输入计算机中。

(2) 信息分析和处理：对变换后的电信号消除各种由于机器和人为等因素所造成的噪声和干扰，进行大小、偏转、浓淡、粗细等各种正规化处理。

(3) 信息的分类判别：对去掉噪声并正规化后的文字信息进行分类判别，以输出识别结果。

图 1-7 所示为文字识别的例子。

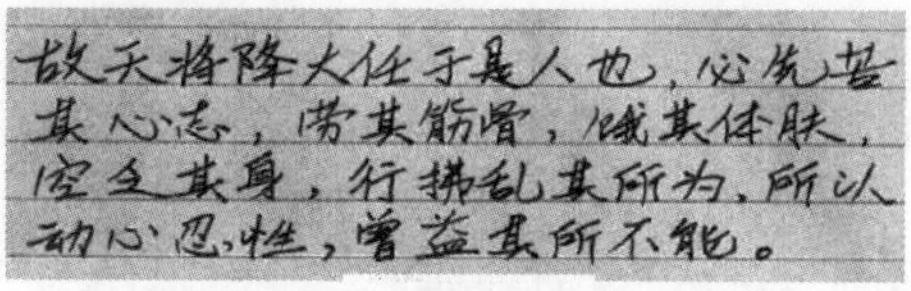

(a) 手写汉字

故天将降大任于是人也，必先苦
其心志，劳其筋骨，饿其体肤，
空乏其身，行拂乱其所为，所以
动心忍性，曾益其所不能。

(b) 识别结果

图 1-7 文字识别的例子

目前，基于深度学习的端到端的文字识别技术发展迅速，已在教育、医疗和金融等行业得到广泛应用。但对于密集文本、不规则文本以及自然场景下文本的检测和识别性能的提升仍是本领域需要重点研究的内容。

1.3.2 语音识别

与机器进行语音交流，让机器听懂人类的语言，这是人们长期以来梦寐以求的事情。1950 年，图灵发表的论文预言了创造出具有真正智能的机器的可能性，并提出了著名的图灵测试：如果一台机器能够与人类展开对话而不能被辨别出其机器身份，那么称这台机器具有智能。因此，可以说能与计算机进行语言交流是人工智能真正的开始。近年来，随着智能终端的普及，语音识别技术也得到迅猛的发展，出现了众多语音识别系统，代表性的有苹果的 Siri、科大迅飞的迅飞语言等。语音识别的一个典型的应用，就是利用语音信息对说话人的身份进行识别，通常的语音身份识别有两类，即说话人辨认（Speaker Identification）和说话人确认（Speaker Verification）。前者用以判断某段语音是若干人中的哪一个所说的，是“多选一”问题；而后者用以确认某段语音是否是指定的某个人所说的，是“一对一判别”问题，其原理如图 1-8 所示。

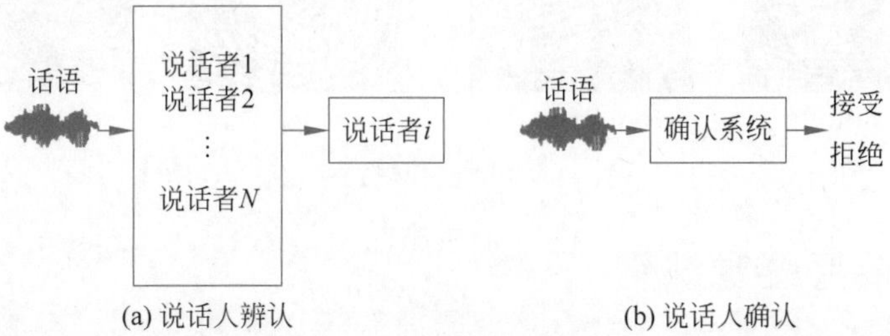

图 1-8 语音识别原理

语音识别技术开始使用模板匹配的方法，即先从语音信号里提取特征构建参数模板，然后将待测的语音信号与模板进行比较。模板匹配方法对孤立词识别有一定的效果，但对连续语音识别效果不佳。之后，有学者将高斯混合模型（Gaussian Mixture Model，GMM）与隐马尔可夫模型（Hidden Markov Model，HMM）巧妙结合用于解决语音识别问题，成为 20 世纪语音识别的基准方法，对语音识别技术的发展产生了深远的影响。随着深度学习的出现，深度神经网络（Deep Neural Network，DNN）与隐马尔可夫模型（HMM）结合的语音识别技术得到快速发展，使语音识别系统的性能迅速提升，并在此基础上，出现了系列端到端的语音识别模型，逐渐成为当前语音识别领域的主流技术。目前，在可控（低噪声、标准发音、常用词汇）场景下的语音识别系统的性能已基本达到人类的水平。但如对于非受控（强噪声、超远场、多语种、大词汇）场景下的语音识别性能还需要进一步提升。

1.3.3 指纹识别

人类的手指末端正面皮肤凹凸不平产生纹线，这些纹线会形成各种各样的图案。这些皮肤的纹线在起点、终点、结合点和交叉点上各不相同，具有唯一性。依靠这种唯一的特征点，就可以将人与指纹一一对应起来，通过把待验证身份人的指纹与数据库里的指纹进行比对，便可以确定其真实身份。一般的指纹分成以下几个大的类别：Left Loop、Right Loop、Double Loop、Plain Whorl、Plain Arch 和 Tented Arch 等，这样就可以将每个人的指纹分别归类，进行检索。指纹识别基本上可分成：预处理、特征选择和模式分类几个步骤。图 1-9 是指纹图像识别的例子。

经过多年的研究与实践，指纹识别技术已非常成熟，以指纹模组（算法＋芯片＋传感器）为基础的各种应用系统广泛应用于刑侦、门禁、保险柜、锁具等领域，已成为人类生物特征识别中使用最广的技术。

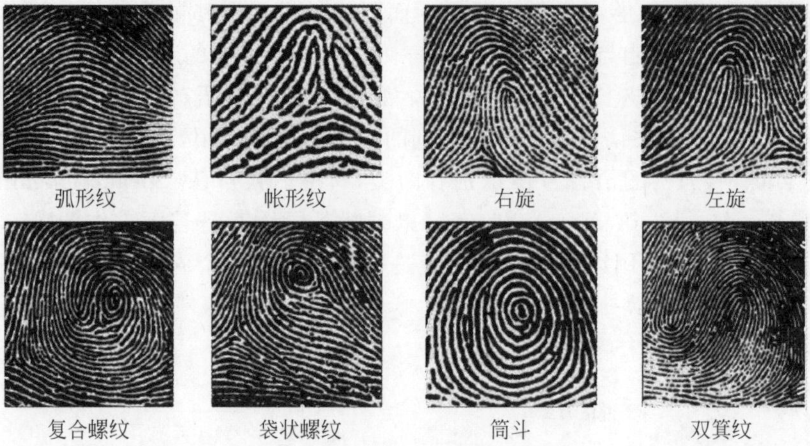

图 1-9　指纹图像识别的例子

1.3.4　遥感图像识别

遥感图像识别是利用计算机对遥感图像的地物影像进行自动分类或解译的一种方法，它是遥感图像处理与模式识别的交叉学科，其基本原理是：同类地物具有在遥感影像中相同的亮度值，而不同地物的亮度值不同。遥感图像识别系统一般由遥感图像获取、遥感图像预处理、地物特征提取和分类识别四部分组成。遥感图像识别已广泛应用于农作物估产、资源勘察、气象预报和军事侦察等。图 1-10 所示为卫星遥感图像识别的例子。

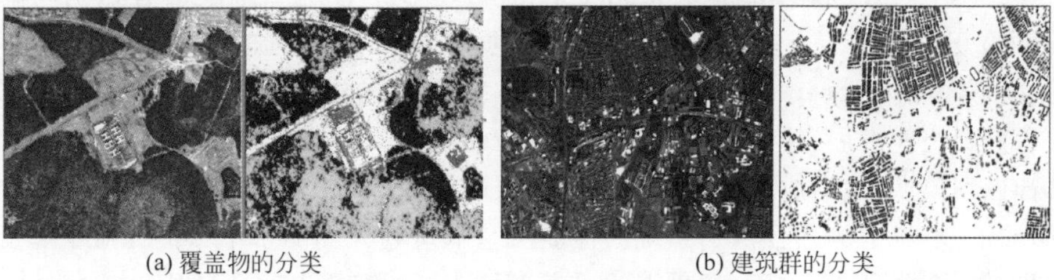

图 1-10　卫星遥感图像识别的例子

1.3.5　医学诊断

随着计算机技术的发展，模式识别已被广泛应用到医学领域中，成为一种重要的疾病诊断方法。尤其是医学影像处理与识别，已发展成为医学信息工程学科中的研究热点。医学图像中的模式识别问题，主要指将模式识别技术应用到医学图像处理中，并结合其他临床数据和医生的专业知识进行综合研判，从图像中发现与疾病相关的生物指标，从而达到早期诊断、辅助治疗和预后评估的目标。模式识别技术在医学诊断中得到成功应用的有癌细胞检测、X 射线照片分析、血液化验、染色体分析、心电图诊断和脑电图诊断等。图 1-11 所示为癌细胞识别的例子。

1.3.6　无损检测

2011 年，德国提出了“工业 4.0”，2015 年，中国推出“中国制造 2025”。人工智能与制造

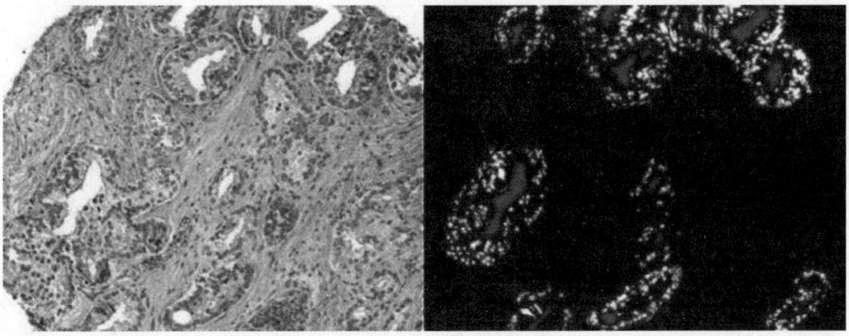

图 1-11 癌细胞识别的例子

技术的深度融合形成的智能制造已成为工业革命的新象征，也逐步成为制造领域转型升级的新形态。基于机器视觉的无损检测是制造过程中质量控制的重要技术手段，从方法角度可归为模式识别和图像处理技术的在制造领域的综合应用。比如产品的表面缺陷检测与识别就是制造过程的典型应用，人们可以通过工业相机获取产品的影像，然后通过模式识别技术对产品表面是否存在缺陷，以及缺陷的位置、大小、形态和类别进行识别。图 1-12 所示为无损检测的例子。

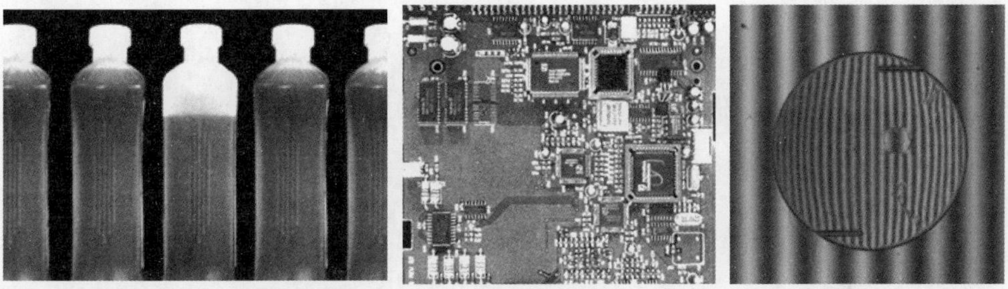

图 1-12 无损检测的例子

从检测方法上来分，工业无损检测可分为传统方法和深度学习的方法，传统方法在缺陷定位和尺寸测量上效果较好，深度学习的方法在分类识别中优势明显。深度学习在用于工业无损检测时存在高质量标注样本数量不足的问题，而且在工业检测环境中，缺陷样本数量远小于正常样本数量，普遍存在样本数据的不平衡性。这些问题虽然可以通过人工样本扩充、迁移学习、数据重采样等方法缓减，但由于工业检测对象复杂多变，高质量样本的数量仍是制约深度学习应用的主要因素。

1.4 全书结构内容

本书从模式识别的基本概念入手，介绍贝叶斯决策理论，包括贝斯分类器及概率密度函数的参数估计；非参数判别分类方法，包括线性分类器和支持向量机；以及聚类分析、特征提取与选择、模糊模式识别、神经网络基础和深度学习的主要方法和模型。本书还结合图像识别分类和自然语言处理介绍模式识别的工程应用。全书的结构内容如图 1-13 所示。

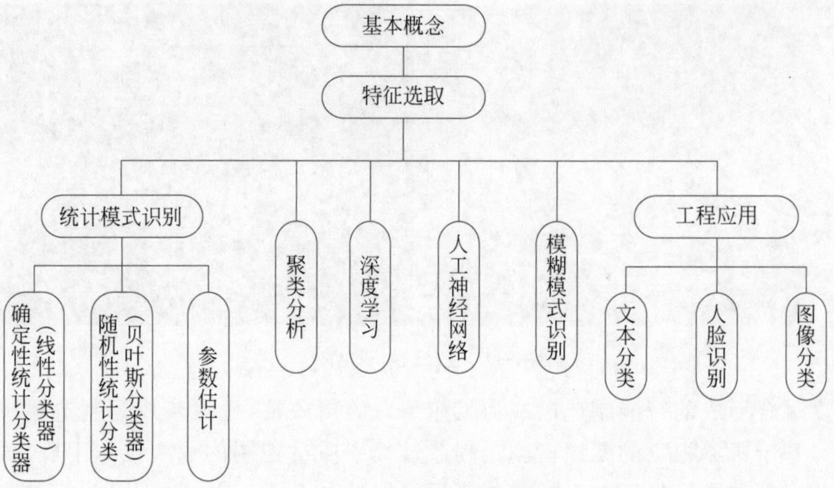

图 1-13　全书的结构内容

第2章 贝叶斯决策理论

CHAPTER 2

从第1章可以看出，模式识别的基本问题是分类问题，即根据待识别对象所具有的属性特征，将其划归到某个类别中。本章介绍模式识别理论中的贝叶斯决策理论。贝叶斯决策理论是统计模式识别中的一个基本方法，是一种将特征空间划分为子空间的方法，对模式分析和分类器的设计起指导作用。贝叶斯决策理论的核心是，当给定具有特征向量 $\boldsymbol{X}$ 的待识别样本时，它属于某一类的可能性有多大？如果能确定属于各个类别的概率，分类决策就有了依据。例如由某一人脸图像构成的特征向量为 $\boldsymbol{X}$，$\boldsymbol{X}$ 属于某甲的可能性为70%，属于某乙的可能性为30%。在没有任何样本信息的情况下，则应将图像判决为某甲，以使分类错误更小，这就是贝叶斯决策理论考虑分类问题的出发点。下面先介绍几个重要的概念。

2.1 几个重要的概念

1. 先验概率

先验概率在分类方法中有着重要的作用，它的函数形式及主要参数或者是已知的，或者是可通过大量抽样实验估计出来。

若用 ω_1 和 ω_2 分别表示为两个类别，$P(\omega_1)$和 $P(\omega_2)$表示各自的先验概率，此时满足

$$P(\omega_1)+P(\omega_2)=1$$

推广到 c 类问题中，$\omega_1,\omega_2,\cdots,\omega_c$ 表示 c 个类别，各自的先验概率用 $P(\omega_1),P(\omega_2),\cdots,P(\omega_c)$表示，则满足

$$P(\omega_1)+P(\omega_2)+\cdots+P(\omega_c)=1$$

在实际的模式识别系统中，有时可以用先验概率作为分类决策的依据。例如：有一个装了双色球的盒子，其中红色球占80%，蓝色球占20%，如果用 ω_1 代表红色球，用 ω_2 代表蓝色球，则 $P(\omega_1)=0.8$，$P(\omega_2)=0.2$，现从中任取一个球，若用先验概率对球的颜色做出预判，较合理的判决为红色球。先验概率一般不作为判决的唯一依据，但当先验概率相当大时，它也能成为分类判决的主要考虑因素。

2. 类(条件)概率密度

类(条件)概率密度是指在某种确定类别条件下，模式样本 $\boldsymbol{X}$ 出现的概率密度分布函数，常用 $p(\boldsymbol{X}|\omega_i)(i\in 1,2,\cdots,c)$来表示。在本书中，我们采用 $p(\boldsymbol{X}|\omega_i)$表示条件概率密度函数，$P(\boldsymbol{X}|\omega_i)$表示其对应的条件概率。$P(*|\#)$是条件概率的通用符号，在“|”后边出现

的#为条件，之前的*为某个事件，即在某条件#下出现某个事件*的概率，如 $P(\omega_k|\boldsymbol{X})$是表示在 $\boldsymbol{X}$ 出现条件下，样本为 ω_k 类的概率。

3. 后验概率

后验概率是在某个具体的模式样本 $\boldsymbol{X}$ 条件下，某种类别出现的概率，常以 $P(\omega_i|\boldsymbol{X})(i=1,2,\cdots,c)$表示。后验概率可以根据贝叶斯公式计算出来并直接作为分类判决的依据，如式(2-1)。

$$P(\omega_i \mid \boldsymbol{X})=\frac{p(\boldsymbol{X} \mid \omega_i)P(\omega_i)}{p(\boldsymbol{X})} \tag{2-1}$$

式中，

$$p(\boldsymbol{X})=\sum_{i=1}^{c} p(\boldsymbol{X}|\omega_i)P(\omega_i) \tag{2-2}$$

先验概率是指 $\omega_i(i=1,2,\cdots,c)$出现的可能性，不考虑其他任何条件。类条件概率密度函数 $p(\boldsymbol{X}|\omega_i)$是指 ω_i 条件下在一个连续的函数空间出现$\boldsymbol{X}$ 的概率密度，也就是第 ω_i 类样本的特征 $\boldsymbol{X}$ 是如何分布的。

一个事物在某条件下出现的概率 $P(*|\#)$与该事件在不带任何条件下出现的概率[写成 $P(*)$]是不相同的。例如通过对高血压患者家系调查发现，双亲血压正常者的子女患高血压的概率仅为 3%，父母均患有高血压者，其子女患高血压概率高达 45%，那么父母均患有高血压是指一种条件(#)，在这种家族病史的条件下，子女患高血压的(*)的概率就要大得多。

第 1 集
微课视频

2.2 几种常用的决策规则

针对具体对象，设计者从不同角度考虑，会采用不同的决策规则，从而对决策结果会产生不同的影响。其中基于最小错误率的贝叶斯决策与基于最小风险的贝叶斯决策是最基本的两种方法，下面分别加以讨论。

问题的描述：已知共有 c 类样本 $\omega_i(i=1,2,\cdots,c)$，其先验概率为 $P(\omega_i)$，条件概率密度函数为 $p(\boldsymbol{X}|\omega_i)$，样本分布在 n 维特征空间，则对于待识别样本，如何确定其所属类别？由于属于不同类的待识别对象存在着呈现相同观察值的可能，即所观察到的某一样本的特征向量为 $\boldsymbol{X}$，而在 c 类中又有不止一类可能呈现这一 $\boldsymbol{X}$ 值，这种可能性可用 $P(\omega_i|\boldsymbol{X})(i=1,2,\cdots,c)$表示。如何做出合理的判决就是贝叶斯决策理论所要讨论的问题。

2.2.1 基于最小错误率的贝叶斯决策

当已知类别出现的先验概率 $P(\omega_i)$和每个类中的样本分布的类条件概率密度 $p(\boldsymbol{X}|\omega_i)$，可以求得一个待分类样本属于每类的后验概率 $P(\omega_i|\boldsymbol{X})(i=1,2,\cdots,c)$。将其划归到后验概率最大的那一类中，这种分类器称为最小错误率贝叶斯分类器，其分类决策准则可表示如下。

(1) 两类情况：

$$\begin{cases} P(\omega_1 \mid \boldsymbol{X}) > P(\omega_2 \mid \boldsymbol{X}) \Rightarrow \boldsymbol{X} \in \omega_1 \\ P(\omega_2 \mid \boldsymbol{X}) > P(\omega_1 \mid \boldsymbol{X}) \Rightarrow \boldsymbol{X} \in \omega_2 \end{cases} \tag{2-3}$$

(2) 多类情况：

$$P(\omega_i \mid \boldsymbol{X}) = \max\{P(\omega_j \mid \boldsymbol{X})\}, \quad j=1,2,\cdots,c \Rightarrow \boldsymbol{X} \in \omega_i \tag{2-4}$$

由式(2-1)，已知待识别样本 $\boldsymbol{X}$ 后，可以通过先验概率 $P(\omega_i)$ 和条件概率密度函数 $p(\boldsymbol{X}|\omega_i)$，得到样本 $\boldsymbol{X}$ 分属各类别的后验概率，显然这个概率值可以作为 $\boldsymbol{X}$ 类别归属的依据。该判别依据可以有以下几种等价形式。

观察贝叶斯公式(2-1)，分母与 i 无关，即与分类无关，故分类规则又可表示为

$$p(\boldsymbol{X} \mid \omega_i)P(\omega_i) = \max\{p(\boldsymbol{X} \mid \omega_j)P(\omega_j)\}, \quad j=1,2,\cdots,c \Rightarrow \boldsymbol{X} \in \omega_i \tag{2-5}$$

在两类情况下，式(2-5)相当于

$$\begin{cases} p(\boldsymbol{X} \mid \omega_1)P(\omega_1) > p(\boldsymbol{X} \mid \omega_2)P(\omega_2) \Rightarrow \boldsymbol{X} \in \omega_1 \\ p(\boldsymbol{X} \mid \omega_2)P(\omega_2) > p(\boldsymbol{X} \mid \omega_1)P(\omega_1) \Rightarrow \boldsymbol{X} \in \omega_2 \end{cases} \tag{2-6}$$

式(2-6)可改写为

$$l_{12}(\boldsymbol{X}) = \frac{p(\boldsymbol{X} \mid \omega_1)}{p(\boldsymbol{X} \mid \omega_2)} \gtrless \frac{P(\omega_2)}{P(\omega_1)} \Rightarrow \boldsymbol{X} \in \begin{cases} \omega_1 \\ \omega_2 \end{cases} \tag{2-7}$$

统计学中将 $l_{12}(\boldsymbol{X})$ 称为似然比，将 $P(\omega_2)/P(\omega_1)$ 称为似然比阈值。

对式(2-7)取自然对数，有

$$\ln l_{12}(\boldsymbol{X}) = \ln p(\boldsymbol{X} \mid \omega_1) - \ln p(\boldsymbol{X} \mid \omega_2) \gtrless \ln \frac{P(\omega_2)}{P(\omega_1)} \Rightarrow \boldsymbol{X} \in \begin{cases} \omega_1 \\ \omega_2 \end{cases} \tag{2-8}$$

式(2-5)、式(2-7)、式(2-8)都是贝叶斯决策规则的等价形式。可以发现，上述分类决策规则实为“最大后验概率分类器”，易知其分类错误的概率为

$$P(e) = \int_{-\infty}^{+\infty} p(e, \boldsymbol{X}) \mathrm{d}\boldsymbol{X} = \int_{-\infty}^{+\infty} p(e \mid \boldsymbol{X}) p(\boldsymbol{X}) \mathrm{d}\boldsymbol{X} \tag{2-9}$$

而

$$p(e \mid \boldsymbol{X}) = \sum_{i=1}^{c} p(\omega_i \mid \boldsymbol{X}) - \max_{1 \leqslant i \leqslant c} p(\omega_i \mid \boldsymbol{X}) \tag{2-10}$$

显然，当 $p(e|\boldsymbol{X})$ 取得了最小值时，$P(e)$ 也取得了最小值，“最大后验概率分类器”与“最小错误率分类器”是等价的。

对于最小错误率贝叶斯分类器，其分类决策规则也同时确定了分类决策边界，但是，其分类决策边界不一定是线性的，也不一定是连续的。图 2-1 所示为基于最小错误率的贝叶斯决策，图中左半阴影部分面积为 $\varepsilon_{21}P(\omega_2)$，右半阴影部分面积为 $\varepsilon_{12}P(\omega_1)$，两者之和为平均错误率 $P(e)$。

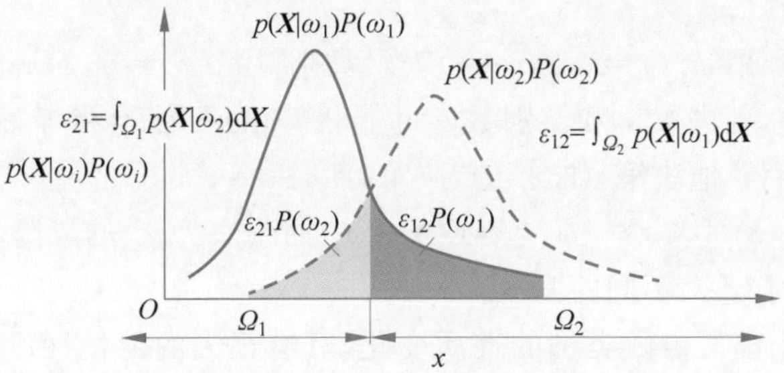

图 2-1 基于最小错误率的贝叶斯决策

【例 2.1】 地震预报是比较困难的一个课题，可以根据地震与生物异常反应之间的联系来进行研究。根据历史记录的统计，地震前一周内出现生物异常反应的概率为 50%，而一周内没有发生地震但也出现了生物异常反应的概率为 10%。假设某一个地区属于地震高发区，发生地震的概率为 20%。请问：如果某日观察到明显的生物异常反应现象，是否应当预报一周内将发生地震？

【解】 把地震是否发生设成两个类别，即发生地震为 ω_1 与不发生地震为 ω_2，则两个类别出现的先验概率 $P(\omega_1)=0.2, P(\omega_2)=1-0.2=0.8$。

将地震前一周内是否出现生物异常反应这一事件设为 $\boldsymbol{X}$，当 $\boldsymbol{X}=1$ 时表示出现，$\boldsymbol{X}=0$ 时表示没出现，则根据历史记录统计可得

$$P(\boldsymbol{X}=1 \mid \omega_1)=0.5, \quad P(\boldsymbol{X}=1 \mid \omega_2)=0.1$$

所以，某日观察到明显的生物异常反应现象，此时可以得到将发生地震的概率为

$$\begin{aligned} P(\omega_1 \mid \boldsymbol{X}=1) &= (P(\omega_1)P(\boldsymbol{X}=1 \mid \omega_1))/[(P(\omega_1)P(\boldsymbol{X}=1 \mid \omega_1)+P(\omega_2)P(\boldsymbol{X}=1 \mid \omega_2)] \\ &= (0.2\times 0.5)/(0.2\times 0.5+0.8\times 0.1)=\frac{5}{9} \end{aligned}$$

而不发生地震的概率为

$$\begin{aligned} P(\omega_2 \mid \boldsymbol{X}=1) &= (P(\omega_2)P(\boldsymbol{X}=1 \mid \omega_2))/[(P(\omega_1)P(\boldsymbol{X}=1 \mid \omega_1)+P(\omega_2)P(\boldsymbol{X}=1 \mid \omega_2)] \\ &= (0.8\times 0.1)/(0.2\times 0.5+0.8\times 0.1)=\frac{4}{9} \end{aligned}$$

因为 $P(\omega_1|\boldsymbol{X}=1)>P(\omega_2|\boldsymbol{X}=1)$，所以在观察到明显的生物异常反应现象时，发生地震的概率更高，所以应当预报一周内将发生地震。

第 2 集
微课视频

2.2.2 最小风险判别规则

最小错误率判别规则没有考虑错误判决带来的“风险”，或者说没有考虑某种判决带来的损失。在同一问题中，不同的判决有不同的风险，例如判断细胞是否为癌细胞，可能有两种错误判决：①正常细胞错判为癌细胞；②癌细胞错判为正常细胞。但两种错误带来的风险并不相同。在①中，会给健康人带来不必要的精神负担；在②中，会使患者失去进一步检查、治疗的机会，造成严重后果。显然，第②种错误判决的风险大于第①种。

正是由于存在判决风险，所以仅考虑最小错误进行判决是不充分的，还必须考虑判决带来的风险，因此引入最小风险判别规则。事实上，最小风险判别规则也是一种贝叶斯分类方法。判决风险也可以理解为由判决而付出的代价，即使在做出正确判决的情况下，也会付出一定的代价，也会有损失。

假定有 c 类问题，用 $\omega_j(j=1,2,\cdots,c)$ 表示类别，用 $\alpha_i(i=1,2,\cdots,a)$ 表示可以做出的判决。在实际应用中，判决数 a 和类别数 c 可能相等，也可能不相等，即除了允许 c 类的 c 个决策之外，也可采用其他决策，如“拒绝”决策，此时 $a=c+1$。

对于给定的模式 $\boldsymbol{X}$，令 $L(\alpha_i|\omega_j)$ 表示 $\boldsymbol{X}\in\omega_j$ 而判决为 α_i 的风险。若已做出判决 α_i，对 c 个不同类别 ω_j，有 c 个不同的 $L(\alpha_i|\omega_j)$。

$L(\alpha_i|\omega_j)$ 的 c 个离散值随类型的性质变化，具有很大的随机性，可看成随机变量。另外，由于判决数目有 a 个，这样对于不同的判决和不同类别就有一个 $a\times c$ 维风险矩阵，如表 2-1 所示。

表 2-1 $a\times c$ 维风险矩阵

判决	类型			
	ω_1	ω_2	…	ω_c
α_1	$L(\alpha_1 \mid \omega_1)$	$L(\alpha_1 \mid \omega_2)$	…	$L(\alpha_1 \mid \omega_c)$
α_2	$L(\alpha_2 \mid \omega_1)$	$L(\alpha_2 \mid \omega_2)$	…	$L(\alpha_2 \mid \omega_c)$
…	…	…	…	…
α_a	$L(\alpha_a \mid \omega_1)$	$L(\alpha_a \mid \omega_2)$	…	$L(\alpha_a \mid \omega_c)$

假定某样本 $\boldsymbol{X}$ 的后验概率 $P(\omega_j \mid \boldsymbol{X})$已经确定，则有

$$P(\omega_1 \mid \boldsymbol{X})+P(\omega_2 \mid \boldsymbol{X})+\cdots+P(\omega_c \mid \boldsymbol{X})=1, j=1,2,\cdots,c, \text{且 } P(\omega_j \mid \boldsymbol{X})\geqslant 0$$

对于每一种判决 α_i，可求出随机变量 $L(\alpha_i \mid \omega_i)$的条件平均风险，也叫“条件平均损失”，即

$$R(\alpha_i \mid \boldsymbol{X})=E[L(\alpha_i \mid \omega_j)]=\sum_{j=1}^{c} L(\alpha_i \mid \omega_j)\cdot P(\omega_j \mid \boldsymbol{X}),\quad i=1,2,\cdots,a \tag{2-11}$$

最小风险判别规则就是把样本 $\boldsymbol{X}$ 归属于“条件平均风险最小”的那一种判决。也就是

$$R(\alpha_i \mid \boldsymbol{X})=\min_{k=1,2,\cdots,a}\{R(\alpha_k \mid \boldsymbol{X})\}\Rightarrow \boldsymbol{X}\in\omega_i \tag{2-12}$$

实施最小风险判别规则的步骤如下。

(1) 给定样本 $\boldsymbol{X}$，计算各类后验概率 $P(\omega_j \mid \boldsymbol{X}), j=1,2,\cdots,c$。

(2) 在已知风险矩阵的条件下，按照式(2-11)求各种判决的条件平均风险 $R(\alpha_i \mid \boldsymbol{X})$，$i=1,2,\cdots,a$。

(3) 按照式(2-12)，比较各种判决的条件平均风险，把样本 $\boldsymbol{X}$ 归属于条件平均风险最小的那一种判决。

【例 2.2】 对于例 2.1 中的地震预报问题，假设预报一周内发生地震，可以预先组织抗震救灾，由此带来的防灾成本会有 2500 万元，而当地震确实发生时，由于地震造成的直接损失会有 1000 万元；假设不预报将发生地震而地震又发生了，造成的损失会达到 5000 万元。

问：在观察到明显的生物异常反应后，是否应当预报一周内将发生地震?

【解】 发生地震为 ω_1，不发生地震为 ω_2；$\boldsymbol{X}=1$ 时表示出现了生物异常，$\boldsymbol{X}=0$ 时表示没出现生物异常；决策 α_1 为发布地震预报，决策 α_2 为不发布地震预报。由题意，可计算出四种风险，如表 2-2 所示。

表 2-2 风险矩阵 （单位：万元）

判决	类型	
	ω_1	ω_2
α_1	3500	2500
α_2	5000	0

(1) 发生了地震，但提前发布了地震预报，此时的损失为 $L(\alpha_1 \mid \omega_1)=2500+1000=3500$(万元)。

(2) 发生了地震，但没有提前发布地震预报，此时的损失为 $L(\alpha_2 \mid \omega_1)=5000$(万元)。

(3) 没有发生地震，但提前发布了地震预报，此时的损失为 $L(\alpha_1 \mid \omega_2)=2500$(万元)。

(4) 没有发生地震，但没有提前发布地震预报，此时的损失为 $L(\alpha_2 \mid \omega_2)=0$。

则在观察到明显的生物异常反应现象时，发布地震预报的条件风险为

$$R(\text{发布地震预报}|\boldsymbol{X}=1)=L(\alpha_1|\omega_1)\times P(\omega_1|\boldsymbol{X}=1)+L(\alpha_1|\omega_2)P(\omega_2|\boldsymbol{X}=1)$$

$$=3500\times\frac{5}{9}+2500\times\frac{4}{9}\approx 3056(\text{万元})$$

而不发布地震预报带来的综合损失为

$$R(\text{不发布地震预报}|\boldsymbol{X}=1)=L(\alpha_2|\omega_1)\times P(\omega_1|\boldsymbol{X}=1)+L(\alpha_2|\omega_2)P(\omega_2|\boldsymbol{X}=1)$$

$$=5000\times\frac{5}{9}\approx 2778(\text{万元})$$

由于$R(\text{发布地震预报}|\boldsymbol{X}=1)>R(\text{不发布地震预报}|\boldsymbol{X}=1)$，即发布地震预报风险更大，因此，不应该发布地震预报[思考：如果$L(\alpha_2|\omega_1)=6000$万元，结果又是如何?]。

需要指出的是，在实际应用中，风险矩阵的获取并不容易，在很多时候要根据研究的对象，由系统设计者和领域专家共同协商决定。

上面分析了两种决策规则，下面讨论它们之间的关系。当决策风险$L(\alpha_i|\omega_j)$为0-1函数时，有

$$L(\alpha_i\mid\omega_j)=\begin{cases}0, & i=j\\1, & i\neq j\end{cases}\tag{2-13}$$

即做出正确判决时损失为0，错误判决损失为1，且判决数目与类型数目相等。再令$L(\alpha_i|\omega_j)=1-\delta_{ij}$，其中$\delta_{ij}=\begin{cases}1, & i=j\\0, & i\neq j\end{cases}$，代入式(2-11)，有

$$\begin{aligned}R(\alpha_i\mid\omega_j)&=\sum_{i=1}^{c}L(\alpha_i\mid\omega_j)\cdot P(\omega_j\mid\boldsymbol{X})\\&=\sum_{i=1}^{c}(1-\delta_{ij})\cdot P(\omega_j\mid\boldsymbol{X})=\sum_{i=1}^{c}P(\omega_j\mid\boldsymbol{X})-\sum_{j=1}^{c}\delta_{ij}\cdot P(\omega_j\mid\boldsymbol{X})\\&=1-P(\omega_i\mid\boldsymbol{X})\end{aligned}$$

将结果代入式(2-12)中，得

$$P(\omega_i\mid\boldsymbol{X})=\max_{k=1,2,\cdots,c}\{P(\omega_k\mid\boldsymbol{X})\}\Rightarrow\boldsymbol{X}\in\omega_i\tag{2-14}$$

这就是最小错误率判别规则。由此可见，当决策风险$L(\alpha_i|\omega_j)$为0-1损失函数时，最小风险判别规则即最小错误率判别规则。换句话说，最小错误率判别规则就是最小风险判别规则的一个特例。

2.2.3 最大似然比判别规则

类条件概率密度函数$p(\boldsymbol{X}|\omega_i)$又称为"似然函数"，两个类条件概率密度之比称为"似然比函数"。可定义为

$$l_{ij}(x)=\frac{p(\boldsymbol{X}\mid\omega_i)}{p(\boldsymbol{X}\mid\omega_j)},\quad i,j=1,2,\cdots,c,\text{且 } i\neq j\tag{2-15}$$

最大似然比判别规则可描述为类型ω_i分别与其他类型$\omega_j(j=1,2,\cdots,c,j\neq i)$的似然比均大于相应的门限值$\theta_{ij}$，则样本$\boldsymbol{X}\in\omega_i$。事实上，最大似然比判别规则也是一种贝叶斯分类方法。

1. 由最小错误率判别规则引出最大似然比判别规则

下面以二分类问题为例，借助最小错误率判别规则引出最大似然比判别规则，若 $\boldsymbol{X}\in\omega_1$，由式(2-6)知最小错误率判别规则为

$$p(\boldsymbol{X}\mid\omega_1)\cdot P(\omega_1)>p(\boldsymbol{X}\mid\omega_2)\cdot P(\omega_2)$$

两边同时除以 $p(\boldsymbol{X}\mid\omega_2)\cdot P(\omega_1)$，则有

$$\frac{p(\boldsymbol{X}\mid\omega_1)}{p(\boldsymbol{X}\mid\omega_2)}>\frac{P(\omega_2)}{P(\omega_1)}$$

类别 ω_1 与 ω_2 的似然比为

$$l_{12}(\boldsymbol{X})=\frac{p(\boldsymbol{X}\mid\omega_1)}{p(\boldsymbol{X}\mid\omega_2)}$$

则判决门限为

$$\theta_{12}=\frac{P(\omega_2)}{P(\omega_1)} \tag{2-16}$$

当先验概率已知时，可求得 θ_{12}。所以“最小错误率判别规则”就变为

$$\begin{cases}l_{12}(\boldsymbol{X})>\theta_{12}\Rightarrow\boldsymbol{X}\in\omega_1\\ l_{12}(\boldsymbol{X})<\theta_{12}\Rightarrow\boldsymbol{X}\in\omega_2\\ l_{12}(\boldsymbol{X})=\theta_{12}\Rightarrow\boldsymbol{X}\in\omega_1\text{ 或 }\boldsymbol{X}\in\omega_2\end{cases} \tag{2-17}$$

2. 由最小风险判别规则引出最大似然比判别规则

也可由最小风险判别规则引出最大似然比判别规则，同样以二分类问题为例，若模式 $\boldsymbol{X}\in\omega_1$，根据最小风险判别规则，则有

$$R(\alpha_1=\omega_1\mid\boldsymbol{X})<R(\alpha_2=\omega_2\mid\boldsymbol{X})$$

考虑到 $R(\alpha_i=\omega_i\mid\boldsymbol{X})=\sum_{j=1}^{2}L(\alpha_i\mid\omega_j)\cdot P(\omega_j\mid\boldsymbol{X})$，有

$$[L(\alpha_2\mid\omega_1)-L(\alpha_1\mid\omega_1)]P(\omega_1\mid\boldsymbol{X})>[L(\alpha_1\mid\omega_2)-L(\alpha_2\mid\omega_2)]P(\omega_2\mid\boldsymbol{X})$$

即

$$\frac{P(\omega_1\mid\boldsymbol{X})}{P(\omega_2\mid\boldsymbol{X})}>\frac{L(\alpha_1\mid\omega_2)-L(\alpha_2\mid\omega_2)}{L(\alpha_2\mid\omega_1)-L(\alpha_1\mid\omega_1)}$$

又由贝叶斯公式

$$\frac{P(\omega_1\mid\boldsymbol{X})}{p(\omega_2\mid\boldsymbol{X})}=\frac{p(\boldsymbol{X}\mid\omega_1)\cdot P(\omega_1)}{p(\boldsymbol{X}\mid\omega_2)\cdot P(\omega_2)}$$

得

$$\frac{p(\boldsymbol{X}\mid\omega_1)}{p(\boldsymbol{X}\mid\omega_2)}>\frac{L(\alpha_1\mid\omega_2)-L(\alpha_2\mid\omega_2)}{L(\alpha_2\mid\omega_1)-L(\alpha_1\mid\omega_1)}\cdot\frac{P(\omega_2)}{P(\omega_1)} \tag{2-18}$$

即

$$l_{12}(X)>\theta_{12}$$

式中，

$$\theta_{12}=\frac{L(\alpha_1\mid\omega_2)-L(\alpha_2\mid\omega_2)}{L(\alpha_2\mid\omega_1)-L(\alpha_1\mid\omega_1)}\cdot\frac{P(\omega_2)}{P(\omega_1)} \tag{2-19}$$

为判决门限。

从以上分析可以看出：最小风险判决引出的最大似然比判决与最小错误率判决引出的最大似然比判决的公式相同，只是判决门限 θ_{12} 的计算公式不同。最小错误率判决门限只考虑了样本类别的先验概率，而最小风险判决门限在考虑先验概率的同时，还考虑了风险对决策的影响。

注意到式(2-19)中的损失函数为 0-1 函数时，即 $L(\alpha_1|\omega_1)=0, L(\alpha_1|\omega_2)=1, L(\alpha_2|\omega_1)=1, L(\alpha_2|\omega_2)=0$ 时，式(2-18)退化为式(2-16)。这也同样验证了，在风险函数为 0-1 损失函数情况下，最小风险判决退化为最小错误率判决。

将上述讨论进一步推广，可得多类情形下的似然比判别规则，如果有 $\omega_1, \omega_2, \cdots, \omega_c$ 一共 c 个类别，则由最小错误率判别规则导出

$$l_{ij}(\boldsymbol{X}) > \theta_{ij} \Rightarrow \boldsymbol{X} \in \omega_i \tag{2-20}$$

$$\theta_{ij} = \frac{P(\omega_j)}{P(\omega_i)} \tag{2-21}$$

由最小风险判别规则可得

$$\theta_{ij} = \frac{[L(\alpha_i \mid \omega_j) - L(\alpha_j \mid \omega_j)] \cdot P(\omega_j)}{[L(\alpha_j \mid \omega_i) - L(\alpha_i \mid \omega_i)] \cdot P(\omega_i)} \tag{2-22}$$

同样，在 0-1 损失函数的情况下，式(2-22)退化为式(2-21)。

由于似然比函数满足 $l_{ij}(\boldsymbol{X}) = \frac{1}{l_{ji}(\boldsymbol{X})}$，所以在 c 类问题中，若有一个 ω_i 满足式(2-20)，则不可能再有另外的类别 $\omega_j (i \neq j)$ 满足式(2-20)。

2.2.4 Neyman-Pearson 判别规则

在两分类问题中，贝叶斯判别规则的基本思想是根据类别的先验概率和类条件概率将样本的特征空间 R 划分成两个子区域 R_1 和 R_2。这时存在两种错误：一种是当样本 $\boldsymbol{X}$ 应属 ω_2 时，判决为 ω_1；另一种是当样本 $\boldsymbol{X}$ 应属 ω_1 时，判决为 ω_2。两种错误的概率分别为 $P_1(e) = \int_{R_2} p(\boldsymbol{X} \mid \omega_1)\mathrm{d}\boldsymbol{X}$ 和 $P_2(e) = \int_{R_1} p(\boldsymbol{X} \mid \omega_2)\mathrm{d}\boldsymbol{X}$，则总的错误的概率之和 $P(e)$ 为

$$P(e) = P(\omega_2) \cdot P_2(e) + P(\omega_1) \cdot P_1(e) \tag{2-23}$$

最小错误率贝叶斯决策是使 $P(e)$ 为最小。

从式(2-23)可知，在最小错误判决准则下，需要知道各类的先验概率，在实际应用中，有时并不知道先验概率，仅知道类条件概率密度或者是先验概率保持不变，在这种情况下，可以使用奈曼-皮尔逊(Neyman-Pearson)判别规则，来确定判决门限。

图 2-2 所示为二分类问题中两类的类条件概率密度曲线图，从图中可以看出，如果判决门限为 t，可能发生的分类错误与阴影区面积 $P_1(e)$ 和 $P_2(e)$ 成正比。奈曼-皮尔逊判别规则的基本思想是如果一种错误比另一种错误更为重要，则在保持较重要错误率不变的条件下，使另一种错误率最小。

奈曼-皮尔逊判别规则有重要的实际意义。例如，在细胞检验中，由于把异常细胞错判为正常细胞带来的风险较大，这时可以在这种错判的错误率为某一常数的约束下，使正常细胞错判为异常细胞的错误率尽可能小，以此为原则来选择判决门限 t。

从图 2-2 可以看出：

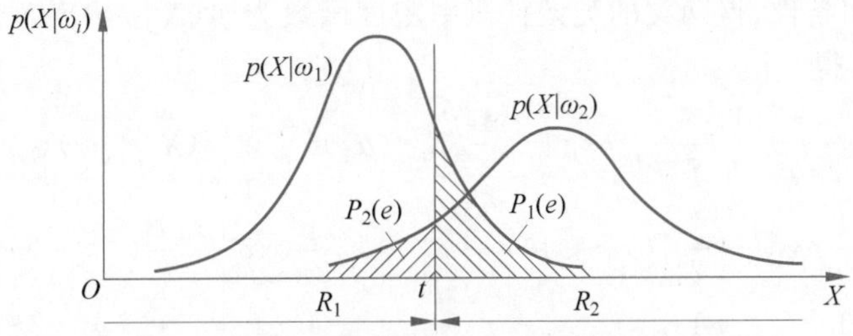

图 2-2 二分类问题中两类的类条件概率密度曲线

$$\varepsilon_{12}=P_1(e)=\int_{R_2} p(\boldsymbol{X}\mid\omega_1)\mathrm{d}\boldsymbol{X} \tag{2-24}$$

$$\varepsilon_{21}=P_2(e)=\int_{R_1} p(\boldsymbol{X}\mid\omega_2)\mathrm{d}\boldsymbol{X} \tag{2-25}$$

假定 ε_{21} 保持不变，μ 为某个给定的正数，令

$$\varepsilon=\varepsilon_{12}+\mu\varepsilon_{21} \tag{2-26}$$

为了使 ε_{12} 最小化，就要通过适当地选择某个正数 μ 使 ε 最小

$$\varepsilon_{12}=1-\int_{R_1} p(\boldsymbol{X}\mid\omega_1)\mathrm{d}\boldsymbol{X} \tag{2-27}$$

$$\varepsilon_{21}=1-\int_{R_2} p(\boldsymbol{X}\mid\omega_2)\mathrm{d}\boldsymbol{X} \tag{2-28}$$

将式(2-27)和式(2-25)代入式(2-26)，得

$$\varepsilon=1+\int_{R_1}[\mu p(\boldsymbol{X}\mid\omega_2)-p(\boldsymbol{X}\mid\omega_1)]\mathrm{d}\boldsymbol{X} \tag{2-29}$$

将式(2-28)和式(2-24)代入式(2-26)，得

$$\varepsilon=\mu+\int_{R_2}[p(\boldsymbol{X}\mid\omega_1)-\mu p(\boldsymbol{X}\mid\omega_2)]\mathrm{d}\boldsymbol{X} \tag{2-30}$$

为了使 ε 最小化，上两式中的被积函数最好为负数，从而得到奈曼-皮尔逊判别规则为

$$\begin{cases}\dfrac{p(\boldsymbol{X}\mid\omega_1)}{p(\boldsymbol{X}\mid\omega_2)}>\mu\Rightarrow\boldsymbol{X}\in\omega_1\\[2ex]\dfrac{p(\boldsymbol{X}\mid\omega_1)}{p(\boldsymbol{X}\mid\omega_2)}<\mu\Rightarrow\boldsymbol{X}\in\omega_2\end{cases} \tag{2-31}$$

从式(2-31)可以看出，奈曼-皮尔逊判别规则归结为寻找判决阈值 μ，显然 μ 是 $\boldsymbol{X}$ 的函数，根据上式，要求 $\mu(\boldsymbol{X})$ 为

$$\mu(\boldsymbol{X})=\frac{p(\boldsymbol{X}\mid\omega_1)}{p(\boldsymbol{X}\mid\omega_2)} \tag{2-32}$$

为了最后确定判决阈值，利用给定的正数 ε_{21}，由式(2-25)并参考图 2-2，得

$$\varepsilon_{21}=\int_{-\infty}^{\mu^{-1}(\boldsymbol{X})} p(\boldsymbol{X}\mid\omega_2)\mathrm{d}\boldsymbol{X} \tag{2-33}$$

式中，$\mu^{-1}(\boldsymbol{X})$ 为 $\mu(\boldsymbol{X})$ 的逆函数。

【例 2.3】 已知两类问题，且两类的概率密度函数均为正态分布，其均值向量分别为 $\boldsymbol{\mu}_1=(-1,0)^{\mathrm{T}}$ 和 $\boldsymbol{\mu}_2=(1,0)^{\mathrm{T}}$，协方差矩阵相等且为单位矩阵 $\boldsymbol{\Sigma}_1=\boldsymbol{\Sigma}_2=\boldsymbol{I}$。给定 $\varepsilon_{21}=0.09$，试确定奈曼-皮尔逊判决门限 t。

【解】 由已知条件，得两类的类条件概率密度函数为 $p(\boldsymbol{X}|\omega_1)\sim N(\boldsymbol{\mu}_1,\boldsymbol{\Sigma}_1)$ 和 $p(\boldsymbol{X}|\omega_2)\sim N(\boldsymbol{\mu}_2,\boldsymbol{\Sigma}_2)$，得

$$p(\boldsymbol{X}\mid\omega_1)=\frac{1}{(2\pi)^{2/2}\mid\boldsymbol{\Sigma}\mid^{1/2}}\exp\left[-\frac{1}{2}(\boldsymbol{X}-\boldsymbol{\mu}_1)^{\mathrm{T}}\cdot\boldsymbol{\Sigma}^{-1}(\boldsymbol{X}-\boldsymbol{\mu}_1)\right]$$
$$=\frac{1}{2\pi}\exp\left\{-\frac{1}{2}\left[(x_1+1)^2+x_2^2\right]\right\}=\frac{1}{2\pi}\exp\left[-\frac{1}{2}(x_1^2+2x_1+1+x_2^2)\right]$$
$$p(\boldsymbol{X}\mid\omega_2)=\frac{1}{2\pi}\exp\left\{-\frac{1}{2}\left[(x_1-1)^2+x_2^2\right]\right\}=\frac{1}{2\pi}\exp\left[-\frac{1}{2}(x_1^2-2x_1+1+x_2^2)\right]$$

由式(2-32)可知

$$\mu=\frac{p(\boldsymbol{X}\mid\omega_1)}{p(\boldsymbol{X}\mid\omega_2)}=\exp(-2x_1)$$

故 $\mu(\boldsymbol{X})=\exp(-2x_1)$，$\mu$ 只是 x_1 的函数，与 x_2 无关。判别式为

$$\exp(-2x_1)\gtrless\mu\Rightarrow\boldsymbol{X}\in\begin{cases}\omega_1\\\omega_2\end{cases}$$

因为 $x_1=-\dfrac{1}{2}\ln\mu$，所以判别式也可写为

$$x_1\lessgtr-\frac{1}{2}\ln\mu\Rightarrow\boldsymbol{X}\in\begin{cases}\omega_1\\\omega_2\end{cases}$$

显然，对于不同的 μ，判别边界是平行于 x_2 的不同直线，形成的决策区域如图 2-3 所示。

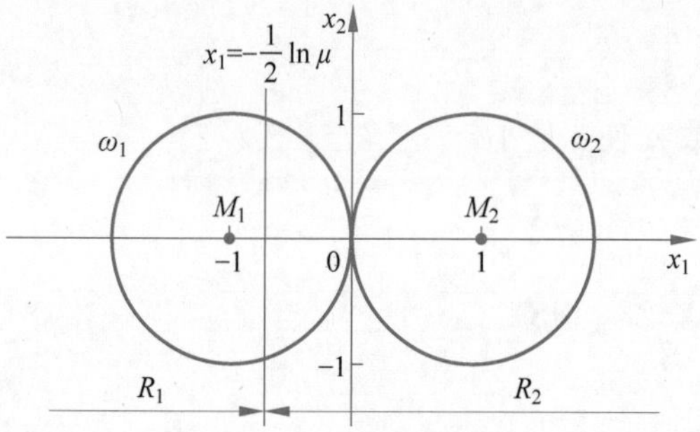

图 2-3 决策区域

又 $p(\boldsymbol{X}|\omega_2)$的边缘概率密度 $p(x_1|\omega_2)$为

$$p(x_1\mid\omega_2)=\int_{-\infty}^{+\infty}p(\boldsymbol{X}\mid\omega_2)\mathrm{d}x_2$$
$$=\int\frac{1}{2\pi}\exp\left[-\frac{1}{2}(x_1^2-2x_1+1+x_2^2)\right]\mathrm{d}x_2$$
$$=\frac{1}{\sqrt{2\pi}}\exp\left[-\frac{1}{2}(x_1^2-2x_1+1)\right]\cdot\int_{-\infty}^{+\infty}\frac{1}{\sqrt{2\pi}}\exp\left(-\frac{1}{2}x_2^2\right)\mathrm{d}x_2$$
$$=\frac{1}{\sqrt{2\pi}}\exp\left[-\frac{1}{2}(x_1-1)^2\right]$$

对于给定的正数 ε_{21}，可由下式计算：

$$\varepsilon_{21}=\int_{-\infty}^{-\frac{1}{2}\ln\mu}\frac{1}{\sqrt{2\pi}}\exp\left[-\frac{(x_1-1)^2}{2}\right]\mathrm{d}x_1$$

令 $y=x_1-1$，有

$$\varepsilon_{21}=\int_{-\infty}^{-\frac{1}{2}\ln\mu-1}\frac{1}{\sqrt{2\pi}}\exp\left(-\frac{y^2}{2}\right)\mathrm{d}y$$

显然，y 是服从标准正态分布的随机变量，令 $y_1=-\dfrac{1}{2}\ln\mu-1$，则

$$\varepsilon_{21}=\Phi(y_1)$$

标准正态分布表见表 2-3，λ 的纵向值表示整数部分和小数点后第 1 位，λ 的横向值表示小数点后第 2 位，由表 2-3 可知 ε_{21} 与 y_1 的关系。当 $\varepsilon_{21}=0.09$ 时，$y_1=-1.35$，$\mu=2$，$x_1=$

−0.35，因此判决门限 $t=x_1=-0.35$。给定待判决样本 $\boldsymbol{X}=(x_1,x_2)^{\mathrm{T}}$，若 $x_1<-0.35$，则 $\boldsymbol{X}\in\omega_1$。否则，$\boldsymbol{X}\in\omega_2$。

表 2-3 标准正态分布表局部

λ	0	0.01	0.02	0.03	0.04	0.05	0.06	0.07	0.08	0.09
1.0	0.8413	0.8438	0.8461	0.8485	0.8508	0.8531	0.8554	0.8577	0.8599	0.8621
1.1	0.8643	0.8665	0.8686	0.8708	0.8729	0.8749	0.8770	0.8790	0.8810	0.8830
1.2	0.8849	0.8869	0.8888	0.8907	0.8925	0.8944	0.8962	0.898	0.8997	0.9015
1.3	0.9032	0.9049	0.9066	0.9082	0.9099	0.9115	0.9131	0.9147	0.9162	0.9177
1.4	0.9192	0.9207	0.9222	0.9236	0.9251	0.9265	0.9278	0.9292	0.9306	0.9319
1.5	0.9332	0.9345	0.9357	0.9370	0.9382	0.9394	0.9406	0.9418	0.9430	0.9441
1.6	0.9452	0.9463	0.9474	0.9484	0.9495	0.9505	0.9515	0.9525	0.9535	0.9545
1.7	0.9554	0.9564	0.9573	0.9582	0.9591	0.9599	0.9608	0.9616	0.9625	0.9633
1.8	0.9641	0.9648	0.9656	0.9664	0.9671	0.9678	0.9686	0.9693	0.9700	0.9706
1.9	0.9713	0.9719	0.9726	0.9732	0.9738	0.9744	0.9750	0.9756	0.9762	0.9767
2.0	0.9772	0.9778	0.9783	0.9788	0.9793	0.9798	0.9803	0.9808	0.9812	0.9817
2.1	0.9821	0.9826	0.9830	0.9834	0.9838	0.9842	0.9846	0.9850	0.9854	0.9857
2.2	0.9861	0.9864	0.9868	0.9871	0.9874	0.9878	0.9881	0.9884	0.9887	0.9890
2.3	0.9893	0.9896	0.9898	0.9901	0.9904	0.9906	0.9909	0.9911	0.9913	0.9916
2.4	0.9918	0.9920	0.9922	0.9925	0.9927	0.9929	0.9931	0.9932	0.9934	0.9936

2.3 正态分布中的贝叶斯分类方法

2.2 节介绍了贝叶斯分类的三种方法，其中贝叶斯最小错误率判别规则是最基本的方法，当决策风险取 0-1 损失函数时，最小风险判别规则和最大似然比判别规则与最小错误判别规则是统一的。以上几种方法，都涉及类条件概率密度函数 $p(\boldsymbol{X}|\omega)$，事实上，$p(\boldsymbol{X}|\omega)$ 的获取是比较困难的，在实际应用中，为了计算上的方便，往往假设 $p(\boldsymbol{X}|\omega)$ 服从多元正态分布。下面以最小错误判别规则为例，研究 $p(\boldsymbol{X}|\omega)$ 服从多元正态分布时，贝叶斯分类的应用。

由式(2-5)的最小错误率的判决准则，可得其对应的判别函数为

$$g_i(\boldsymbol{X})=p(\boldsymbol{X}\mid\omega_i)\cdot P(\omega_i),\quad i=1,2,\cdots,c \tag{2-34}$$

对 c 类问题，其判别规则为

$$g_i(\boldsymbol{X})>g_j(\boldsymbol{X}),\quad i=1,2,\cdots,c,j\neq i\Rightarrow\boldsymbol{X}\in\omega_i \tag{2-35}$$

此时任两个类别的决策面方程为

$$g_i(\boldsymbol{X})=g_j(\boldsymbol{X}) \tag{2-36}$$

设 $\boldsymbol{X}$ 为 n 维特征向量，且 $p(\boldsymbol{X}|\omega_i)$ 服从正态分布的，即 $p(\boldsymbol{X}|\omega_i)\sim N(\mu_i,\boldsymbol{\Sigma}_i)$，则

$$g_i(\boldsymbol{X})=\frac{P(\omega_i)}{(2\pi)^{\frac{n}{2}}\mid\boldsymbol{\Sigma}_i\mid^{\frac{1}{2}}}\exp\left[-\frac{1}{2}(\boldsymbol{X}-\boldsymbol{\mu}_i)^{\mathrm{T}}\boldsymbol{\Sigma}_i^{-1}(\boldsymbol{X}-\boldsymbol{\mu}_i)\right] \tag{2-37}$$

为了方便计算，对原判别函数取对数，$g_i(\boldsymbol{X})$ 可写为如下形式。

$$g_i(\boldsymbol{X})=-\frac{1}{2}(\boldsymbol{X}-\boldsymbol{\mu}_i)^{\mathrm{T}}\boldsymbol{\Sigma}_i^{-1}(\boldsymbol{X}-\boldsymbol{\mu}_i)-\frac{n}{2}\ln2\pi-\frac{1}{2}\ln\mid\boldsymbol{\Sigma}_i\mid+\ln P(\omega_i) \tag{2-38}$$

式中，$\frac{n}{2}\ln2\pi$ 与类别无关，不影响分类决策，可以去掉。因此，$g_i(\boldsymbol{X})$ 可进一步简化为

$$g_i(\boldsymbol{X})=-\frac{1}{2}(\boldsymbol{X}-\boldsymbol{\mu}_i)^{\mathrm{T}}\boldsymbol{\Sigma}_i^{-1}(\boldsymbol{X}-\boldsymbol{\mu}_i)-\frac{1}{2}\ln|\boldsymbol{\Sigma}_i|+\ln P(\omega_i) \tag{2-39}$$

将式(2-39)代入式(2-36),得

$$\begin{aligned}&-\frac{1}{2}(\ln|\boldsymbol{\Sigma}_i|-\ln|\boldsymbol{\Sigma}_j|)-\\&\frac{1}{2}[(\boldsymbol{X}-\boldsymbol{\mu}_i)^{\mathrm{T}}\boldsymbol{\Sigma}_i^{-1}(\boldsymbol{X}-\boldsymbol{\mu}_i)-(\boldsymbol{X}-\boldsymbol{\mu}_j)^{\mathrm{T}}\boldsymbol{\Sigma}_j^{-1}(\boldsymbol{X}-\boldsymbol{\mu}_j)]+\\&\ln\frac{P(\omega_i)}{P(\omega_j)}=0\end{aligned} \tag{2-40}$$

式中,$\boldsymbol{\Sigma}_i$ 为 ω_i 类的 $n\times n$ 维协方差矩阵,$\boldsymbol{\mu}_i=(\mu_1,\mu_2,\cdots,\mu_n)^{\mathrm{T}}$ 为 ω_i 类的 n 维均值向量,$\boldsymbol{X}=(x_1,x_2,\cdots,x_n)^{\mathrm{T}}$ 为 n 维的特征向量,$\boldsymbol{\Sigma}_i^{-1}$ 为$\boldsymbol{\Sigma}_i$ 的逆阵,$|\boldsymbol{\Sigma}_i|$为$\boldsymbol{\Sigma}_i$ 的行列式。

为了进一步理解多元正态分布下的判别函数和决策面,下面分几种特殊情况进行讨论。

1. $\boldsymbol{\Sigma}_i=\sigma^2\boldsymbol{I}$

即每类的协方差矩阵都相等,类内各特征维度间相互独立,且方差相同。其中,σ 表示标准差,$\boldsymbol{I}$ 表示单位矩阵。

$$\boldsymbol{\Sigma}_i=\sigma^2\boldsymbol{I}=\begin{bmatrix}\sigma^2 & \cdots & 0\\ \vdots & & \vdots\\ 0 & \cdots & \sigma^2\end{bmatrix}$$

式(2-38)的判别函数重写为

$$g_i(\boldsymbol{X})=-\frac{1}{2}(\boldsymbol{X}-\boldsymbol{\mu}_i)^{\mathrm{T}}\boldsymbol{\Sigma}_i^{-1}(\boldsymbol{X}-\boldsymbol{\mu}_i)-\frac{n}{2}\ln 2\pi-\frac{1}{2}\ln|\boldsymbol{\Sigma}_i|+\ln P(\omega_i)$$

将式中与类别无关的项$\boldsymbol{\Sigma}_i=\sigma^2\boldsymbol{I}$,$\boldsymbol{\Sigma}_i^{-1}=\dfrac{\boldsymbol{I}}{\sigma^2}$,$|\boldsymbol{\Sigma}_i|=\sigma^{2n}$,$\dfrac{n}{2}\ln 2\pi$ 去掉,判别函数可简化为

$$g_i(\boldsymbol{X})=-\frac{\|\boldsymbol{X}-\boldsymbol{\mu}_i\|^2}{2\sigma^2}+\ln P(\omega_i) \tag{2-41}$$

式中,$\|\boldsymbol{X}-\boldsymbol{\mu}_i\|^2=(\boldsymbol{X}-\boldsymbol{\mu}_i)^{\mathrm{T}}(\boldsymbol{X}-\boldsymbol{\mu}_i)$。

下面再分两种情况讨论。

1) 如果 c 个类的先验概率相等

当类别 $\omega_i(i=1,2,\cdots,c)$的先验概率相等时,即

$$P(\omega_1)=P(\omega_2)=\cdots=P(\omega_c)$$

此时,去掉式(2-41)中的 $\ln P(\omega_i)$,并不影响判决结果,因此判别函数为

$$g_i(\boldsymbol{X})=-\frac{\|\boldsymbol{X}-\boldsymbol{\mu}_i\|^2}{2\sigma^2} \tag{2-42}$$

从式(2-42)中可以看出,分类判决结果其实只与各类均值 μ_i 有关,$g_i(\boldsymbol{X})$把待分类样本 $\boldsymbol{X}$ 划分到距各类均值欧氏距离最近的类别中,因此又把该分类器称为“最小距离分类器”。图 2-4 所示为以二分类为例的最小距离分类器。

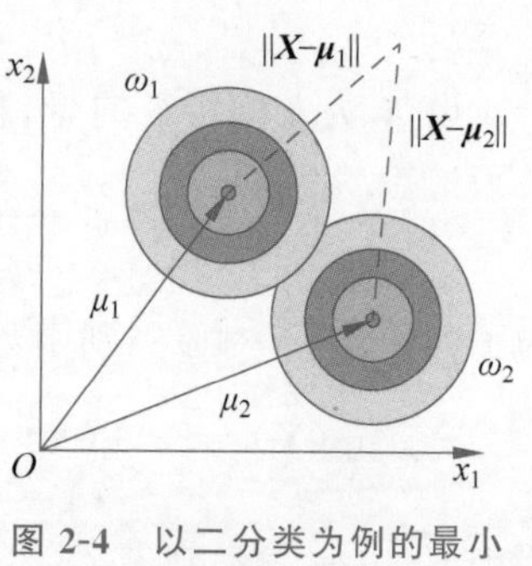

图 2-4 以二分类为例的最小距离分类器

2）如果 c 个类的先验概率不相等

因为$(\boldsymbol{X}-\boldsymbol{\mu}_i)^{\mathrm{T}}(\boldsymbol{X}-\boldsymbol{\mu}_i)=\boldsymbol{X}^{\mathrm{T}}\boldsymbol{X}-2\boldsymbol{\mu}_i\boldsymbol{X}+\boldsymbol{\mu}_i^{\mathrm{T}}\boldsymbol{\mu}_i$，式中二次项 $\boldsymbol{X}^{\mathrm{T}}\boldsymbol{X}$ 不含有类别信息，式(2-41)的判别函数可简化为

$$g_i(\boldsymbol{X})=-\frac{1}{2\sigma^2}(-2\boldsymbol{\mu}_i\boldsymbol{X}+\boldsymbol{\mu}_i^{\mathrm{T}}\boldsymbol{\mu})+\ln P(\omega_i) \tag{2-43}$$

可以设 $g_i(\boldsymbol{X})$为如下线性函数

$$g_i(\boldsymbol{X})=\boldsymbol{w}_i^{\mathrm{T}}\boldsymbol{X}+\boldsymbol{w}_{i0} \tag{2-44}$$

式中，$\boldsymbol{w}_i=\frac{1}{\sigma^2}\boldsymbol{\mu}_i$，$\boldsymbol{w}_{i0}=-\frac{1}{2\sigma^2}\boldsymbol{\mu}_i^{\mathrm{T}}\boldsymbol{\mu}_i+\ln P(\omega_i)$。

给定待分类样本 $\boldsymbol{X}$，决策准则为计算式(2-44)，将 $\boldsymbol{X}$ 划归为 $g_i(\boldsymbol{X})$最大的类别中。此时决策面方程为

$$g_i(\boldsymbol{X})=g_j(\boldsymbol{X}) \tag{2-45}$$

将式(2-44)代入上式，得$\boldsymbol{\Sigma}_i=\sigma^2\boldsymbol{I}$ 条件下的决策面方程为

$$\boldsymbol{W}^{\mathrm{T}}(\boldsymbol{X}-\boldsymbol{X}_0)=0$$

式中，

$$\boldsymbol{W}=\boldsymbol{\mu}_i-\boldsymbol{\mu}_j$$

$$\boldsymbol{X}_0=\frac{1}{2}(\boldsymbol{\mu}_i+\boldsymbol{\mu}_j)-\frac{\sigma^2(\boldsymbol{\mu}_i-\boldsymbol{\mu}_j)}{\|\boldsymbol{\mu}_i-\boldsymbol{\mu}_j\|^2}\ln\frac{P(\omega_i)}{P(\omega_j)} \tag{2-46}$$

由以上讨论，可以得出如下结论。

(1) 因为$\boldsymbol{\Sigma}_i=\sigma^2\boldsymbol{I}$，协方差为零，所以等概率面为圆形。

(2) 因为$\boldsymbol{W}$与$(\boldsymbol{X}-\boldsymbol{X}_0)$点积为零，则 W 与$(\boldsymbol{X}-\boldsymbol{X}_0)$垂直，也即分界面 $\boldsymbol{H}$ 与$\boldsymbol{W}$垂直。又因为$\boldsymbol{W}=\boldsymbol{\mu}_i-\boldsymbol{\mu}_j$，所以分界面 $\boldsymbol{H}$ 与$\boldsymbol{\mu}_i$ 和$\boldsymbol{\mu}_j$ 的连线垂直。

(3) 对二分类问题，当 $P(\omega_1)=P(\omega_2)$时，分界面 $\boldsymbol{H}$ 通过$\boldsymbol{\mu}_i$ 和$\boldsymbol{\mu}_j$ 的连线的中点；当 $P(\omega_1)\neq P(\omega_2)$时，分界面 H 远离先验概率大的均值点。先验概率不同时的最小距离分类器如图 2-5 所示。

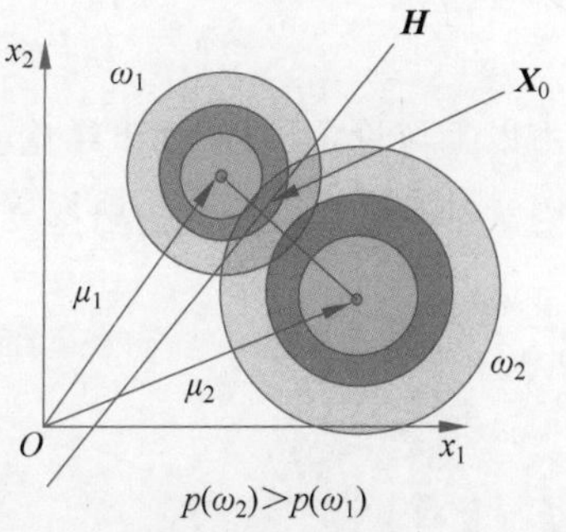

图 2-5 先验概率不同时的最小距离分类器

(4) 对 c 类问题，分界面为各类均值连线的垂直线。

2. $\boldsymbol{\Sigma}_i=\boldsymbol{\Sigma}$

当每类的协方差矩阵都相等时，由于$\boldsymbol{\Sigma}_1=\boldsymbol{\Sigma}_2=\cdots=\boldsymbol{\Sigma}_c=\boldsymbol{\Sigma}$，其与类别无关，判别函数式(2-39)简化为

$$g_i(\boldsymbol{X})=-\frac{1}{2}(\boldsymbol{X}-\boldsymbol{\mu}_i)^{\mathrm{T}}\boldsymbol{\Sigma}^{-1}(\boldsymbol{X}-\boldsymbol{\mu}_i)+\ln P(\omega_i) \tag{2-47}$$

同样，也分两种情况讨论。

1）如果 c 个类的先验概率相等

当 $P(\omega_1)=P(\omega_2)=\cdots=P(\omega_c)$时，式(2-47)可以进一步简化为

$$g_i(\boldsymbol{X}) = -\frac{1}{2}(\boldsymbol{X}-\boldsymbol{\mu}_i)^{\mathrm{T}}\boldsymbol{\Sigma}^{-1}(\boldsymbol{X}-\boldsymbol{\mu}_i) = \gamma^2 \tag{2-48}$$

给定待分类 $\boldsymbol{X}$，此时判决准则为计算出 $\boldsymbol{X}$ 到每类的均值点 $\boldsymbol{\mu}_i$ 的马哈拉诺比斯距离平方 γ^2，最后把 $\boldsymbol{X}$ 归于最小 γ^2 的类别。

2）如果 c 个类的先验概率不相等

将式(2-47)展开，注意到$(\boldsymbol{X}-\boldsymbol{\mu}_i)^{\mathrm{T}}\boldsymbol{\Sigma}^{-1}(\boldsymbol{X}-\boldsymbol{\mu}_i)$展开项中 $\boldsymbol{X}^{\mathrm{T}}\boldsymbol{\Sigma}^{-1}\boldsymbol{X}$ 与类别无关，则判别函数可写为如下线性函数：

$$g_i(\boldsymbol{X}) = \boldsymbol{W}_i^{\mathrm{T}}\boldsymbol{X} + w_{i0} \tag{2-49}$$

式中，

$$\boldsymbol{W}_i = \boldsymbol{\Sigma}^{-1}\boldsymbol{\mu}_i$$

$$w_{i0} = -\frac{1}{2}\boldsymbol{\mu}_i^{\mathrm{T}}\boldsymbol{\Sigma}^{-1}\boldsymbol{\mu}_i + \ln P(\omega_i) \tag{2-50}$$

决策准则为

$$g_i(\boldsymbol{X}) = \boldsymbol{W}_i^{\mathrm{T}}\boldsymbol{X} + w_{i0} = \max_{1\leqslant j\leqslant c}\{\boldsymbol{W}_j^{\mathrm{T}}\boldsymbol{X} + w_{j0}\} \Rightarrow \boldsymbol{X} \in \omega_i \tag{2-51}$$

决策面方程为

$$\boldsymbol{W}^{\mathrm{T}}(\boldsymbol{X}-\boldsymbol{X}_0) = 0 \tag{2-52}$$

式中，

$$\boldsymbol{W} = \boldsymbol{\Sigma}^{-1}(\boldsymbol{\mu}_i - \boldsymbol{\mu}_j)$$

$$\boldsymbol{X}_0 = \frac{1}{2}(\boldsymbol{\mu}_i - \boldsymbol{\mu}_j) - \frac{\ln\frac{P(\omega_i)}{P(\omega_j)}(\boldsymbol{\mu}_i - \boldsymbol{\mu}_j)}{(\boldsymbol{\mu}_i - \boldsymbol{\mu}_j)^{\mathrm{T}}\boldsymbol{\Sigma}^{-1}(\boldsymbol{\mu}_i - \boldsymbol{\mu}_j)} \tag{2-53}$$

由以上讨论，可以有如下结论。

(1) 因为$\boldsymbol{\Sigma}_i = \boldsymbol{\Sigma} \neq \sigma^2\boldsymbol{I}$，所以等概率面为椭圆，长轴由$\boldsymbol{\Sigma}$ 的本征值决定。

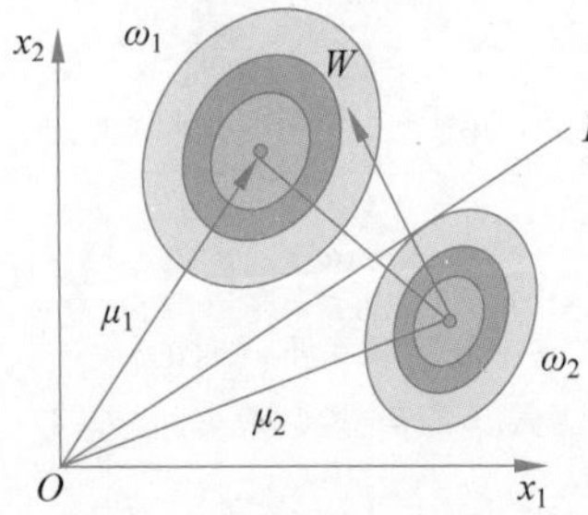

图 2-6 先验概率不同时的马哈拉诺比斯最小距离分类器

(2) 因为 $\boldsymbol{W}$ 与$(\boldsymbol{X}-\boldsymbol{X}_0)$点积为零，则 $\boldsymbol{W}$ 与$(\boldsymbol{X}-\boldsymbol{X}_0)$垂直，分界面 $\boldsymbol{H}$ 过 $\boldsymbol{X}_0$。

(3) 因为 $\boldsymbol{W}=\boldsymbol{\Sigma}^{-1}(\boldsymbol{\mu}_i-\boldsymbol{\mu}_j)$，所以 $\boldsymbol{W}$ 与 $\boldsymbol{\mu}_i$ 与 $\boldsymbol{\mu}_j$ 的连线不同向，分界面 $\boldsymbol{H}$ 与 $\boldsymbol{\mu}_i$ 与 $\boldsymbol{\mu}_j$ 的连线不垂直。

(4) 对二分类问题，当 $P(\omega_1)=P(\omega_2)$时，分界面 $\boldsymbol{H}$ 通过 $\boldsymbol{\mu}_i$ 和 $\boldsymbol{\mu}_j$ 的连线的中点；当 $P(\omega_1)\neq P(\omega_2)$时，分界面 $\boldsymbol{H}$ 远离先验概率大的均值点，图 2-6 为先验概率不同时马哈拉诺比斯最小距离分类器。

3. 一般情况

$\boldsymbol{\Sigma}_i$ 为任意，各类协方差矩阵不等，式(2-39)的展开式中 $\boldsymbol{X}^{\mathrm{T}}\boldsymbol{\Sigma}_i\boldsymbol{X}$ 与类别有关，所以判别函数为二次型函数，可表示为

$$g_i(\boldsymbol{X}) = \boldsymbol{X}^{\mathrm{T}}\boldsymbol{W}_i\boldsymbol{X} + \boldsymbol{W}_i^{\mathrm{T}}\boldsymbol{X} + w_{i0} \tag{2-54}$$

比较式(2-54)与式(2-39)，可知 $\boldsymbol{W}_i = -\frac{1}{2}\boldsymbol{\Sigma}_i^{-1}$，为 $n\times n$ 的矩阵，$\boldsymbol{W}_i = \boldsymbol{\Sigma}_i^{-1}\boldsymbol{\mu}_i$，为 n 维列向量，常数项为

$$\boldsymbol{w}_{i0} = -\frac{1}{2}\boldsymbol{\mu}_i^{\mathrm{T}}\boldsymbol{\Sigma}_i^{-1}\boldsymbol{\mu}_i - \frac{1}{2}\ln|\boldsymbol{\Sigma}_i| + \ln P(\omega_i) \tag{2-55}$$

此时，判决准则为

$$g_i(\boldsymbol{X}) = \max_{1\leqslant j\leqslant c}\{\boldsymbol{X}^{\mathrm{T}}\boldsymbol{W}_j\boldsymbol{X} + \boldsymbol{W}_j^{\mathrm{T}}\boldsymbol{X} + \boldsymbol{w}_{j0}\} \Rightarrow \boldsymbol{X} \in \omega_i \tag{2-56}$$

对应的决策面方程为

$$g_i(\boldsymbol{X}) - g_j(\boldsymbol{X}) = 0 \tag{2-57}$$

代入式(2-54)得

$$\boldsymbol{X}^{\mathrm{T}}(\boldsymbol{W}_i - \boldsymbol{W}_j)\boldsymbol{X} + (\boldsymbol{W}_i - \boldsymbol{W}_j)^{\mathrm{T}}\boldsymbol{X} + \boldsymbol{w}_{i0} - \boldsymbol{w}_{j0} = 0 \tag{2-58}$$

上式所决定的决策面为超二次曲面，随着$\boldsymbol{\Sigma}_i$、$\boldsymbol{\mu}_i$、$P(\omega_i)$的不同而呈现为某种超二次曲面，即超球面、超抛物面、超双曲面或超平面等。图 2-7 所示为二分类问题中，当类条件概率密度函数服从二元正态分布时决策面的形式。

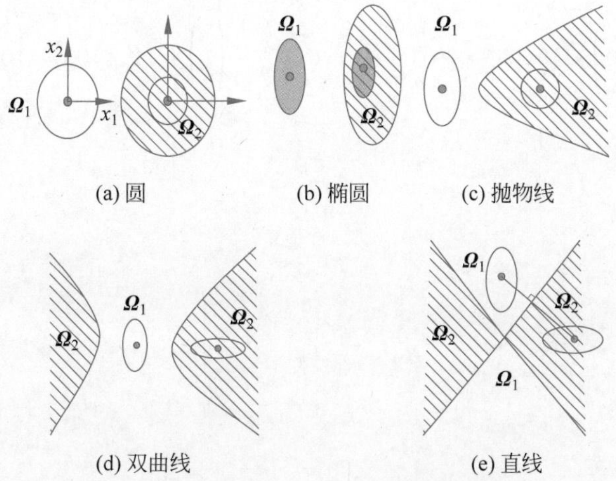

图 2-7　二元正态分布下的几种决策面形式

【例 2.4】　设在三维特征空间里，两类的类概率密度是正态分布的，分别在两个类型中获得以下 4 个样本。

ω_1：$(0,0,0)^{\mathrm{T}},(1,0,0)^{\mathrm{T}},(1,1,0)^{\mathrm{T}},(1,0,1)^{\mathrm{T}}$

ω_2：$(0,1,0)^{\mathrm{T}},(0,0,1)^{\mathrm{T}},(0,1,1)^{\mathrm{T}},(1,1,1)^{\mathrm{T}}$

若两类的先验概率相等，试确定两类之间的决策面及相应的类型区域 $\boldsymbol{\Omega}_1$ 和 $\boldsymbol{\Omega}_2$。

【解】　用各类样本的算术平均值近似代替各类均值向量，即

$$\boldsymbol{\mu}_i \approx \frac{1}{N_i}\sum_{k=1}^{N_i}\boldsymbol{X}_{ik}$$

式中，N_i 为 ω_i 中的样本数。$\boldsymbol{X}_{ik}$ 表示 ω_i 的第 k 个样本。

协方差矩阵由其定义求得

$$\boldsymbol{\Sigma}_i = \boldsymbol{R}_i - \boldsymbol{\mu}_i\boldsymbol{\mu}_j^{\mathrm{T}} = \frac{1}{N_i}\sum_{k=1}^{N_i}\boldsymbol{X}_{ik}\cdot\boldsymbol{X}_{ik}^{\mathrm{T}} - \boldsymbol{\mu}_i\boldsymbol{\mu}_j^{\mathrm{T}}$$

式中，$\boldsymbol{R}_i$ 为类 ω_i 的自相关函数。

由题中所给条件：$i=1,2,N_1=N_2=4$，有

$$\boldsymbol{\mu}_1 = \frac{1}{4}(3,1,1)^{\mathrm{T}},\quad \boldsymbol{\mu}_2 = \frac{1}{4}(1,3,3)^{\mathrm{T}}$$

$$\boldsymbol{\mu}_1\boldsymbol{\mu}_1^{\mathrm{T}}=\left(\frac{3}{4},\frac{1}{4},\frac{1}{4}\right)^{\mathrm{T}}\cdot\left(\frac{3}{4},\frac{1}{4},\frac{1}{4}\right)=\begin{pmatrix}\frac{3}{4}\\ \frac{1}{4}\\ \frac{1}{4}\end{pmatrix}\cdot\left(\frac{3}{4},\frac{1}{4},\frac{1}{4}\right)=\frac{1}{16}\begin{bmatrix}9&3&3\\3&1&1\\3&1&1\end{bmatrix}$$

$$\boldsymbol{\mu}_2\boldsymbol{\mu}_2^{\mathrm{T}}=\begin{pmatrix}\frac{1}{4}\\ \frac{3}{4}\\ \frac{3}{4}\end{pmatrix}\cdot\left(\frac{1}{4},\frac{3}{4},\frac{3}{4}\right)=\frac{1}{16}\begin{bmatrix}1&3&3\\3&9&9\\3&9&9\end{bmatrix}$$

$$\boldsymbol{R}_1=\frac{1}{4}\left[\begin{pmatrix}0\\0\\0\end{pmatrix}\cdot(0,0,0)+\begin{pmatrix}1\\0\\0\end{pmatrix}\cdot(1,0,0)+\begin{pmatrix}1\\1\\0\end{pmatrix}\cdot(1,1,0)+\begin{pmatrix}1\\0\\1\end{pmatrix}\cdot(1,0,1)\right]$$

$$=\frac{1}{4}\begin{bmatrix}3&1&1\\1&1&0\\1&0&1\end{bmatrix}$$

同理,得

$$\boldsymbol{R}_2=\frac{1}{4}\begin{bmatrix}1&1&1\\1&3&2\\1&2&2\end{bmatrix}$$

则

$$\boldsymbol{\Sigma}_1=\boldsymbol{R}_1-\boldsymbol{\mu}_1\boldsymbol{\mu}_1^{\mathrm{T}}=\frac{1}{4}\begin{bmatrix}3&1&1\\1&1&0\\1&0&1\end{bmatrix}-\frac{1}{16}\begin{bmatrix}9&3&3\\3&1&1\\3&1&1\end{bmatrix}=\frac{1}{16}\begin{bmatrix}3&1&1\\1&3&-1\\1&-1&3\end{bmatrix}$$

$$\boldsymbol{\Sigma}_2=\frac{1}{16}\begin{bmatrix}3&1&1\\1&3&-1\\1&-1&3\end{bmatrix}$$

显然$\boldsymbol{\Sigma}_1=\boldsymbol{\Sigma}_2=\boldsymbol{\Sigma}$,可用式(2-52)确定决策面为

$$g_1(\boldsymbol{X})-g_2(\boldsymbol{X})=0\Rightarrow\boldsymbol{W}^{\mathrm{T}}(\boldsymbol{X}-\boldsymbol{X}_0)=0$$

式中,

$$\boldsymbol{W}=\boldsymbol{\Sigma}^{-1}(\boldsymbol{\mu}_1-\boldsymbol{\mu}_2)$$

$$\boldsymbol{X}_0=\frac{1}{2}(\boldsymbol{\mu}_i+\boldsymbol{\mu}_j)-\frac{\ln\dfrac{P(\omega_i)}{P(\omega_j)}(\boldsymbol{\mu}_i-\boldsymbol{\mu}_j)}{(\boldsymbol{\mu}_i-\boldsymbol{\mu}_j)^{\mathrm{T}}\boldsymbol{\Sigma}^{-1}(\boldsymbol{\mu}_i-\boldsymbol{\mu}_j)}$$

由于先验概率相等 $P(\omega_1)=P(\omega_2)$,得

$$\boldsymbol{X}_0=\frac{1}{2}(\boldsymbol{\mu}_1+\boldsymbol{\mu}_2)$$

再由$\boldsymbol{\Sigma}_1=\boldsymbol{\Sigma}_2=\boldsymbol{\Sigma}$,得

$$\boldsymbol{\Sigma}^{-1}=4\begin{bmatrix}2 & -1 & -1\\ -1 & 2 & 1\\ -1 & 1 & 2\end{bmatrix}$$

则

$$\boldsymbol{W}=\boldsymbol{\Sigma}^{-1}(\boldsymbol{\mu}_1-\boldsymbol{\mu}_2)=4\begin{bmatrix}2 & -1 & -1\\ -1 & 2 & 1\\ -1 & 1 & 2\end{bmatrix}\cdot\frac{1}{4}\begin{bmatrix}2\\ -2\\ -2\end{bmatrix}=\begin{bmatrix}8\\ -8\\ -8\end{bmatrix}$$

$$\boldsymbol{X}_0=\frac{1}{2}(\boldsymbol{\mu}_1+\boldsymbol{\mu}_2)=\frac{1}{2}(1,1,1)^{\mathrm{T}}$$

代入决策方程，得

$$(8,-8,-8)\begin{bmatrix}x_1-\frac{1}{2}\\ x_2-\frac{1}{2}\\ x_3-\frac{1}{2}\end{bmatrix}=0$$

也即

$$8\left(x_1-\frac{1}{2}\right)-8\left(x_2-\frac{1}{2}\right)-8\left(x_3-\frac{1}{2}\right)=0$$

简化得

$$2x_1-2x_2-2x_3+1=0$$

分界面如图 2-8 阴影部分所示。

第 3 集
微课视频

第 4 集
微课视频

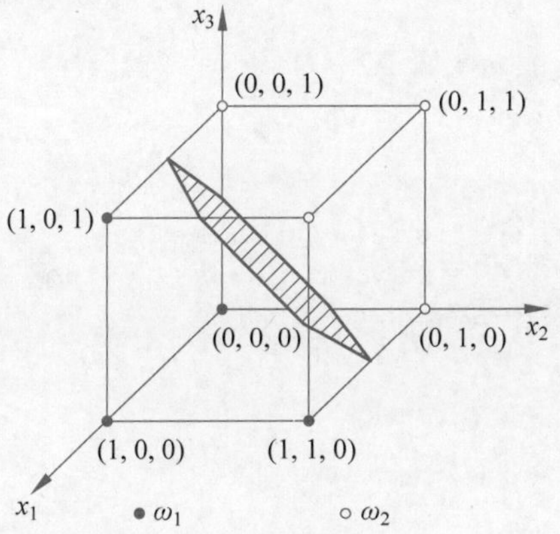

图 2-8 分界面

$\boldsymbol{W}$ 指向的一侧为正，是 ω_1 的区域 $\boldsymbol{\Omega}_1$，负向的一侧为 ω_2。

2.4 Python 程序实现

下面使用 Python 对基于最小错误率的贝叶斯分类器进行仿真，已知三个类别分别为 ω_1：$[0,0]^{\mathrm{T}}$，$[2,1]^{\mathrm{T}}$，$[1,0]^{\mathrm{T}}$，ω_2：$[-1,1]^{\mathrm{T}}$，$[-2,0]^{\mathrm{T}}$，$[-2,-1]^{\mathrm{T}}$，ω_3：$[0,-2]^{\mathrm{T}}$，

$[0,-1]^T$,$[1,-2]^T$,画出了三类的分界线,并且判断样本$[-2,2]^T$属于哪一类。分类结果如图 2-9 所示。

```
import numpy as np
import matplotlib.pyplot as plt
import matplotlib as mpl

# x1,x2,x3 分别为训练集资料矩阵
x1 = np.array([[0, 0], [2, 1], [1, 0]])
x2 = np.array([[-1, 1], [-2, 0], [-2, -1]])
x3 = np.array([[0, -2], [0, -1], [1, -2]])
y1 = np.array([1] * len(x1))
y2 = np.array([2] * len(x2))
y3 = np.array([3] * len(x3))
# 数据放入统一的训练集中
X = np.concatenate((x1, x2, x3), axis=0)
y = np.concatenate((y1, y2, y3), axis=0)
print("训练样本的特征:\n", X)
print("训练样本的标签:", y)

# 超参数设定
eps = 1e-6
labels = np.unique(y)
K = len(labels)                                              # 样本所包含的类别数量
N, M = X.shape                                               # N 样本数量, M 特征维度
# parameters 用来存储各类的的均值,方差,先验概率
parameters = {
    "mean": np.zeros((K, M)),                                # shape: (K, M)
    "sigma": np.zeros((K, M)),                               # shape: (K, M)
    "prior": np.zeros((K,)),                                 # shape: (K,)
}
# 计算各个类别的均值,方差,先验概率
for i, c in enumerate(labels):
    X_c = X[y == c, :]

    parameters["mean"][i, :] = np.mean(X_c, axis=0)
    parameters["sigma"][i, :] = np.var(X_c, axis=0) + eps
    parameters["prior"][i] = X_c.shape[0] / N

def predict(x, labels):
    K = len(labels)
    log_posterior = np.zeros((x.shape[0], K))
    for i in range(K):
        mu = parameters["mean"][i]
        prior = parameters["prior"][i]
        sigma = parameters["sigma"][i]

        # 计算 log likelihood,分别计算正态密度函数的分母和分子部分
        log_likelihood = -0.5 * np.sum(np.log(2 * np.pi * sigma))
        log_likelihood -= 0.5 * np.sum(((x - mu) ** 2) / sigma, axis=1)
        # 得到后验概率
        log_posterior[:, i] = log_likelihood + np.log(prior)
    # 根据后验概率的最大值所属类别,得到分类结果
```

```
    pred = labels[log_posterior.argmax(axis = 1)]
    return pred, log_posterior
# 对待检测样本进行预测
p = np.array([[ - 2, 2],])
pred, log_posterior = predict(p, labels)
print(f"样本属于第{pred}类", ",对数概率为:", log_posterior)

# 画图
x_min, x_max = X[:, 0].min() - 1, X[:, 0].max() + 1          # 第 0 列的范围
y_min, y_max = X[:, 1].min() - 1, X[:, 1].max() + 1          # 第 1 列的范围
xx, yy = np.meshgrid(np.linspace(x_min, x_max, 400), np.linspace(y_min, y_max, 400))
                                                              # 生成网格采样点
grid_test = np.stack((xx.flat, yy.flat), axis = 1)           # 测试点  (xx.flat 降维)
y_predict, _ = predict(grid_test, labels)

cm_pt = ['r', 'g', 'b']                          # 样本点颜色(样本分为 3 个类,三个颜色)
cm_bg = mpl.colors.ListedColormap(['w', 'y', 'gray'])         # 背景颜色
mpl.rcParams['font.sans - serif'] = [u'SimHei']               # 设置字体为 SimHei 显示中文
mpl.rcParams['axes.unicode_minus'] = False                    # 设置正常显示字符
plt.figure(figsize = (6,4),dpi = 160)
plt.xlim(x_min, x_max)
plt.ylim(y_min, y_max)                                        # 设置坐标范围
plt.pcolormesh(xx, yy, y_predict.reshape(xx.shape), shading = 'auto', cmap = cm_bg)
                                                              # 绘制网格背景

# 绘制样本点
marker = ['o', 'x', 's']
for x1_2, label in zip([x1,x2,x3], [y1,y2,y3]):
    label = label[0]
    plt.scatter(x1_2[:,0], x1_2[:,1], c = cm_pt[label - 1], marker = marker[label - 1], label
= f"第{label}类")
plt.title(u'贝叶斯分类', fontsize = 15)
plt.legend(loc = "lower right",fontsize = 12)

plt.grid(True, alpha = 0.6)
plt.show()
```

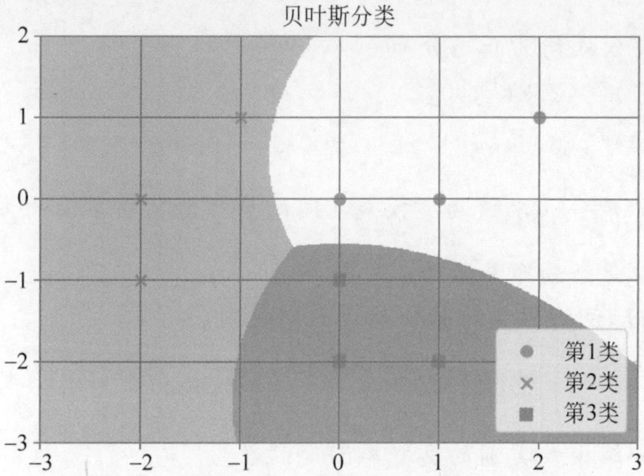

图 2-9　最小错误率的贝叶斯分类器仿真结果

运行结果：

```
X = ( - 2,2)属于第 2 类
```

在模式识别系统中，分类的错误率即错分率通常是一个重要的指标，如在图像识别、语音识别、文字识别系统中，首先要考虑的问题就是识别的准确率，由此引出了贝叶斯框架下的最小错误分类器。但有时候，错分率最小并不一定是一个识别系统最重要的指标，如医疗诊断、地震、天气预报等还要考虑错分带来的损失，因此引入了决策风险，用损失函数表示在决策错误时带来的损失。在实际问题中计算损失与风险是复杂的，在使用数学公式计算时，往往用赋予不同权值来表示。当各类样本近似于正态分布时，可以使错误率最小或风险最小的分界面得到极大简化，因此如能从训练样本估计出正态分布的概率密度函数，就可以按贝叶斯决策方法对分类器进行设计。

当给定待分类样本时，贝叶斯决策理论依据样本的后验概率进行分类决策，后验概率要通过先验概率与类条件概率来计算。而先验概率与类条件概率的获取也是困难的，先验概率可根据先验知识分析得到，或根据样本集中各类别所占的比例得到。类条件概率密度的估计更为困难，有一套复杂的计算方法，我们将在第 3 章介绍。

习题及思考题

2.1 概率论中的先验概率、后验概率与概率密度函数是什么？如何理解贝叶斯公式？

2.2 什么叫正态分布？什么叫期望值？什么叫方差？为什么说正态分布是最重要的分布之一？

2.3 假定在细胞识别中，病变细胞的先验概率和正常细胞的先验概率分别为 $P(\omega_1)=0.05$，$P(\omega_2)=0.95$。现有一待识别细胞，其观察值为 $\boldsymbol{X}$，从类条件概率密度发布曲线上查得 $p(\boldsymbol{X}|\omega_1)=0.5$，$p(\boldsymbol{X}|\omega_2)=0.2$，试对细胞 $\boldsymbol{X}$ 进行分类。

2.4 在细胞识别中，病变细胞和正常细胞的先验概率分别为 $P(\omega_1)=0.05$，$P(\omega_2)=0.95$，现有一待识别细胞，观察值为 $\boldsymbol{X}$，从类概率密度分布曲线上查得 $p(\boldsymbol{X}|\omega_1)=0.5$，$p(\boldsymbol{X}|\omega_2)=0.2$，损失函数分别为 $L_{11}=0$，$L_{12}=10$，$L_{22}=0$，$L_{21}=1$，按最小风险贝叶斯决策分类。

2.5 设以下两类模式均为正态分布。

ω_1：$(0,0)^{\mathrm{T}},(2,0)^{\mathrm{T}},(2,2)^{\mathrm{T}},(0,2)^{\mathrm{T}}$

ω_2：$(4,4)^{\mathrm{T}},(6,4)^{\mathrm{T}},(6,6)^{\mathrm{T}},(4,6)^{\mathrm{T}}$

设 $P(\omega_1)=P(\omega_2)=\dfrac{1}{2}$，求该两类模式之间的贝叶斯判别界面的方程。

2.6 设两类二维正态分布参数为 $\boldsymbol{\mu}_1=(-1,0)^{\mathrm{T}}$，$\boldsymbol{\mu}_2=(1,0)^{\mathrm{T}}$ 先验概率相等。

(1) 令 $\boldsymbol{\Sigma}_1=\boldsymbol{\Sigma}_2\equiv\boldsymbol{I}$，试给出负对数似然比判别规则。

(2) 令 $\boldsymbol{\Sigma}_1=\begin{bmatrix}1 & 0.5\\0.5 & 1\end{bmatrix}$，$\boldsymbol{\Sigma}_2=\begin{bmatrix}1 & -0.5\\-0.5 & 1\end{bmatrix}$，试给出负对数似然比判别规则。

2.7 已知两个一维模式类别的类概率密度函数为

$$p(x\mid\omega_1)=\begin{cases}-0.5x+1, & 0\leqslant x\leqslant 2\\0, & \text{其他}\end{cases},\quad p(x\mid\omega_2)=\begin{cases}0.5x-0.5, & 1\leqslant x\leqslant 3\\0, & \text{其他}\end{cases}$$

先验概率 $P(\omega_1)=P(\omega_2)=0.5$。

(1) 求贝叶斯判别函数(用 0-1 损失函数)。

(2) 求总误判概率 $P(e)$。

2.8 已知两个类别 ω_1 和 ω_2，其先验概率 $P(\omega_1)=P(\omega_2)$，两类的类条件概率密度服从正态分布，有 $p(\boldsymbol{X}|\omega_1)\sim N(\boldsymbol{\mu}_1,\boldsymbol{\Sigma})$ 和 $p(\boldsymbol{X}|\omega_2)\sim N(\boldsymbol{\mu}_2,\boldsymbol{\Sigma})$，且 $\boldsymbol{\mu}_1=\begin{bmatrix}0\\0\end{bmatrix}$，$\boldsymbol{\mu}_2=\begin{bmatrix}3\\3\end{bmatrix}$，$\boldsymbol{\Sigma}=\begin{bmatrix}1.1 & 0.3\\0.3 & 1.9\end{bmatrix}$，试采用贝叶斯决策对样本 $\boldsymbol{X}=\begin{bmatrix}1.0\\2.2\end{bmatrix}$ 进行分类。

第 3 章 CHAPTER 3 概率密度函数的参数估计

第 2 章讨论了贝叶斯决策理论，在采用贝叶斯决策理论进行分类决策时，需要计算后验概率 $P(\omega_i|\boldsymbol{X})$，或者需要事先知道各类的先验概率 $P(\omega_i)$ 和样本的类条件概率密度函数 $p(\boldsymbol{X}|\omega_i)$，但实际应用中先验概率和类条件概率密度函数往往是未知的。通常，对研究的对象只有一些模糊性的知识，或者通过实验采样而得到的一些样本。这就需要根据已有的样本，利用统计推断中的估计理论对样本的分布做出估计，然后将估计值当成真实值来使用。在模式识别问题中，先验概率的估计相对比较容易，它可以由各类样本在总体样本集中所占的比例进行估计。但类条件概率密度函数的估计却比较困难，从样本出发估计其函数形式和参数，这就是本章要讨论的参数估计问题。

3.1 概率密度函数估计概述

所谓的概率密度函数估计是已知某类别 ω_i 的样本 $\boldsymbol{X}_i(i=1,2,\cdots,N)$，采用某种规则估计出样本所属类的概率函数 $p(\boldsymbol{X}|\omega_i)$。从估计的方法来讲，可分为参数估计和非参数估计。参数估计是先假定样本的类条件概率密度函数 $p(\boldsymbol{X}|\omega_i)$ 的类型已知，如服从正态分布、二项分布，再用已知类别的学习样本估计函数里的未知参数 $\boldsymbol{\theta}$，这项工作也叫训练或学习。参数估计的方法通常采用的是最大似然估计方法和贝叶斯估计方法。非参数估计则是类条件概率密度函数的形式未知，直接用已知类别的学习样本去估计函数的数学模型。非参数估计的方法通常采用的是 Parzen 窗法、k_N-近邻法等。

为了便于理解，首先介绍参数估计中的一些基本概念。

(1) 统计量。假如概率密度函数的形式已知，但表征函数的参数 $\boldsymbol{\theta}$ 未知，则可将 $\boldsymbol{\theta}$ 的估计值构造成样本 $\boldsymbol{X}_i(i=1,2,\cdots,N)$ 的某种函数，这种函数称为统计量。参数估计的任务，就是利用样本求出参数 $\boldsymbol{\theta}$ 的估计值 $\hat{\boldsymbol{\theta}}=\boldsymbol{\theta}(\boldsymbol{X}_1,\boldsymbol{X}_2,\cdots,\boldsymbol{X}_N)$。

(2) 参数空间。参数 $\boldsymbol{\theta}$ 的取值范围称为参数空间，书中用 $\boldsymbol{\Theta}$ 来表示。

(3) 点估计、估计量和估计值。构造一统计量作为未知参数 $\boldsymbol{\theta}$ 的估计，称为点估计，由样本 $(\boldsymbol{X}_1,\boldsymbol{X}_2,\cdots,\boldsymbol{X}_N)$ 作为自变量计算出来的 $\hat{\boldsymbol{\theta}}$ 值称为估计值，$\hat{\boldsymbol{\theta}}$ 称为估计量。

(4) 区间估计。通过从总体中抽取的样本，根据一定的正确度与精确度的要求，构造出适当的区间，作为未知参数的真值所在范围的估计。

下面分别介绍最大似然估计、贝叶斯估计、贝叶斯学习三种参数估计方法，以及 Parzen

窗法和 k_N-近邻法两种非参数估计方法。

3.2　最大似然估计

对 c 类问题，设类别 ω_i 的概率密度函数 $p(\boldsymbol{X}|\omega_i)$的形式已知，但表征该函数的参数未知，记为$\boldsymbol{\theta}_i$。从 ω_i 中独立抽取 N 个样本，如果能从这 N 个样本中推断出 $\boldsymbol{\theta}_i$ 的估计值 $\hat{\boldsymbol{\theta}}_i$，则完成了概率密度函数 $p(\boldsymbol{X}|\omega_i)$的估计。为了强调 $p(\boldsymbol{X}|\omega_i)$与参数 $\boldsymbol{\theta}_i$ 的关联性，也可把概率密度函数写成 $p(\boldsymbol{X}|\omega_i,\boldsymbol{\theta}_i)$。例如，如果已知某一类别 ω_i 概率密度函数服从正态分布，则未知参数 $\boldsymbol{\theta}_i$ 包含了表征该函数的均值 $\boldsymbol{\mu}_i$ 和协方差 $\boldsymbol{\Sigma}_i$ 的全部信息，对参数 $\boldsymbol{\theta}_i$ 的估计，实质上就是对正态函数的均值 $\boldsymbol{\mu}_i$ 和协方差 $\boldsymbol{\Sigma}_i$ 的估计。下面首先给出似然函数的定义，然后从似然函数出发，讨论最大似然估计的原理。

1. 似然函数

从 ω_i 类中抽取 N 个样本 $\boldsymbol{X}^{(N)}=\{\boldsymbol{X}_1,\boldsymbol{X}_2,\cdots,\boldsymbol{X}_N\}$，由于这 N 个样本均来自 ω_i 类，因此可将其概率密度函数 $p(\boldsymbol{X}|\omega_i,\boldsymbol{\theta}_i)$简化为 $p(\boldsymbol{X}|\boldsymbol{\theta})$，则称这 N 个样本的联合概率密度函数 $p(\boldsymbol{X}^{(N)},\boldsymbol{\theta})$为相对于样本集 $\boldsymbol{X}^{(N)}$ 的$\boldsymbol{\theta}$ 的似然函数。由于$\boldsymbol{\theta}$ 是概率密度函数的一个确定性参数集，因此概率密度函数 $p(\boldsymbol{X}^{(N)},\boldsymbol{\theta})$实际上就是条件概率 $p(\boldsymbol{X}^N|\boldsymbol{\theta})$。如果 N 个样本为独立抽取，似然函数可表示为

$$p(\boldsymbol{X}^{(N)} \mid \boldsymbol{\theta})=p(\boldsymbol{X}_1,\boldsymbol{X}_2,\cdots,\boldsymbol{X}_N \mid \boldsymbol{\theta})=\prod_{k=1}^{N} p(\boldsymbol{X}_k \mid \boldsymbol{\theta}) \tag{3-1}$$

第 5 集
微课视频

式(3-1)是在参数$\boldsymbol{\theta}$ 下观测到的样本集 $\boldsymbol{X}^{(N)}$ 的概率(联合分布)密度。

2. 最大似然估计

从 ω_i 类中独立抽取 N 个样本 $\boldsymbol{X}^{(N)}=\{\boldsymbol{X}_1,\boldsymbol{X}_2,\cdots,\boldsymbol{X}_N\}$，那么这 N 个样本最有可能来自哪个概率密度函数，或者说与这 N 个样本最匹配的未知参数$\boldsymbol{\theta}$ 是什么。这是最大似然估计要解决的问题，它的主要思想是，给定样本集 $\boldsymbol{X}^{(N)}=\{\boldsymbol{X}_1,\boldsymbol{X}_2,\cdots,\boldsymbol{X}_N\}$，通过极大化似然函数 $p(\boldsymbol{X}^{(N)}|\boldsymbol{\theta})$去求与样本匹配的参数$\boldsymbol{\theta}$，$\boldsymbol{\theta}$ 的最大似然估计量$\hat{\boldsymbol{\theta}}$ 就是使似然函数达到最大的估计量，图 3-1 所示为$\boldsymbol{\theta}$ 为一维时的最大似然估计。由$\dfrac{\mathrm{d}p(\boldsymbol{X}^{(N)}|\boldsymbol{\theta})}{\mathrm{d}\boldsymbol{\theta}}=0$ 可求得解。

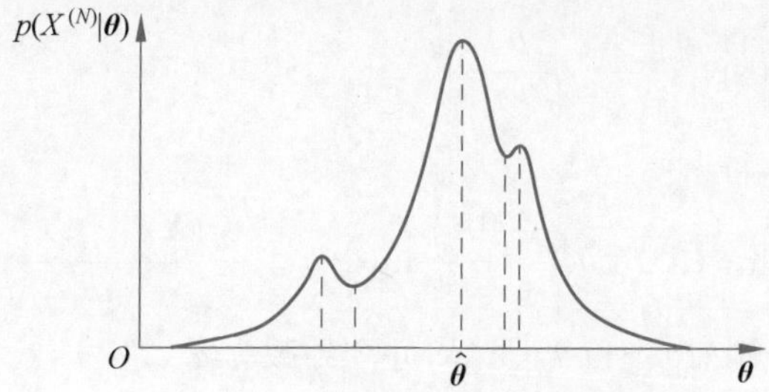

图 3-1　$\boldsymbol{\theta}$ 为一维时的最大似然估计

由于对数函数具有单调性，为了便于分析，对似然函数取对数

$$H(\boldsymbol{\theta})=\ln p(\boldsymbol{X}^{(N)} \mid \boldsymbol{\theta}) \tag{3-2}$$

显然，当估计量$\hat{\boldsymbol{\theta}}$使数函数取最大值时，似然函数达到最大值，$\boldsymbol{\theta}$的最大似然估计是下面微分方程的解：

$$\frac{\mathrm{d}H(\boldsymbol{\theta})}{\mathrm{d}\boldsymbol{\theta}}=0 \tag{3-3}$$

设ω_i类的概率密度函数包含q个未知参数，则$\boldsymbol{\theta}$为q维向量

$$\boldsymbol{\theta}=[\theta_1,\theta_2,\cdots,\theta_q]^{\mathrm{T}} \tag{3-4}$$

此时

$$H(\boldsymbol{\theta})=\ln p(\boldsymbol{X}^{(N)}\mid\boldsymbol{\theta})=\sum_{k=1}^{N}\ln p(\boldsymbol{X}_k\mid\boldsymbol{\theta}) \tag{3-5}$$

式(3-3)可表示为

$$\frac{\partial}{\partial\boldsymbol{\theta}}\left[\sum_{k=1}^{N}\ln p(\boldsymbol{X}_k\mid\boldsymbol{\theta})\right]=0 \tag{3-6}$$

即

$$\begin{cases}\displaystyle\sum_{k=1}^{N}\frac{\partial}{\partial\theta_1}\ln p(\boldsymbol{X}_k\mid\boldsymbol{\theta})=0\\ \displaystyle\sum_{k=1}^{N}\frac{\partial}{\partial\theta_2}\ln p(\boldsymbol{X}_k\mid\boldsymbol{\theta})=0\\ \vdots\\ \displaystyle\sum_{k=1}^{N}\frac{\partial}{\partial\theta_q}\ln p(\boldsymbol{X}_k\mid\boldsymbol{\theta})=0\end{cases} \tag{3-7}$$

求解式(3-7)微分方程组，可得到$\boldsymbol{\theta}$的最大似然估计值$\hat{\boldsymbol{\theta}}$。

【例 3.1】 设从ω_i中抽取了N个样本，表示为$\boldsymbol{X}^{(N)}$，这N个样本是从一维正态分布概率密度函数$p(\boldsymbol{X}|\omega_i)$[或$p(\boldsymbol{X}^{(N)}|\boldsymbol{\theta})$]总体中独立抽取的，用最大似然估计方法，估计正态分布的均值和协方差。

【解】 $p(\boldsymbol{X}|\omega_i)$可表示为$p(\boldsymbol{X}|\boldsymbol{\theta})\sim N(\mu,\sigma^2)$，其中，$\boldsymbol{\theta}=[\theta_1,\theta_2]^{\mathrm{T}}$，$\theta_1=\mu$，$\theta_2=\sigma^2$。因为$\boldsymbol{X}^{(N)}$是从$\omega_i$中独立抽取的$N$个样本，则$\boldsymbol{\theta}$的似然函数为

$$p(\boldsymbol{X}^{(N)}\mid\boldsymbol{\theta})=\prod_{k=1}^{N}p(\boldsymbol{X}_k\mid\boldsymbol{\theta})$$

式中，$p(\boldsymbol{X}_k|\boldsymbol{\theta})=\dfrac{1}{\sqrt{2\pi}\sigma}\exp\left[-\dfrac{(\boldsymbol{X}_k-\mu)^2}{2\sigma^2}\right]$。

取似然函数的对数，得

$$\ln p(\boldsymbol{X}_k\mid\boldsymbol{\theta})=-\frac{1}{2}\ln(2\pi\sigma^2)-\frac{(\boldsymbol{X}_k-\mu)^2}{2\sigma^2}$$

函数$\ln p(\boldsymbol{X}_k|\boldsymbol{\theta})$分别对$\theta_1$和$\theta_2$求导，并令导数为零，即

$$\begin{cases}\displaystyle\sum_{k=1}^{N}\frac{\partial}{\partial\theta_1}\ln p(\boldsymbol{X}_k\mid\boldsymbol{\theta})=\sum_{k=1}^{N}\frac{\boldsymbol{X}_k-\theta_1}{\theta_2}=0\\ \displaystyle\sum_{k=1}^{N}\frac{\partial}{\partial\theta_2}\ln p(\boldsymbol{X}_k\mid\boldsymbol{\theta})=\sum_{k=1}^{N}\left[\frac{-1}{2\theta_2}+\frac{(\boldsymbol{X}_k-\theta_1)^2}{2\theta_2^2}\right]=0\end{cases}$$

由以上方程组解得均值和方差的估计量为

$$\hat{\mu}=\hat{\theta}_1=\frac{1}{N}\sum_{k=1}^{N}\boldsymbol{X}_k \tag{3-8}$$

$$\hat{\sigma}^2=\hat{\theta}_2=\frac{1}{N}\sum_{k=1}^{N}(\boldsymbol{X}_k-\hat{\mu})^2 \tag{3-9}$$

对于一般的多维正态分布情况，用类似例 3.1 的方法，可以求得其最大似然估计值为

$$\hat{\boldsymbol{\mu}}_i=\frac{1}{N}\sum_{k=1}^{N}\boldsymbol{X}_k \tag{3-10}$$

$$\hat{\boldsymbol{\Sigma}}_i=\frac{1}{N}\sum_{k=1}^{N}(\boldsymbol{X}_k-\hat{\boldsymbol{\mu}}_i)(\boldsymbol{X}_k-\hat{\boldsymbol{\mu}}_i)^{\mathrm{T}} \tag{3-11}$$

式(3-10)与式(3-11)表明，在多元正态分布情况下，均值向量的最大似然估计是样本的算术平均值，而协方差矩阵的最大似然估计是 N 个矩阵的$(\boldsymbol{X}_k-\hat{\boldsymbol{\mu}}_i)(\boldsymbol{X}_k-\hat{\boldsymbol{\mu}}_i)^{\mathrm{T}}$ 的算术平均值。

3.3 贝叶斯估计与贝叶斯学习

1. 贝叶斯估计

贝叶斯估计可描述为给定样本集 $\boldsymbol{X}^{(N)}=\{\boldsymbol{X}_1,\boldsymbol{X}_2,\cdots,\boldsymbol{X}_N\}$，对样本的概率密度函数的真实参数$\boldsymbol{\theta}$ 进行估计，使其估计值$\hat{\boldsymbol{\theta}}$ 带来的贝叶斯风险最小。回顾上一章的最小风险贝叶斯决策，可以看出贝叶斯决策和贝叶斯估计都是以贝叶斯风险最小为基础，只是要解决的问题不同，前者是要判决样本 $\boldsymbol{X}$ 的类别归属，而后者是估计样本集 $\boldsymbol{X}^{(N)}$ 所属总体分布的参数，本质上二者是统一的。贝叶斯决策和贝叶斯估计各变量的对应关系如表 3-1 所示。

表 3-1　贝叶斯决策和贝叶斯估计各变量的对应关系

决策问题	估计问题
样本 x	样本集 $\boldsymbol{X}^{(N)}$
决策 α_i	估计量$\hat{\boldsymbol{\theta}}$
真实状态 ω_j	真实参数$\boldsymbol{\theta}$
状态空间 A 是离散空间	参数空间$\boldsymbol{\Theta}$
先验概率 $P(\omega_j)$	参数的先验分布 $p(\boldsymbol{\theta})$

在第 2 章研究分类问题时，我们用式(2-11)定义了条件平均风险：

$$R(\alpha_i\mid\boldsymbol{X})=E[L(\alpha_i\mid\omega_j)]=\sum_{j=1}^{c}L(\alpha_i\mid\omega_j)\cdot P(\omega_j\mid\boldsymbol{X}),\quad i=1,2,\cdots,a$$

参考上式，并对照表 3-1 中贝叶斯决策和贝叶斯估计各变量的对应关系，可以定义在观测样本集 $\boldsymbol{X}^{(N)}=\{\boldsymbol{X}_1,\boldsymbol{X}_2,\cdots,\boldsymbol{X}_N\}$ 的条件下，用$\hat{\boldsymbol{\theta}}$ 作为$\boldsymbol{\theta}$ 的估计的期望损失为

$$R(\hat{\boldsymbol{\theta}}\mid\boldsymbol{X}^{(N)})=\int_{\boldsymbol{\Theta}}L(\hat{\boldsymbol{\theta}},\boldsymbol{\theta})p(\boldsymbol{\theta}\mid\boldsymbol{X}^{(N)})\mathrm{d}\boldsymbol{\theta} \tag{3-12}$$

式中，$L(\hat{\boldsymbol{\theta}},\boldsymbol{\theta})$为用$\hat{\boldsymbol{\theta}}$ 代替$\boldsymbol{\theta}$ 所造成的损失，$\boldsymbol{\Theta}$ 为参数空间。

考虑 $\boldsymbol{X}^{(N)}$ 的各种取值，应该求 $R(\hat{\boldsymbol{\theta}}|\boldsymbol{X}^{(N)})$在空间$\boldsymbol{\Omega}^N=\boldsymbol{\Omega}\times\boldsymbol{\Omega}\times\cdots\times\boldsymbol{\Omega}$ 中的期望，即

$$R=\int_{\boldsymbol{\Omega}^N}R(\hat{\boldsymbol{\theta}}\mid\boldsymbol{X}^{(N)})p(\boldsymbol{X}^{(N)})\mathrm{d}\boldsymbol{X}^{(N)} \tag{3-13}$$

将式(3-12)代入上式，得

$$R=\int_{\boldsymbol{\Omega}^N}\int_{\boldsymbol{\Theta}}L(\hat{\boldsymbol{\theta}},\boldsymbol{\theta})p(\boldsymbol{\theta}\mid\boldsymbol{X}^{(N)})p(\boldsymbol{X}^{(N)})\mathrm{d}\boldsymbol{\theta}\mathrm{d}\boldsymbol{X}^{(N)} \tag{3-14}$$

使 R 最小的参数$\boldsymbol{\theta}$ 的估计值$\hat{\boldsymbol{\theta}}$ 即贝叶斯估计。显然，损失函数 $L(\hat{\boldsymbol{\theta}},\boldsymbol{\theta})$对$\hat{\boldsymbol{\theta}}$ 的求解有重要影响，当选用不同形式的损失函数时，所得到的贝叶斯估计值$\hat{\boldsymbol{\theta}}$ 也不同。当损失函数为二次函数时，有

$$L(\hat{\boldsymbol{\theta}},\boldsymbol{\theta})=(\boldsymbol{\theta}-\hat{\boldsymbol{\theta}})^{\mathrm{T}}(\boldsymbol{\theta}-\hat{\boldsymbol{\theta}}) \tag{3-15}$$

可证明$\hat{\boldsymbol{\theta}}$ 的求解公式如下：

$$\hat{\boldsymbol{\theta}}=\int_{\boldsymbol{\Theta}}\boldsymbol{\theta}\,p(\boldsymbol{\theta}\mid\boldsymbol{X}^{(N)})\mathrm{d}\boldsymbol{\theta} \tag{3-16}$$

上式表明，$\boldsymbol{\theta}$ 的最小方差贝叶斯估计是观测样本集 $\boldsymbol{X}^{(N)}$ 条件下的$\boldsymbol{\theta}$ 的条件期望。

综上所述，观测到一组样本 $\boldsymbol{X}^{(N)}$，通过似然函数 $p(\boldsymbol{X}^{(N)}|\boldsymbol{\theta})$并利用贝叶斯公式将随机变量$\boldsymbol{\theta}$ 的先验概率密度 $p(\boldsymbol{\theta})$转换为后验概率密度，然后根据$\boldsymbol{\theta}$ 的后验概率密度求出估计量$\hat{\boldsymbol{\theta}}$，具体步骤如下。

(1) 确定$\boldsymbol{\theta}$ 的先验概率密度 $p(\boldsymbol{\theta})$。

(2) 由样本集 $\boldsymbol{X}^{(N)}=\{\boldsymbol{X}_1,\boldsymbol{X}_2,\cdots,\boldsymbol{X}_N\}$求出样本的联合概率密度函数也就是$\boldsymbol{\theta}$ 的似然函数 $p(\boldsymbol{X}^{(N)}|\boldsymbol{\theta})$。

(3) 利用贝叶斯公式求出$\boldsymbol{\theta}$ 的后验概率密度：

$$p(\boldsymbol{\theta}\mid\boldsymbol{X}^{(N)})=\frac{p(\boldsymbol{X}^{(N)}\mid\boldsymbol{\theta})p(\boldsymbol{\theta})}{\int_{\boldsymbol{\Theta}}p(\boldsymbol{X}^{(N)}\mid\boldsymbol{\theta})p(\boldsymbol{\theta})\mathrm{d}\boldsymbol{\theta}} \tag{3-17}$$

(4) 根据式(3-16)求贝叶斯估计量$\hat{\boldsymbol{\theta}}$。

在步骤(2)涉及 $p(\boldsymbol{X}^{(N)}|\boldsymbol{\theta})$的求解，当样本的类概率密度函数的类型已知时，由于样本 $\boldsymbol{X}_1,\boldsymbol{X}_2,\cdots,\boldsymbol{X}_N$ 为独立抽取，因此有

$$p(\boldsymbol{X}^{(N)}\mid\boldsymbol{\theta})=p(\boldsymbol{X}_1,\boldsymbol{X}_2,\cdots,\boldsymbol{X}_N|\boldsymbol{\theta})=\prod_{i=1}^{N}p(\boldsymbol{X}_i|\boldsymbol{\theta})$$

2. 贝叶斯学习

贝叶斯学习是指利用$\boldsymbol{\theta}$ 的先验概率密度 $p(\boldsymbol{\theta})$及样本提供的信息递推求出$\boldsymbol{\theta}$ 的后验概率密度 $p(\boldsymbol{\theta}|\boldsymbol{X}^{(N)})$，根据后验概率密度直接求出类概率密度函数 $p(\boldsymbol{X}|\boldsymbol{X}^{(N)})$。因此，贝叶斯学习和贝叶斯估计的前提条件完全相同，区别在于当求出后验概率密度 $p(\boldsymbol{\theta}|\boldsymbol{X}^{(N)})$后，贝叶斯学习没有对参数$\boldsymbol{\theta}$ 进行估计，而是直接进行总体概率密度的推断得到 $p(\boldsymbol{X}|\boldsymbol{X}^{(N)})$。所以，贝叶斯学习的前三步与贝叶斯估计完全一致，最后 $p(\boldsymbol{X}|\boldsymbol{X}^{(N)})$可由迭代计算完成。迭代计算式的推导如下。

$p(\boldsymbol{X}|\omega_i)$由未知参数$\boldsymbol{\theta}$ 确定，可写为 $p(\boldsymbol{X}|\omega_i)=p(\boldsymbol{X}|\boldsymbol{\theta})$，假定 $\boldsymbol{X}^{(N)}=\{\boldsymbol{X}_1,\boldsymbol{X}_2,\cdots,\boldsymbol{X}_N\}$是独立抽取的 ω_i 类的一组样本，设$\boldsymbol{\theta}$ 的后验概率密度函数为 $p(\boldsymbol{\theta}|\boldsymbol{X}^{(N)})$，根据贝叶斯公式有

$$p(\boldsymbol{\theta}\mid\boldsymbol{X}^{(N)})=\frac{p(\boldsymbol{X}^{(N)}\mid\boldsymbol{\theta})p(\boldsymbol{\theta})}{\int_{\boldsymbol{\Theta}}p(\boldsymbol{X}^{(N)}\mid\boldsymbol{\theta})p(\boldsymbol{\theta})\mathrm{d}\boldsymbol{\theta}} \tag{3-18}$$

由条件独立可知，当 $N>1$ 时

$$p(\boldsymbol{X}^{(N)} \mid \boldsymbol{\theta})=p(\boldsymbol{X}_N \mid \boldsymbol{\theta})p(\boldsymbol{X}^{(N-1)} \mid \boldsymbol{\theta}) \tag{3-19}$$

式中，$\boldsymbol{X}^{(N-1)}$ 表示除样本 $\boldsymbol{X}_N$ 以外其余样本的集合。

将式(3-19)代入式(3-18)得

$$p(\boldsymbol{\theta} \mid \boldsymbol{X}^{(N)})=\frac{p(\boldsymbol{X}_N \mid \boldsymbol{\theta})p(\boldsymbol{X}^{(N-1)} \mid \boldsymbol{\theta})p(\boldsymbol{\theta})}{\int_{\boldsymbol{\Theta}} p(\boldsymbol{X}_N \mid \boldsymbol{\theta})p(\boldsymbol{X}^{(N-1)} \mid \boldsymbol{\theta})p(\boldsymbol{\theta})\mathrm{d}\boldsymbol{\theta}} \tag{3-20}$$

类似地，由式(3-18)也可推导出

$$p(\boldsymbol{\theta} \mid \boldsymbol{X}^{(N-1)})=\frac{p(\boldsymbol{X}^{(N-1)} \mid \boldsymbol{\theta})p(\boldsymbol{\theta})}{\int_{\boldsymbol{\Theta}} p(\boldsymbol{X}^{(N-1)} \mid \boldsymbol{\theta})p(\boldsymbol{\theta})\mathrm{d}\boldsymbol{\theta}} \tag{3-21}$$

将式(3-21)代入式(3-20)得

$$p(\boldsymbol{\theta} \mid \boldsymbol{X}^{(N)})=\frac{p(\boldsymbol{X}_N \mid \boldsymbol{\theta})p(\boldsymbol{\theta} \mid \boldsymbol{X}^{(N-1)})}{\int_{\boldsymbol{\Theta}} p(\boldsymbol{X}_N \mid \boldsymbol{\theta})p(\boldsymbol{\theta} \mid \boldsymbol{X}^{(N-1)})\mathrm{d}\boldsymbol{\theta}} \tag{3-22}$$

式(3-22)就是利用样本集 $\boldsymbol{X}^{(N)}$ 估计 $p(\boldsymbol{\theta} \mid \boldsymbol{X}^{(N)})$ 的迭代计算方法。对于参数估计的递推贝叶斯方法，其迭代过程是贝叶斯学习的过程。下面简述迭代式的使用。

(1) 根据先验知识得到 $\boldsymbol{\theta}$ 的先验概率密度函数的初始估计 $p(\boldsymbol{\theta})$。相当于 $N=0$ 时 ($\boldsymbol{X}^{(N)}=\boldsymbol{X}^{(0)}$) 密度函数的一个估计。

(2) 用 $\boldsymbol{X}_1$ 对初始的 $p(\boldsymbol{\theta})$ 进行修改，根据式(3-22)，令 $N=1$，得

$$p(\boldsymbol{\theta} \mid \boldsymbol{X}^{(1)})=p(\boldsymbol{\theta} \mid \boldsymbol{X}_1)=\frac{p(\boldsymbol{X}_1 \mid \boldsymbol{\theta})p(\boldsymbol{\theta})}{\int_{\boldsymbol{\Theta}} p(\boldsymbol{X}_1 \mid \boldsymbol{\theta})p(\boldsymbol{\theta})\mathrm{d}\boldsymbol{\theta}} \tag{3-23}$$

$p(\boldsymbol{X}_1 \mid \boldsymbol{\theta})$ 根据式 $p(\boldsymbol{X} \mid \omega_i)=p(\boldsymbol{X} \mid \boldsymbol{\theta})$ 计算得到。

(3) 给出 $\boldsymbol{X}_2$，对用 $\boldsymbol{X}_1$ 估计的结果进行修改

$$p(\boldsymbol{\theta} \mid \boldsymbol{X}^{(2)})=p(\boldsymbol{\theta} \mid \boldsymbol{X}_1,\boldsymbol{X}_2)=\frac{p(\boldsymbol{X}_2 \mid \boldsymbol{\theta})p(\boldsymbol{\theta} \mid \boldsymbol{X}^{(1)})}{\int_{\boldsymbol{\Theta}} p(\boldsymbol{X}_2 \mid \boldsymbol{\theta})p(\boldsymbol{\theta} \mid \boldsymbol{X}^{(1)})\mathrm{d}\boldsymbol{\theta}} \tag{3-24}$$

(4) 逐次给出 $\boldsymbol{X}_3,\boldsymbol{X}_4,\cdots,\boldsymbol{X}_N$，每次在前一次的基础上进行修改，$p(\boldsymbol{\theta} \mid \boldsymbol{X}^{(N-1)})$ 可以看成 $p(\boldsymbol{\theta} \mid \boldsymbol{X}^{(N)})$ 的先验概率。最后，当 $\boldsymbol{X}_N$ 给出后，得

$$p(\boldsymbol{\theta} \mid \boldsymbol{X}^{(N)})=\frac{p(\boldsymbol{X}_N \mid \boldsymbol{\theta})p(\boldsymbol{\theta} \mid \boldsymbol{X}^{(N-1)})}{\int_{\boldsymbol{\Theta}} p(\boldsymbol{X}_N \mid \boldsymbol{\theta})p(\boldsymbol{\theta} \mid \boldsymbol{X}^{(N-1)})\mathrm{d}\boldsymbol{\theta}}$$

(5) $p(\boldsymbol{X} \mid \omega_i)$ 直接由 $p(\boldsymbol{\theta} \mid \boldsymbol{X}^{(N)})$ 计算得到，此时 $p(\boldsymbol{X} \mid \omega_i)$ 可以写为 $p(\boldsymbol{X} \mid \boldsymbol{X}^{(N)})$，由一般概率公式得

$$p(\boldsymbol{X} \mid \boldsymbol{X}^{(N)})=\int p(\boldsymbol{X},\boldsymbol{\theta} \mid \boldsymbol{X}^{(N)})\,\mathrm{d}\boldsymbol{\theta}=\int p(\boldsymbol{X} \mid \boldsymbol{\theta})p(\boldsymbol{\theta} \mid \boldsymbol{X}^{(N)})\mathrm{d}\boldsymbol{\theta} \tag{3-25}$$

这就是贝叶斯学习。下面通过两个例子，讨论正态分布密度函数的贝叶斯估计和贝叶斯学习问题。

【例 3.2】 对一个单变量正态分布，已知方差 $\boldsymbol{\sigma}^2$，试用贝叶斯估计方法估计均值 $\boldsymbol{\mu}$。

【解】 设 $\boldsymbol{X}^{(N)}=\{\boldsymbol{X}_1,\boldsymbol{X}_2,\cdots,\boldsymbol{X}_N\}$ 是 ω_i 类的 N 个独立抽取的样本，$p(\boldsymbol{X} \mid \boldsymbol{\mu})\sim N(\boldsymbol{\mu},\boldsymbol{\sigma}^2)$，

$\boldsymbol{\mu}$为未知随机参数。假定$\boldsymbol{\mu}$服从正态分布，且$\boldsymbol{\mu}$的先验概率密度 $p(\boldsymbol{\mu})$也为正态分布，即 $p(\boldsymbol{\mu})\sim N(\boldsymbol{\mu}_0,\boldsymbol{\sigma}_0^2)$。利用贝叶斯公式求$\boldsymbol{\mu}$的后验概率密度函数 $p(\boldsymbol{\mu}|\boldsymbol{X}^{(N)})$，有

$$p(\boldsymbol{\mu}|\boldsymbol{X}^{(N)})=\frac{p(\boldsymbol{X}^{(N)}\mid\boldsymbol{\mu})p(\boldsymbol{\mu})}{\int p(\boldsymbol{X}^{(N)}\mid\boldsymbol{\mu})p(\boldsymbol{\mu})\mathrm{d}\boldsymbol{\mu}}$$

式中，$\boldsymbol{\mu}$的似然函数 $p(\boldsymbol{X}^{(N)}|\boldsymbol{\mu})$可以表示为 $p(\boldsymbol{X}^{(N)}\mid\boldsymbol{\mu})=\prod_{k=1}^{N}p(\boldsymbol{X}_k\mid\boldsymbol{\mu})$，且有 $p(\boldsymbol{\mu}|\boldsymbol{X}^{(N)})=\alpha\prod_{k=1}^{N}p(\boldsymbol{X}_k\mid\boldsymbol{\mu})p(\boldsymbol{\mu})$，$\alpha=1/\int p(\boldsymbol{X}^{(N)}\mid\boldsymbol{\mu})p(\boldsymbol{\mu})\mathrm{d}\boldsymbol{\mu}$，$\alpha$ 是与$\boldsymbol{\mu}$无关的比例因子，不影响 $p(\boldsymbol{\mu}|\boldsymbol{X}^{(N)})$的形式。

因为

$$p(\boldsymbol{X}\mid\boldsymbol{\mu})\sim N(\boldsymbol{\mu},\boldsymbol{\sigma}^2)\quad p(\boldsymbol{\mu})\sim N(\boldsymbol{\mu}_0,\boldsymbol{\sigma}_0^2)$$

所以

$$\begin{aligned}p(\boldsymbol{\mu}|\boldsymbol{X}^{(N)})&=\alpha\prod_{k=1}^{N}p(\boldsymbol{X}_k\mid\boldsymbol{\mu})p(\boldsymbol{\mu})\\&=\alpha\prod_{k=1}^{N}\frac{1}{\sqrt{2\pi}\,\boldsymbol{\sigma}}\exp\left[-\frac{(\boldsymbol{X}_k-\boldsymbol{\mu})^2}{2\boldsymbol{\sigma}^2}\right]\cdot\frac{1}{\sqrt{2\pi}\,\boldsymbol{\sigma}_0}\exp\left[-\frac{(\boldsymbol{\mu}-\boldsymbol{\mu}_0)^2}{2\boldsymbol{\sigma}_0^2}\right]\\&=\alpha'\exp\left\{-\frac{1}{2}\left[\sum_{k=1}^{N}\frac{(\boldsymbol{\mu}-\boldsymbol{X}_k)^2}{\boldsymbol{\sigma}^2}+\frac{(\boldsymbol{\mu}-\boldsymbol{\mu}_0)^2}{\boldsymbol{\sigma}_0^2}\right]\right\}\\&=\alpha''\exp\left\{-\frac{1}{2}\left[\left(\frac{N}{\boldsymbol{\sigma}^2}+\frac{1}{\boldsymbol{\sigma}_0^2}\right)\boldsymbol{\mu}^2-2\left(\frac{1}{\boldsymbol{\sigma}^2}\sum_{k=1}^{N}\boldsymbol{X}_k+\frac{\boldsymbol{\mu}_0}{\boldsymbol{\sigma}_0^2}\right)\boldsymbol{\mu}\right]\right\}\end{aligned}\tag{3-26}$$

式中，α'和α''是与$\boldsymbol{\mu}$无关的项。

将 $p(\boldsymbol{\mu}|\boldsymbol{X}^{(N)})$写为正态分布密度函数的标准形式 $N(\boldsymbol{\mu}_N,\boldsymbol{\sigma}_N^2)$：

$$p(\boldsymbol{\mu}|\boldsymbol{X}^{(N)})=\frac{1}{\sqrt{2\pi}\,\boldsymbol{\sigma}_N}\exp\left\{-\frac{1}{2}\left(\frac{\boldsymbol{\mu}-\boldsymbol{\mu}_N}{\boldsymbol{\sigma}_N}\right)^2\right\}\tag{3-27}$$

比较式(3-26)与式(3-27)，可求得 $\boldsymbol{\mu}_N$ 和$\boldsymbol{\sigma}_N^2$ 分别为

$$\boldsymbol{\mu}_N=\frac{N\boldsymbol{\sigma}_0^2}{N\boldsymbol{\sigma}_0^2+\boldsymbol{\sigma}^2}\boldsymbol{m}_N+\frac{\boldsymbol{\sigma}^2}{N\boldsymbol{\sigma}_0^2+\boldsymbol{\sigma}^2}\boldsymbol{\mu}_0\tag{3-28}$$

$$\boldsymbol{\sigma}_N^2=\frac{\boldsymbol{\sigma}_0^2\boldsymbol{\sigma}^2}{N\boldsymbol{\sigma}_0^2+\boldsymbol{\sigma}^2}\tag{3-29}$$

式中，$\boldsymbol{m}_N=\frac{1}{N}\sum_{k=1}^{N}\boldsymbol{X}_k$。

将所求的$\boldsymbol{\mu}_N$ 和$\boldsymbol{\sigma}_N^2$ 代入式(3-27)就得到了$\boldsymbol{\mu}$的后验概率密度函数 $p(\boldsymbol{\mu}|\boldsymbol{X}^{(N)})$。这时，由式(3-16)计算$\boldsymbol{\mu}$的贝叶斯估计为

$$\hat{\boldsymbol{\mu}}=\int\boldsymbol{\mu}p(\boldsymbol{\mu}|\boldsymbol{X}^N)\mathrm{d}\boldsymbol{\mu}=\int\boldsymbol{\mu}\frac{1}{\sqrt{2\pi}\,\boldsymbol{\sigma}_N}\exp\left[-\frac{1}{2}\left(\frac{\boldsymbol{\mu}-\boldsymbol{\mu}_N}{\boldsymbol{\sigma}_N}\right)^2\right]\mathrm{d}\boldsymbol{\mu}=\boldsymbol{\mu}_N$$

将式(3-28)结果代入上式，得

$$\hat{\mu} = \frac{N\sigma_0^2}{N\sigma_0^2 + \sigma^2} m_N + \frac{\sigma^2}{N\sigma_0^2 + \sigma^2}\mu_0 \tag{3-30}$$

当 $N(\mu_0, \sigma_0^2) = N(0,1)$ 且 $\sigma^2 = 1$ 时，有

$$\hat{\mu} = \frac{N}{N+1} m_N = \frac{1}{N+1}\sum_{k=1}^{N} X_k \tag{3-31}$$

也就是说，此时 μ 的贝叶斯估计与最大似然估计有类似的形式，只是分母不同。

【例 3.3】 同例 3.2，用贝叶斯学习方法计算。

【解】 递推求解后验概率密度 $p(\mu | X^{(N)})$：

$$p(\mu | X^{(N)}) = \frac{1}{\sqrt{2\pi}\,\sigma_N}\exp\left\{-\frac{1}{2}\left(\frac{\mu - \mu_N}{\sigma_N}\right)^2\right\}$$

式中，μ_N 为观察了 N 个样本后对 μ 的最好估计，σ_N^2 为估计的不确定性，分别由式(3-28)和式(3-29)求得。

由后验概率密度 $p(\mu | X^{(N)})$ 计算类概率密度函数 $p(X | X^{(N)})$：

$$\begin{aligned}
p(X \mid X^{(N)}) &= \int p(X \mid \mu)\, p(\mu | X^{(N)})\,\mathrm{d}\mu \\
&= \int \frac{1}{\sqrt{2\pi}\,\sigma}\exp\left[-\frac{(X-\mu)^2}{2\sigma^2}\right] \cdot \frac{1}{\sqrt{2\pi}\,\sigma_N}\exp\left[-\frac{(\mu - \mu_N)^2}{2\sigma_N^2}\right]\mathrm{d}\mu \\
&= \int \frac{1}{\sqrt{2\pi}\,\sigma\sigma_N}\exp\left[-\frac{(X-\mu_N)^2}{2(\sigma^2 + \sigma_N^2)}\right] \cdot \frac{1}{\sqrt{2\pi}\,\sigma_N} \\
&\quad \int \exp\left[-\frac{\sigma^2 + \sigma_N^2}{2\sigma^2\sigma_N^2}\left(\mu - \frac{\sigma_N^2 X + \sigma^2\mu_N}{\sigma_N^2 + \sigma^2}\right)\right]\mathrm{d}\mu \\
&= \frac{1}{\sqrt{2\pi}\sqrt{\sigma^2 + \sigma_N^2}}\exp\left[-\frac{(X-\mu_N)^2}{2(\sigma^2 + \sigma_N^2)}\right]
\end{aligned} \tag{3-32}$$

可见 $p(X | X^{(N)})$ 是正态分布，均值为 μ_N，方差为 $(\sigma^2 + \sigma_N^2)$。均值与贝叶斯估计的结果是相同的，原方差 σ^2 增加到 $(\sigma^2 + \sigma_N^2)$，这是由于用 μ 的估计值代替了真实值，引起了不确定性的增加。

对于多维正态分布，可以采用与一维情况类似的方法估计均值向量，但计算比较复杂。

3.4 非参数估计

以上内容讨论了最大似然估计、贝叶斯估计和贝叶斯学习这三种参数估计方法，其共同的特点是样本概率密度函数的分布的形式已知，而表征函数的参数未知，所需要做的工作是从样本估计出参数的最优取值。但在实际应用中，上述条件往往并不能得到满足，人们并不知道概率密度函数的分布形式，或者函数分布并不典型，或者不能写出某些参数的函数。为了设计贝叶斯分类器，仍然需要获取概率密度函数的分布知识，所以非常有必要研究如何从样本出发，直接推断其概率密度函数。于是，人们提出一些直接用样本来估计总体分布的方

法，称为估计分布的非参数法。

非参数估计方法的任务是从样本集 $\boldsymbol{X}^{(N)}=\{\boldsymbol{X}_1,\boldsymbol{X}_2,\cdots,\boldsymbol{X}_N\}$ 中估计样本空间 Ω 中任何一点的概率密度 $p(\boldsymbol{X})$。如果样本集来自某个确定类别(如 ω_i 类)，则估计的结果为该类的类条件概率密度 $p(\boldsymbol{X}|\omega_i)$。如果样本集来自多个类别，且不能分清哪个样本来自哪个类别，则估计结果为混合概率密度。

3.4.1 非参数估计的基本方法

下面从一个例子说明非参数估计的基本思想。假如样本集 $\boldsymbol{X}^{(N)}=\{\boldsymbol{X}_1,\boldsymbol{X}_2,\cdots,\boldsymbol{X}_N\}$ 由 N 个一维样本组成，每个样本 $\boldsymbol{X}_i$ 在以 $\boldsymbol{X}_i$ 为中心，宽度为 h 的范围内，对分布的贡献为 a。显然，可以把每个样本在 $\boldsymbol{X}_i$ 点的"贡献"相加作为这点的概率密度 $p(\boldsymbol{X}_i)$ 的估计。对所有的样本 $\boldsymbol{X}$ 都这么做，就可以得到总体分布 $p(\boldsymbol{X})$ 的估计值。通常，采用某种函数表示某一样本对某点概率密度的贡献，则某点概率密度 $p(\boldsymbol{X})$ 的估计为所有样本所做贡献的线性组合。非参数估计的原理如图 3-2 所示。

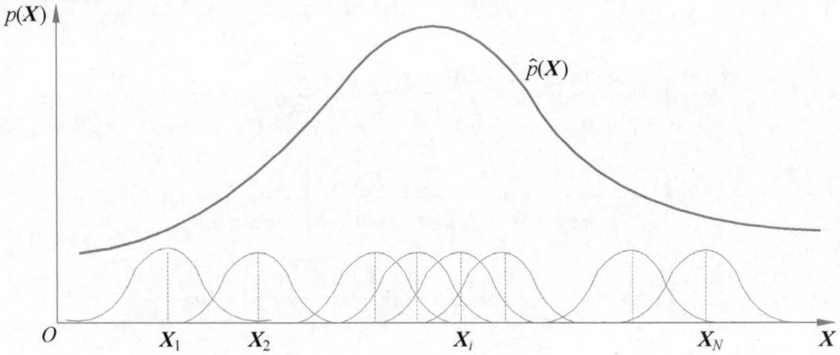

图 3-2 非参数估计的原理

当然，也可以认为每个样本对自己所在位置的分布"贡献"最大，距离越远，贡献越小。下面讨论如何估计概率密度函数。

设一个随机向量 $\boldsymbol{X}$ 落入特征空间区域 R 的概率 P 为

$$P=\int_R p(\boldsymbol{X})\mathrm{d}\boldsymbol{X} \tag{3-33}$$

式中，$p(\boldsymbol{X})$是 $\boldsymbol{X}$ 的概率密度函数，P 是概率密度函数的一种平均形式，对 P 做估计就是估计出 $p(\boldsymbol{X})$的这个平均值。

设 N 个样本 $\boldsymbol{X}^{(N)}=\{\boldsymbol{X}_1,\boldsymbol{X}_2,\cdots,\boldsymbol{X}_N\}$，它们是从概率密度为 $p(\boldsymbol{X})$的总体分布中独立抽取的，则 N 个样本中有 k 个样本落入区域 R 的概率最大，则可以得到

$$k\doteq N\hat{P} \tag{3-34}$$

$$\hat{P}\doteq k/N \tag{3-35}$$

式中，$\hat{P}$ 希望是 $\boldsymbol{X}$ 落入区域 R 中的概率 P 的一个理想的估计，但我们要估计的是类概率密度函数 $p(\boldsymbol{X})$的估计 $\hat{p}(\boldsymbol{X})$。为此，设 $p(\boldsymbol{X})$连续，且区域 R 足够小，以致 $p(\boldsymbol{X})$在这样小的区域中没有什么变化，由此可得

$$P=\int_R p(\boldsymbol{X})\mathrm{d}\boldsymbol{X}\approx p(\boldsymbol{X})V \tag{3-36}$$

式中，$\boldsymbol{X}$ 是 R 中的一个点，V 是 R 的“体积”。

由式(3-35)和式(3-36)可得

$$\frac{k}{N}\doteq\hat{P}=\int_R \hat{p}(\boldsymbol{X})\mathrm{d}\boldsymbol{X}=\hat{p}(\boldsymbol{X})V \tag{3-37}$$

所以

$$\hat{p}(\boldsymbol{X})=\frac{k/N}{V} \tag{3-38}$$

式(3-38)就是 $\boldsymbol{X}$ 点概率密度的估计，它与样本数 N、包含 $\boldsymbol{X}$ 的区域 R 的体积 V 和落入 R 中的样本数有关。

从理论上来讲，如果使 $\hat{p}(\boldsymbol{X})$ 趋近 $p(\boldsymbol{X})$，就必须让体积 V 趋近于零，同时 k、N 趋向于无穷大。但事实上，V 不可能无穷小，样本也总是有限的，N 不可能无穷大，所以 $\hat{p}(\boldsymbol{X})$ 总是存在误差。如果碰巧有一个或几个样本重合于 $\boldsymbol{X}$ 出现在 R，则会使估计发散，甚至到无穷大。因此要是采用这种估计，我们在使用式(3-38)时就必须注意 $V,k,k/N$ 随 N 变化的趋势，使得当 N 适当增大时能保持式(3-38)的合理性。

从理论上考虑，假设有无穷多个样本，可以采取如下措施去提高 $\boldsymbol{X}$ 处的概率密度 $p(\boldsymbol{X})$ 的估计精度。构造一个区域序列 $R_1,R_2,\cdots$，对 R_1 采用一个样本进行估计，对 R_2 采用两个样本进行估计，以此类推，对 R_N 采用 N 个样本进行估计。设 V_N 是区域 R_N 的体积，k_N 是落入 R_N 的样本个数。第 N 次估计的总体概率密度为

$$\hat{p}_N(\boldsymbol{X})=\frac{k_N/N}{V_N} \tag{3-39}$$

为了保证上述估计的合理性，应满足以下三个条件：

(1)
$$\lim_{N\to\infty}V_N=0 \tag{3-40}$$

(2)
$$\lim_{N\to\infty}k_N=\infty \tag{3-41}$$

(3)
$$\lim_{N\to\infty}\frac{k_N}{V_N}=0 \tag{3-42}$$

此时，总体概率密度 $\hat{p}_N(\boldsymbol{X})$ 的估计值收敛于实际值 $p(\boldsymbol{X})$。

在上述条件中，条件(1)保证了空间平均式的收敛性；条件(2)保证了频数比的收敛性；条件(3)保证了估计式的收敛性。以上三个条件说明当 N 增大时，落入 R_N 的样本数也增加；V_N 不断减少，以使 $\hat{p}_N(\boldsymbol{X})$ 趋于 $p(\boldsymbol{X})$；尽管在一个小区域 R_N 中落入了大量的样本，但它的数目与样本总数相比还是可以忽略的。满足上述三个条件的区域序列一般有两种选择方法，从而得到两种非参数估计法。

(1) Parzen 窗函数法：选定一个中心在 $\boldsymbol{X}$ 处的区域 R_N，其体积 V_N 以 N 的某个函数(如 $V_N=1/\sqrt{N}$)的关系不断缩小，同时需对 k_N 和 k_N/N 加以限制，以使 $\hat{p}_N(\boldsymbol{X})$ 收敛于 $p(\boldsymbol{X})$，然后计算落入 R_N 的样本数 k_N，用来估计局部密度 $\hat{p}_N(\boldsymbol{X})$ 的值。

(2) k_N-近邻法：令 k_N 为 N 的某个函数(例如，$k_N=\sqrt{N}$)，以 $\boldsymbol{X}$ 为中心构造一个体积为 V_N 的区域 R_N，使 R_N 恰好包含 k_N 个样本，用这时的体积来估计 $\hat{p}_N(\boldsymbol{X})$

的值。

3.4.2 Parzen 窗法

假设区域 R_N 为 d 维超立方体，向量 $\boldsymbol{X}$ 为 d 维特征空间中的一个点，超立方体 R_N 以原点为中心，侧棱长为 h_N，则其体积 V_N 为

$$V_N = h_N^d \tag{3-43}$$

为了计算 R_N 中包含的样本数 k_N，定义 d 维空间的基本窗函数：

$$\varphi(u)=\begin{cases}1, & |u_j| \leqslant \dfrac{1}{2}, j=1,2,\cdots,d \\ 0, & \text{其他}\end{cases} \tag{3-44}$$

式中，$u=(u_1,u_2,u_3,\cdots,u_d)$，$\varphi(u)$称为 Parzen 窗函数，它是以原点为中心的超立方体。

利用函数 $\varphi(u)$可以实现对落在区域 R_N 的样本进行计数，当 $\boldsymbol{X}_i$ 落在以 $\boldsymbol{X}$ 为中心、体积为 V_N 的超立方体内时，计数为 1，即

$$\varphi(u)=\varphi\left(\frac{\boldsymbol{X}-\boldsymbol{X}_i}{h_N}\right)=1 \tag{3-45}$$

否则取值为零。因此，落入该立方体的样本数 k_N 为

$$k_N=\sum_{i=1}^{N}\varphi\left(\frac{\boldsymbol{X}-\boldsymbol{X}_i}{h_N}\right) \tag{3-46}$$

将式(3-46)代入式(3-39)，可得概率密度估计：

$$\hat{p}_N(\boldsymbol{X})=\frac{k_N/N}{V_N}=\frac{1}{N}\sum_{i=1}^{N}\frac{\varphi\left(\dfrac{\boldsymbol{X}-\boldsymbol{X}_i}{h_N}\right)}{V_N} \tag{3-47}$$

式(3-47)是 Parzen 窗法估计的基本公式。上式表明，Parzen 窗的估计函数实质上由一系列的基函数叠加而成，式(3-44)定义的窗函数即叠加的基函数，每个样本点处作为叠加节点，使用 k_N 个以样本 $\boldsymbol{X}_i$ 为中心的窗函数叠加作为 $\boldsymbol{X}$ 处的概率密度函数的估计，每一个样本对估计所起的作用依赖于它到 $\boldsymbol{X}_i$ 的距离。显然，概率密度函数与样本的密集程度相关，样本在该区域越密集，叠加函数的值越大，也意味着概率密度函数的估计值越大。

式(3-44)定义了 Parzen 窗法估计法的窗函数，从上面的讨论可以看出估计结果和窗函数密切相关。下面讨论窗函数需要满足什么条件，以及如何去选择合适的窗函数。为了使 $\hat{p}_N(\boldsymbol{X})$成为一个概率密度函数，则其必须满足概率密度函数的一般要求，即 $\hat{p}_N(\boldsymbol{X})$非负且积分为 1，相应地要求窗函数 $\varphi(u)$满足下面两个条件：

$$\varphi(u) \geqslant 0 \tag{3-48}$$

$$\int \varphi(u)\mathrm{d}u = 1 \tag{3-49}$$

上述两式表明，窗函数本身满足密度函数的要求。式(3-47)窗函数 $\varphi(u)$的非负性保证了 $\hat{p}_N(\boldsymbol{X})$的非负性，进一步有

$$\int p_N(\boldsymbol{X})\mathrm{d}\boldsymbol{X}=\int \frac{1}{N}\sum_{i=1}^{N}\frac{1}{V_N}\varphi\left(\frac{\boldsymbol{X}-\boldsymbol{X}_i}{h_N}\right)\mathrm{d}\boldsymbol{X}=\frac{1}{N}\sum_{i=1}^{N}\int\frac{1}{V_N}\varphi\left(\frac{\boldsymbol{X}-\boldsymbol{X}_i}{h_N}\right)\mathrm{d}\boldsymbol{X}$$

$$=\frac{1}{N}\sum_{i=1}^{N}\int\varphi(u)\mathrm{d}u=1$$

从而证明了 $\hat{p}_N(\boldsymbol{X})$是一个概率密度函数。

由此可见,一个函数只要满足式(3-48)和式(3-49),它就可以作为窗函数。除了上面选择的超立方体窗函数以外,还可以选择其他的窗函数形式。以一维窗函数为例,常用的方窗函数、正态窗函数和指数窗函数的定义如下。

(1) 方窗函数:

$$\varphi(u)=\begin{cases}1, & |u|\leqslant\dfrac{1}{2}\\ 0, & \text{其他}\end{cases}\tag{3-50}$$

(2) 正态窗函数:

$$\varphi(u)=\frac{1}{\sqrt{2\pi}}\exp\left(-\frac{1}{2}u^2\right)\tag{3-51}$$

(3) 指数窗函数:

$$\varphi(u)=\frac{1}{2}\exp(-|u|)\tag{3-52}$$

以上三种窗函数如图 3-3 所示。

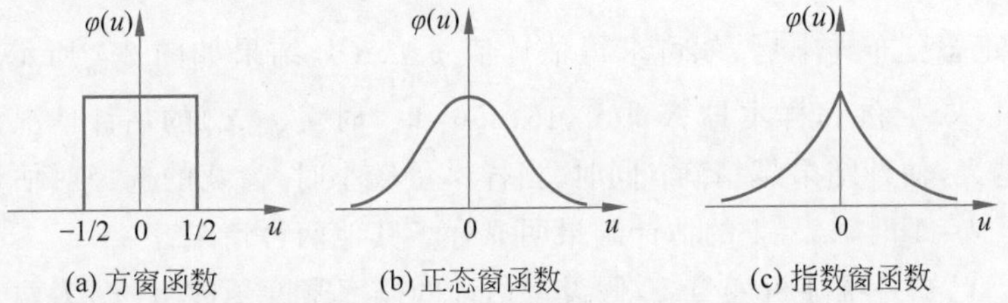

图 3-3 三种窗函数

对密度函数的估计有影响的另一个因素是窗函数的宽度 h_N,下面分析 h_N 对估计量的影响。定义函数

$$\delta_N(\boldsymbol{X})=\frac{1}{V_N}\varphi\left(\frac{\boldsymbol{X}}{h_N}\right)\tag{3-53}$$

由式(3-47)可以表示为

$$\hat{p}_N(\boldsymbol{X})=\frac{1}{N}\sum_{i=1}^{N}\frac{\varphi\left(\dfrac{\boldsymbol{X}-\boldsymbol{X}_i}{h_N}\right)}{V_N}=\frac{1}{N}\sum_{i=1}^{N}\frac{\delta_N(\boldsymbol{X}-\boldsymbol{X}_i)}{V_N}\tag{3-54}$$

由 $V_N=h_N^d$ 可知,h_N 既影响 $\delta_N(\boldsymbol{X})$的幅度又影响它的宽度。如果 h_N 较大,则 $\delta_N(\boldsymbol{X})$的幅度就较小,从而 $\delta_N(\boldsymbol{X})$宽度较大,只有当 $\boldsymbol{X}_i$ 距离 $\boldsymbol{X}$ 较远时才使得 $\delta_N(\boldsymbol{X}-\boldsymbol{X}_i)$与 $\delta_N(0)$相差较大。此时,$\hat{p}_N(\boldsymbol{X})$就变成 N 个宽度较大的缓慢变化函数的叠加,造成估计值 $\hat{p}_N(\boldsymbol{X})$较平滑,跟不上函数 $p(\boldsymbol{X})$的变化,估计分辨率较低。反过来,如果 h_N 选得较小,则 $\delta_N(\boldsymbol{X}-\boldsymbol{X}_i)$的幅度就较大,$\delta_N(\boldsymbol{X})$宽度较小。此时 $\hat{p}_N(\boldsymbol{X})$就是 N 个以 $\boldsymbol{X}_i$ 为中心的尖脉

冲的叠加，$\hat{p}_N(\boldsymbol{X})$波动较大，从而使估计不稳定。

综上所述，h_N 的选取对 $\hat{p}_N(\boldsymbol{X})$的影响很大，$h_N$ 太大或太小，都对估计的精度不利。如何选择 h_N，需要一定的经验，当样本数目有限时，可做适当的折中，通过试探的方法选出合理的结果；当样本数目无限时，可让 V_N 随 N 的增大而缓慢地趋于零，从而使 $\hat{p}_N(\boldsymbol{X})$收敛于 $p(\boldsymbol{X})$。

【例 3.4】 设待估计的 $p(\boldsymbol{X})$是均值为 0、方差为 1 的正态密度函数，用 Parzen 窗法估计 $p(\boldsymbol{X})$，即求估计式 $\hat{p}_N(\boldsymbol{X})$。

【解】 考虑 $\boldsymbol{X}$ 是一维模式向量的情况。选择正态窗函数：

$$\varphi(u)=\frac{1}{\sqrt{2\pi}}\exp\left(-\frac{1}{2}u^2\right)$$

并设 $h_N=h_1/\sqrt{N}$，h_1 为可调节的参数。有

$$\phi\left(\frac{\boldsymbol{X}-\boldsymbol{X}_i}{h_N}\right)=\frac{1}{\sqrt{2\pi}}\exp\left[-\frac{1}{2}\left(\frac{\boldsymbol{X}-\boldsymbol{X}_i}{h_N}\right)^2\right]=\frac{1}{\sqrt{2\pi}}\exp\left[-\frac{1}{2}\left(\frac{\boldsymbol{X}-\boldsymbol{X}_i}{h_1/\sqrt{N}}\right)^2\right]$$

这样，估计值 $\hat{p}_N(\boldsymbol{X})$是一个以样本为中心的正态密度的平均值：

$$\begin{aligned}\hat{p}_N(\boldsymbol{X})&=\frac{1}{N}\sum_{i=1}^{N}\frac{1}{h_N}\phi\left(\frac{\boldsymbol{X}-\boldsymbol{X}_i}{h_N}\right)=\frac{1}{N}\sum_{i=1}^{N}\frac{\sqrt{N}}{h_1}\phi\left(\frac{\boldsymbol{X}-\boldsymbol{X}_i}{h_N}\right)\\&=\frac{1}{h_1\sqrt{N}}\frac{1}{\sqrt{2\pi}}\exp\left[-\frac{1}{2}\left(\frac{\boldsymbol{X}-\boldsymbol{X}_i}{h_1/\sqrt{N}}\right)^2\right]\end{aligned}$$

当采集到正态分布样本后，就可求得估计值 $\hat{p}_N(\boldsymbol{X})$，结果如图 3-4 所示。图 3-4 给出了 h_1 分别取 0.25、1 和 4，样本量 N 取 1、16、256 和∞时 $\hat{p}_N(\boldsymbol{X})$的估计情况。从图中可以看出，样本量越大，估计结果越精确；同时，当样本量较小时，窗宽的选择对估计结果也有一定的影响。如 $N=1$ 时，$h_1=1$ 的估计结果明显好于其他两种情况。

【例 3.5】 已知一维随机变量 x，假设待估计的概率密度函数 $p(x)$为两个均匀分布密度函数的混合，用 Parzen 窗法估计 $p(x)$，即求估计式 $\hat{p}_N(x)$。

$$p(x)=\begin{cases}1, & -2.5<x<-2\\0.25, & 0<x<2\\0, & \text{其他}\end{cases}$$

【解】 仍选择正态窗函数，h_N 的定义同例 3.4，估计结果如图 3-5 所示。从图中可以得出，当 N 较小时，估计结果与真实分布相差很大，当 $N=1$ 时，$\hat{p}_N(x)$只是反映出窗函数本身，当 $h_1=0.25$，$N=16$ 时还能看到单个样本的作用，当 $h_1=1$ 和 $h_1=4$ 时，就显得比较平滑了。当 $N=16$ 时，还无法确定哪一种估计比较好，但当 $N=256$ 和 $h_1=1$ 时，估计基本满足要求；当 N 增大时，估计结果与真实分布越来越接近。

通过以上的例子可以归纳出非参数估计的优缺点。其优点是该方法具有一般性，对规则或不规则分布、单峰或多峰分布都可以用这个方法得到概率密度估计，而且只要样本足够多，总可以保证收敛于任何复杂的未知概率密度函数。其缺点是要想得到较为满意的估计结果，就需要比参数估计方法所要求的样本数多得多的样本，因此就需要大量的计算时间和存储量。而且随着样本特征维数的增加，用于估计的样本数量也需要相应地增加。

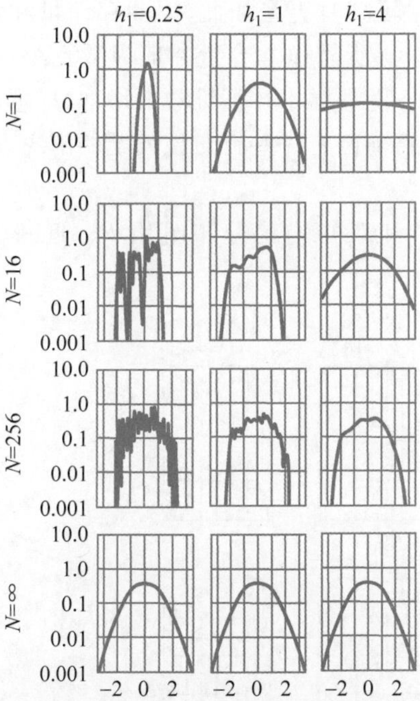

图 3-4 正态分布的 Parzen 窗估计

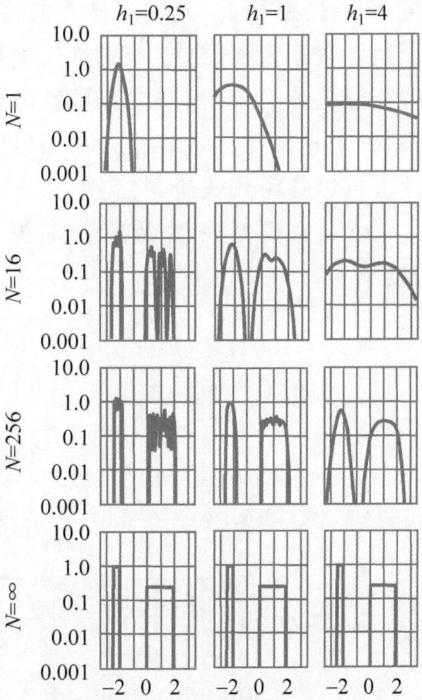

图 3-5 均匀分布的 Parzen 窗估计

3.4.3 k_N-近邻估计法

Parzen 窗估计方法是基于落入体积 V_N 中的样本来做总体估计。由于体积 V_N 中的样本是样本数 N 的函数，故无论窗函数怎样选取，Parzen 窗估计方法都难以是最佳的。此外，体积序列 $V_1, V_2, \cdots, V_N$ 的选择也是一个难题，由前面的分析，我们知道估计的结果对体积的选择比较敏感。为了解决这一问题提出了 k_N-近邻估计方法（简称 k_N-近邻法）。

k_N-近邻估计方法的基本思想是，使包含 $\boldsymbol{X}$ 点的序列体积 $V_1, V_2, \cdots, V_N$ 受落入 R_N 中的样本数 k_N 控制，而不是作为实验样本数 N 的函数。具体来说，可以预先确定 N 的一个函数 k_N，在 $\boldsymbol{X}$ 点近邻选择一个体积，并使其不断增大直到捕获 k_N 个样本为止，这 k_N 个样本就是 $\boldsymbol{X}$ 点的近邻。很显然，如果 $\boldsymbol{X}$ 点附近的概率密度较大，则包含 k_N 体积较小；反之，如果 $\boldsymbol{X}$ 点附近的概率密度较小，则包含 k_N 体积较大。k_N-近邻估计方法使用的基本估计公式仍为

$$\hat{p}_N(\boldsymbol{X}) = \frac{k_N / N}{V_N}$$

当满足式(3-40)、式(3-41)和式(3-42)三个条件时，$\hat{p}_N(\boldsymbol{X})$收敛于概率密度 $p(\boldsymbol{X})$。k_N-近邻估计具有以下特点。

(1) k_N 大小的选择会影响估计的结果。k_N 可以选择为样本容量 N 的某种函数，在 $k_N = k_1\sqrt{N}$，$k_N \geqslant 1$ 条件下，当样本容量 $N \to \infty$ 时，可以保证 $\hat{p}_N(\boldsymbol{X})$收敛于真实分布 $p(\boldsymbol{X})$。但是在有限样本容量条件下，k_1 的选择也会影响估计结果的正确性。

(2) k_N-近邻估计方法的计算量大。与 Parzen 窗法一样，为保证估计结果的正确性，所

需样本量 N 一般要很大，尤其当样本的特征维数比较高时更是如此，因此存储量和计算量都很大。经验数据表明，当样本的特征维数为一维时，所需样本容量一般为数百个。但是，当样本特征维数为二维时，样本容量就需要几千个。随着样本特征维数的增加，样本容量会急剧增长，带来超大计算量与超大存储量的问题。目前已有一些针对该问题的解决方法，有兴趣的读者可以参考相关资料。

图 3-6 所示为概率密度函数分别为正态分布和双峰均匀分布时用 k_N-近邻法估计 $p(\boldsymbol{X})$ 的结果。

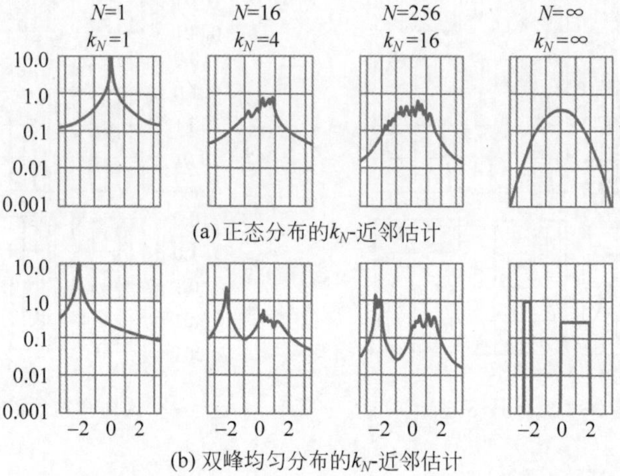

图 3-6 k_N-近邻估计 $p(\boldsymbol{X})$ 的结果

3.5 Python 示例

【例 3.6】 生成 100 万个服从标准正态分布的随机数，用最大似然估计这些随机数服从的正态分布的参数值。

```
import numpy as np
import matplotlib.pyplot as plt
from scipy import stats
from scipy.stats import norm

# 生成正态分布样本
testdata = np.random.normal(loc = 0, scale = 1.0, size = 1000000)
print('样本均值的无偏估计:', np.mean(testdata))
print('样本标准差的无偏估计:', np.std(testdata, ddof = 1))
```

运行结果：

```
样本均值的无偏估计: -3.8854235939791765e-06
样本标准差的无偏估计: 1.0008638816906816
```

程序生成了 100 万个服从标准正态分布的随机数，并直接计算了它们的均值和标准差。然后，绘制出这些样本点的直方图(如图 3-7 所示)，观察其与正态分布函数的逼近程度。

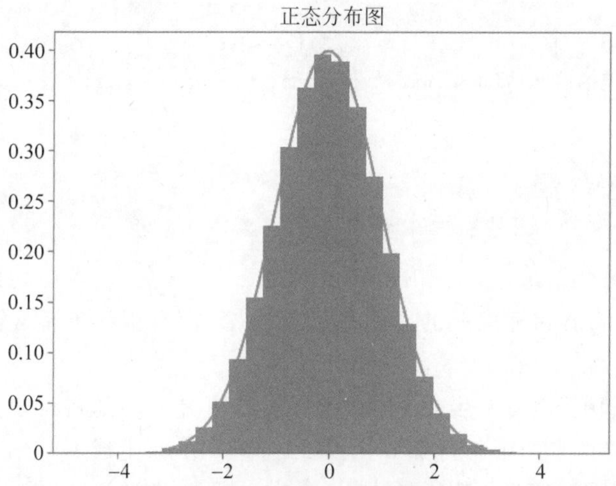

图 3-7 样本点的直方图

```
# 绘制正态分布图
plt.hist(testdata, density = True, bins = 30)   # 归一化直方图(用出现频率代替次数),将划分
                                                # 区间变为 20(默认 10)
x = np.linspace( - 3, 3, 50)                    # 在( - 3,3)返回均匀间隔的 50 个数字
plt.plot(x, norm.pdf(x), 'r - ')
plt.title('正态分布图')
plt.show()
# 正态分布均值区间估计
def confidence_interval_u(data, sigma = - 1, alpha = 0.05, side_both = True):
    xb = np.mean(data) # 均值
    # s = np.std(data, ddof = 1)                # 无偏标准差
    # sigma 已知,服从标准正态分布
    z = stats.norm(loc = 0, scale = 1.0)
    if side_both: # 求双侧置信区间
        tmp = sigma/np.sqrt(len(data)) * z.ppf(1 - alpha/2)
    else: # 单侧置信下限或单侧置信上限
        tmp = sigma/np.sqrt(len(data)) * z.ppf(1 - alpha)
    bottom_limit = xb - tmp
    top_limit = xb + tmp
    return bottom_limit, top_limit

# 正态分布标准差区间估计
def confidence_interval_sigma(data, mu = - 1, alpha = 0.05, side_both = True):
    sum_tmp = 0.0
    for i in data:
        sum_tmp = sum_tmp + (i - mu) ** 2
    if side_both: # 双侧置信区间
        bottom_limit = sum_tmp / stats.chi2.ppf(1 - alpha / 2, df = len(data))
        top_limit = sum_tmp / stats.chi2.ppf(alpha / 2, df = len(data))
    else: # 单侧置信下限或单侧置信上限
        bottom_limit = sum_tmp / stats.chi2.ppf(1 - alpha, df = len(data))
        top_limit = sum_tmp / stats.chi2.ppf(alpha, df = len(data))
    return np.sqrt(bottom_limit), np.sqrt(top_limit)

paramhat = confidence_interval_u(testdata, 1)
```

```
paramint = confidence_interval_sigma(testdata, 0)
print('样本均值的区间估计:', np.round(paramhat, 6))
print('样本标准差的区间估计:', np.round(paramint, 6))
```

运行结果：

```
样本均值的区间估计: [ - 0.001964 0.001956]
样本标准差的区间估计: [0.999478 1.002252]
```

程序可以获得两个结果：paramhat 和 paramint。它们分别对应均值和标准差的区间估计。从结果来看，均值和标准差的区间估计都很窄，而且很接近生成随机数时使用的参数值。

【例 3.7】 设置两类为 2×60 的样本，第一类样本是一些随机设定的 0.6～1.2 的数，第二类样本是第一类样本的第一行加 0.1，第二行减 0.1 而生成的。用贝叶斯方法分别估计这两类样本的条件概率密度的均值参数 u。其中，设两类样本的先验估计都为[0.93,0.94]，$p(u)$的方差为[0.05,0.05]。

```
import numpy as np
def bayes_estimation(class_id, X, sigma0, mu0):
    # 求样本均值
    m1, m2 = np.mean(X, axis = 1)
    print(f'第{class_id}类样本均值:', [m1, m2])

    # 求解样本方差
    s1, s2 = np.var(X, axis = 1, ddof = 1)
    print(f'第{class_id}类样本方差:', [s1, s2])

    # 利用贝叶斯公式(3 - 30)
    N = 60
    mu_1 = N * sigma0[0] * m1 / (N * sigma0[0] + s1) + s1 * mu0[0] / (N * sigma0[0] + s1)
    mu_2 = N * sigma0[1] * m2 / (N * sigma0[1] + s2) + s2 * mu0[1] / (N * sigma0[1] + s2)
    print(f'第{class_id}类样本均值估计值:', [mu_1, mu_2])

# 设置方差
c = [0.05, 0.05]
# 设置先验估计参数
d = [0.93, 0.94]

# 生成第一类样本
# 生成范围在(0.6,1.2)的 2 * 60 的样本,并保留一位小数
X = np.random.uniform(0.6, 1.2, size = (2, 60)).round(1)
print('第一类样本数据:', X)
bayes_estimation(1, X, c, d)

运行结果:
第一类样本数据: [[0.8 0.7 1. 1. 1. 0.6 1.1 1.2 1.1 0.7 0.8 0.8 0.6 0.6 1. 1. 0.7 0.7 0.8 0.7 1.
0.7 1.1 1. 1. 0.7 1. 0.9 0.8 1. 0.8 1. 0.7 1. 1.1 1. 0.8 0.7 1.1 1.2 0.8 0.9 0.9 0.9 1.1 0.9 0.8
0.8 0.6 1.2 0.9 1. 0.8 0.6 1.1 0.7 1. 0.7 1.1 0.8]
[1.1 1.1 0.7 1.1 0.9 0.9 0.6 0.8 1.1 0.9 1. 0.7 0.9 0.6 0.9 1. 1.1 0.8 1. 1.2 0.8 0.6 1.2 1. 0.6
1.1 1. 0.6 1. 1. 0.9 1. 0.8 1.1 0.8 0.9 1.1 0.8 0.9 1.1 0.7 1. 1. 1.1 0.6 1. 0.6 1.1 1. 1.1 0.8
0.8 0.7 1.2 1. 1.1 0.9 0.7 1.2 0.8]]
```

```
第 1 类样本均值: [0.885, 0.9183333333333333]
第 1 类样本方差: [0.029432203389830512, 0.03237005649717515]
第 1 类样本均值估计值: [0.8854371938579977, 0.918564621471337]

# 生成第二类样本
x1 = X[0, :] + 0.1                  # 生成第一行数据
x2 = X[1, :] - 0.1                  # 生成第二行数据
X2 = np.vstack((x1, x2))            # 将两行数据进行垂直拼接
# print('第二类样本数据:', X2)
bayes_estimation(2, X2, c, d)

运行结果:
第 2 类样本均值: [0.985, 0.8183333333333335]
第 2 类样本方差: [0.029432203389830533, 0.032370056497175136]
第 2 类样本均值估计值: [0.9844656519513362, 0.8196321051852005]
```

【例 3.8】 产生 1、16、256 和 16384 个服从一维标准正态分布的样本。

(1) 用窗宽 h_1 分别为 0.25、1、4，$h_N = h_1/\sqrt{N}$，窗函数为高斯函数的情形估计所给样本的密度函数并画出图形。

(2) 当 $k_N = \sqrt{N}$ 时，用 k_N-近邻法估计所给样本的密度函数并画出图形。

【解】 Python 代码及运行结果如下。

(1) 样本量 N 分别取 1、16、256、16384，h_1 分别取 0.25、1、4 时采用 Parzen 窗法的估计，结果如图 3-8 所示。

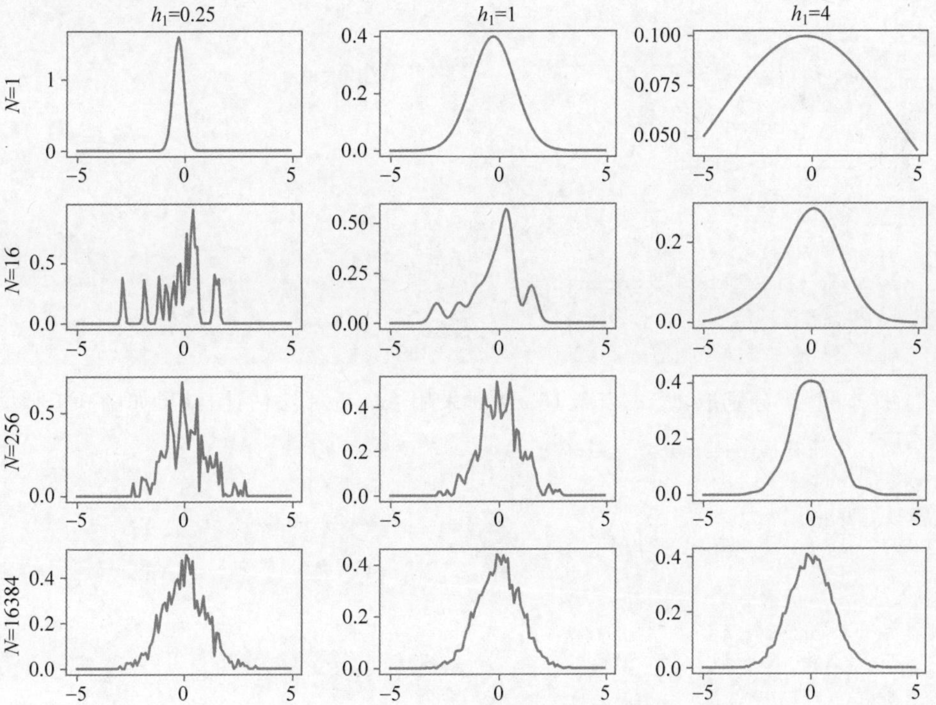

图 3-8　用 Parzen 窗法估计的结果

```
import numpy as np
import math
import matplotlib.pyplot as plt

def Paezen_window(u):                                    # 正态分布窗函数
    s = np.exp( - (u * u) / 2.0) / math.sqrt(2 * math.pi)
    return s

def Parzen(N, x, h1):
    n = len(N)
    hn = h1 / (math.sqrt(n))
    # hn = h1/(math.log(n) + 1)
    Px = []
    for i in x:
        p = Paezen_window((N - i) / hn)
        Px.append(np.sum(p) / (h1 * math.sqrt(n)))     # 概率密度公式
    return np.array(Px)

x = np.arange( - 5, 5, 0.1).reshape([ - 1, 1])
N_number = [1, 16, 256, 16384]
h1 = [0.25, 1, 4]
result = []

for i in range(4):
    N_i = np.random.normal(0, 1, N_number[i]).reshape([ - 1, 1])
    for k in range(0, 3):
        result_i = Parzen(N_i, x, h1[k])
        result.append(result_i)

plt.figure(figsize = (8, 6), dpi = 300)
for i in range(1, 13):
    plt.subplot(4, 3, i)
    plt.plot(x, result[i - 1])
    if i % 3 == 1:
        plt.ylabel('N = {0}'.format(N_number[(i - 1)//3]))
    if i <= 3:
        plt.title('h1 = {}'.format(h1[i - 1]))
plt.tight_layout()
plt.show()
```

(2) 样本量 N 分别取 1、16、256、16384 时采用 k_N-近邻法估计，结果如图 3-9 所示。

```
from scipy.spatial.distance import cdist
import numpy as np
import math
import matplotlib.pyplot as plt

def knn_estimate(n, x, d):
    # n 随机样本, x 横坐标,d 特征维度
    Kn = int(math.sqrt(len(n)))
    Px = []
    q = Kn/len(n)
    for i in x:
        hn = cdist(np.array([i]), n, metric = 'euclidean').reshape( - 1)
```

```
        hn.sort()
        if Kn == 1:
            Vn = (hn[Kn - 1] * 2) ** d
        else:
            Vn = (hn[Kn] * 2) ** d
        Px.append(q/Vn)  # 计算公式
    return np.array(Px)

X = np.arange(-4, 4, 0.005).reshape([-1, 1])  # reshape([-1,1])将矩阵转换为一列

result = []
N_number = [1, 16, 256, 16384]

for i in range(4):
    N_i = np.random.normal(0, 1, N_number[i]).reshape([-1, 1])
    result_i = knn_estimate(N_i, X, d=1)
    result.append(result_i)

fig, axes = plt.subplots(2, 2, figsize=(8, 6), dpi=200)
ax = axes.ravel()
for i in range(0, 4):
    ax[i].plot(X, result[i])
    ax[i].set_title('N={0}\nKn={1}'.format(
        N_number[i], math.sqrt(N_number[i])))
plt.tight_layout()
plt.show()
```

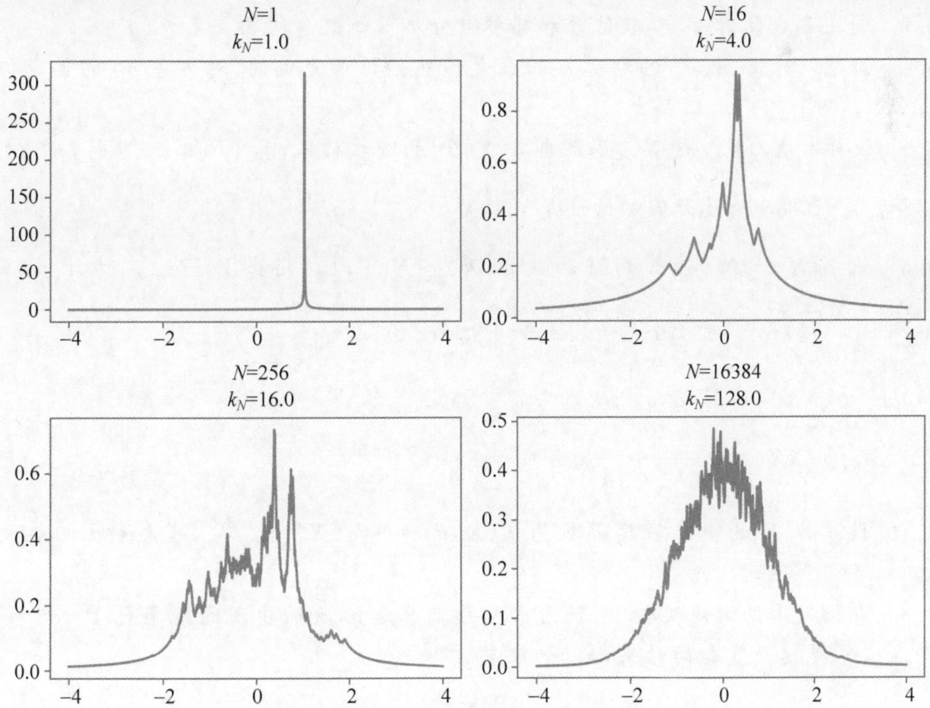

图 3-9 用 k_N-近邻法估计的结果

在实际应用中，类条件概率密度通常是未知的。那么，在先验概率和类条件概率密度都未知或者其中之一未知的情况下，该如何来进行类别判断呢？其实，只要能收集到一定数量的样本，根据统计学的知识，我们是可以从样本集来推断总体概率分布的。

监督参数估计就是由已知类别的样本集对总体分布的某些参数进行统计推断；非监督参数估计是已知总体概率密度函数形式但未知样本所属的类别，要求推断出概率密度函数的某些参数。通常采用最大似然估计方法和贝叶斯估计方法。最大似然估计把参数看成确定（非随机）而未知的，最好的估计值是在获得实际观察样本的概率为最大的条件下得到的；而贝叶斯估计则是把参数当成具有某种分布的随机变量，样本的观察结果使先验分布转换为后验分布，再根据后验分布修正原先对参数的估计。非参数估计是已知样本所属的类别，但未知总体概率密度函数的形式，要求我们直接推断概率密度函数本身。统计学中常见的一些典型分布形式不总是能够拟合实际中的分布。此外，在许多实际问题中经常遇到多峰分布的情况，这就迫使我们必须用样本来推断总体分布，常见的总体类条件概率密度估计方法有 Parzen 窗法和 k_N-近邻法两种。

习题及思考题

3.1 证明：按照贝叶斯决策理论进行分类时，其结果满足分类错误率最小。

3.2 一元正态分布的最大似然估计：假设样本 $\boldsymbol{X}$ 服从正态分布 $N(\mu,\sigma^2)$，已获得一组样本 $\boldsymbol{X}_1,\boldsymbol{X}_2,\cdots,\boldsymbol{X}_N$，用 Python 语言设计一程序片段，计算估计参数 μ,σ^2。

3.3 简述参数估计、非参数估计和非参数分类器等概念间的关系。

3.4 证明：对正态总体的期望 μ 的最大似然估计是无偏的，对方差 σ^2 的最大似然估计是有偏的。

3.5 设样本 $\boldsymbol{X}_1,\boldsymbol{X}_2,\cdots,\boldsymbol{X}_N$ 是来自 $p(\boldsymbol{X}|\boldsymbol{\theta})$ 的随机样本，其中 $0\leqslant x\leqslant\boldsymbol{\theta}$ 时，$p(\boldsymbol{X}|\boldsymbol{\theta})=\dfrac{1}{\boldsymbol{\theta}}$，否则为 0。证明$\boldsymbol{\theta}$ 的最大似然估计是 $\max\boldsymbol{X}_k$。

3.6 设 $p(\boldsymbol{X})\sim N(\mu,\sigma^2)$，窗函数 $\varphi(\boldsymbol{X})\sim N(0,1)$，指出 Parzen 窗估计 $\hat{p}_N(\boldsymbol{X})=\dfrac{1}{Nh_N}\sum_{i=1}^{N}\varphi\left(\dfrac{\boldsymbol{X}-\boldsymbol{X}_i}{h_N}\right)$，对于小的 h_N 有如下性质。

(1) $E[\hat{p}_N(\boldsymbol{X})]\sim N(\mu,\sigma^2+h_N^2)$。

(2) $\mathrm{var}[\hat{p}_N(\boldsymbol{X})]=\dfrac{1}{Nh_N 2\sqrt{\pi}}p(\boldsymbol{X})$。

3.7 设总体 $\boldsymbol{X}$ 的概率密度函数为 $f(\boldsymbol{X},\boldsymbol{\theta})=(\theta\alpha)\boldsymbol{X}^{\alpha-1}\mathrm{e}^{-\boldsymbol{\theta}x^{\alpha}}$，求参数$\boldsymbol{\theta}$ 的最大似然估计。

3.8 在掷硬币的游戏实验中，正面出现的概率是 q，反面出现的概率是 $1-q$。设 $\boldsymbol{X}_i$，$i=1,2,\cdots,N$ 是这个实验的结果，$\boldsymbol{X}_i\in(0,1)$。

(1) 证明 q 的最大似然估计是 $q_{\mathrm{ML}}=\dfrac{1}{N}\sum_{i=1}^{N}\boldsymbol{X}_i$。

提示：似然函数是 $p(\boldsymbol{X},q)=\prod_{i=1}^{N} q^{\boldsymbol{X}_i}(1-q)^{(1-\boldsymbol{X}_i)}$。

(2) 证明最大似然估计结果是下列方程的解：

$$q^{\boldsymbol{\Sigma}_i \boldsymbol{X}_i}(1-q)^{(N-\boldsymbol{\Sigma}_i \boldsymbol{X}_i)}\left(\frac{\boldsymbol{\Sigma}_i \boldsymbol{X}_i}{q}-\frac{N-\boldsymbol{\Sigma}_i \boldsymbol{X}_i}{1-q}\right)=0$$

3.9　证明：对于对数正态分布 $p(\boldsymbol{X})=\frac{1}{\sigma \boldsymbol{X}\sqrt{2\pi}}\exp\left[-\frac{(\ln \boldsymbol{x}-\boldsymbol{\theta})^2}{2\sigma^2}\right]$，$\boldsymbol{X}>0$，最大似然估计 $\hat{\boldsymbol{\theta}}_{\mathrm{ML}}=\frac{1}{N}\sum_{k=1}^{N}\ln \boldsymbol{X}_k$。

第 4 章 非参数判别分类方法

CHAPTER 4

第 2 章讨论了贝叶斯决策理论和统计判别方法。贝叶斯分类器以错误率最小或风险最小作为指标，构造判别函数和决策面，这给出了一般情况"最优"分类器的设计方法，对各种不同的分类器设计技术在理论上都有指导意义。直接使用贝叶斯决策理论需要已知有关样本总体分布的知识，如各类先验概率、类条件概率密度函数，然后计算出样本的后验概率，并以此设计出相应的判别函数与决策面。然而，实际问题中并不一定具备获取准确统计分布的条件，当样本分布未知时，需要借助第 3 章的理论，进行更困难的参数估计。为此，本章将讨论跳过统计分布的参数估计，依据不同的准则函数，由样本直接设计出满足准则要求的分类器。这一类分类器设计技术统称为非参数方法的分类器设计技术。

第 6 集
微课视频

在非参数判别方法的设计中，使用什么样的分类决策方法需要预先由设计者确定，然后利用训练样本集提供的信息确定这些函数中的参数。这是参数与非参数判别方法的一个重要不同点。非参数判别分类方法的选择函数类型与确定参数是两个过程，下面就从简单的线性分类器进行讨论学习。

4.1 线性分类器

在本节中，假设所有类别的模式向量都可以用线性分类器正确分类，我们将讨论线性判别函数的定义和计算方法，以及线性分类器的设计方法。

4.1.1 线性判别函数的基本概念

首先考虑两类问题的线性判别函数，设模式向量 $\boldsymbol{X}$ 是 d 维的，则两类别问题中线性判别函数的一般形式可表示为

$$d(\boldsymbol{X})=w_1x_1+w_2x_2+\cdots+w_dx_d+w_{d+1}=\boldsymbol{W}_0^{\mathrm{T}}\boldsymbol{X}+w_{d+1} \tag{4-1}$$

式中，$\boldsymbol{W}_0=[w_1,w_2,\cdots,w_d]^{\mathrm{T}}$ 为权向量或参数向量；$\boldsymbol{X}=[x_1,x_2,\cdots,x_d]^{\mathrm{T}}$ 为 d 维特征向量，又称模式向量或样本向量；w_{d+1} 是常数，称为阈值权。

为了简洁起见，式(4-1)也可写为

$$d(\boldsymbol{X})=w_1x_1+w_2x_2+\cdots+w_dx_d+w_{d+1}\cdot 1$$

$$=[w_1,w_2,\cdots,w_d,w_{d+1}]\begin{bmatrix}x_1\\x_2\\\vdots\\x_d\\1\end{bmatrix}=\boldsymbol{W}^{\mathrm{T}}\boldsymbol{X} \tag{4-2}$$

式中,$\boldsymbol{W}=[w_1,w_2,\cdots,w_d,w_{d+1}]^{\mathrm{T}}$ 为增广权向量;$\boldsymbol{X}=[x_1,x_2,\cdots,x_d,1]^{\mathrm{T}}$ 为增广特征向量,增广特征向量的全体称为增广特征空间。

在给出线性判别函数后,如果满足

$$\begin{cases}d(\boldsymbol{X})>0\Rightarrow\boldsymbol{X}\in\omega_1\\d(\boldsymbol{X})<0\Rightarrow\boldsymbol{X}\in\omega_2\\d(\boldsymbol{X})=0\Rightarrow\text{不确定}\end{cases} \tag{4-3}$$

$d(\boldsymbol{X})=0$ 就是相应的决策面方程,在线性判别函数条件下,它对应 d 维空间的一个超平面。对于两分类问题,如果样本模式为二维特征向量,则所有分布在二维平面的模式样本可以用一条直线划分开来,这条直线就可以作为一个识别分类的依据,其判别函数可以表示为

$$d(\boldsymbol{X})=w_1x_1+w_2x_2+w_3=0 \tag{4-4}$$

式中,x_1、x_2 为坐标变量;w_1、w_2、w_3 为方程参数。

决策规则依然为式(4-3),两类二维模式分布如图 4-1 所示。

注意,判别界面的正、负侧,是在训练判别函数的权值时确定的。对于一个两类问题,训练判别函数的方法一般是输入已知类别的训练样本 $\boldsymbol{X}$,当样本属于第一类时,定义 $d(\boldsymbol{X})$大于零;当样本属于第二类时,定义 $d(\boldsymbol{X})$小于零,这样做的结果就在几何判别边界划分为"+"侧和"−"侧。

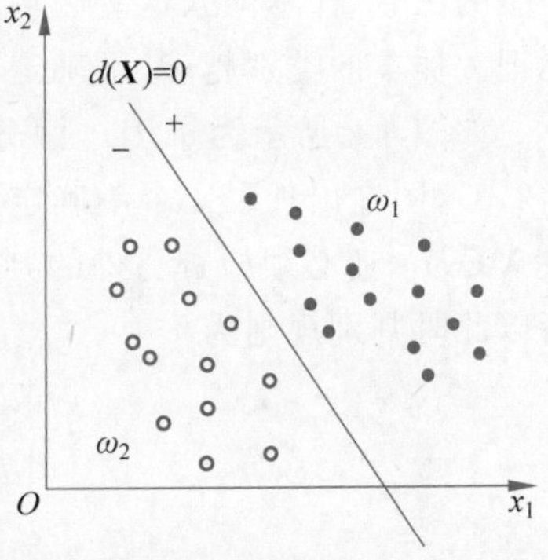

图 4-1 两类二维模式分布

样本模式的特征维数不同,决策面方程 $d(\boldsymbol{X})$的几何形式也不同。在一维空间里,决策面方程 $d(\boldsymbol{X})$为分界点;在二维空间里,$d(\boldsymbol{X})$是一条分界线;在三维空间里,$d(\boldsymbol{X})$是分界面;当维数空间大于 3 时,决策面方程 $d(\boldsymbol{X})$为超平面。根据判别函数 $d(\boldsymbol{X})$的数学表达式,有线性的判别函数,也有非线性的判别函数。但是,非线性判别函数一般都可以转变成线性判别函数(又称为广义线性判别函数)。

4.1.2 多类问题中的线性判别函数

下面将讨论多类问题的解决方案,将两类问题进行推广可使其应用扩展到多类情况。假设样本整体有 $\omega_1,\omega_2,\cdots,\omega_c$ 共 c 个模式类,且 $c\geqslant3$。为了把所有的类型分开,存在以下三种不同的技术途径进行类别划分。

1. $\boldsymbol{\omega_i/\bar{\omega}_i}$ 两分法

$\omega_i/\bar{\omega}_i$ 两分法的基本思想是通过唯一一个线性判别函数,将属于 ω_i 类的模式与其余不属于 ω_i 类的模式分开。对于 c 类问题,如果样本模式是完全线性可分的,则需要 $c-1$ 个独

立的判别函数。为了方便，可建立 c 个判别函数，形如

$$d_i(\boldsymbol{X})=\boldsymbol{W}_i^{\mathrm{T}}\boldsymbol{X},\quad i=1,2,\cdots,c \tag{4-5}$$

其中，每一个判别函数具有以下功能：

$$\begin{cases}d_i(\boldsymbol{X})>0\Rightarrow\boldsymbol{X}\in\omega_i\\ d_i(\boldsymbol{X})<0\Rightarrow\boldsymbol{X}\notin\omega_i\end{cases},\quad i=1,2,\cdots,c \tag{4-6}$$

通过这类判别函数，c 类问题就转变为 c 个属于 ω_i 和不属于 ω_i 的问题。若把不属于 ω_i 记为 $\bar{\omega}_i$，上述问题就成了 c 个 ω_i 和 $\bar{\omega}_i$ 的两类问题，因此称为 $\omega_i/\bar{\omega}_i$ 两分法。

由上述分析知道，决策面 $d_i(\boldsymbol{X})=\boldsymbol{W}_i^{\mathrm{T}}\boldsymbol{X}=0$，把空间划分成两个区域，一个属于 ω_i，另一个属于 $\bar{\omega}_i$。再考查另一个决策的判别函数 $d_j(\boldsymbol{X})=\boldsymbol{W}_j^{\mathrm{T}}\boldsymbol{X}(j\neq i)$，其决策面 $\boldsymbol{W}_j^{\mathrm{T}}\boldsymbol{X}=0$ 同样把特征空间划分成两个区域：一个属于 ω_j，另一个属于 $\bar{\omega}_j$。这两个决策面分别确定的 ω_i 和 ω_j 类型区域可能会有重叠，这个重叠区域不能由这两个判别函数确定类别。同样，$\bar{\omega}_i$ 和 $\bar{\omega}_j$ 也可能出现重叠，如果由 c 个决策面确定的 c 个属于 $\bar{\omega}_i(i=1,2,\cdots,c)$ 的区域有一个共同的重叠区域，当样本落入该区域时，这类判别函数不能对它所属的类别做出判决。

因此，在使用这类判别函数时，可能会出现两个或两个以上的判别式都大于零，或所有的判别式都小于零的情况。也即特征空间会出现同属于两个类型以上的区域和不属于任何类型的区域，样本落入这些区域时，就无法做出最后判断，这样的区域就是不确定区，用 IR 标记。样本的类别越多，不确定区 IR 就越多。

如图 4-2 所示为 $\omega_i/\bar{\omega}_i$ 两分法示例，在二维空间里有 3 个类型的决策面 $d_i(\boldsymbol{X})=0(i=1,2,3)$，图中出现了 4 个不确定区。由于不确定区的存在，仅有 $d_i(\boldsymbol{X})>0$ 不能做出最终判决 $\boldsymbol{X}\in\omega_i$，还必须检查另外的判别函数 $d_j(\boldsymbol{X})$ 的值。若 $d_j(\boldsymbol{X})\leqslant 0,j\neq i$ 才能确定 $\boldsymbol{X}\in\omega_i$。所以此时判别规则为

$$\begin{cases}d_i(\boldsymbol{X})>0, & j=i\\ d_j(\boldsymbol{X})\leqslant 0, & j\neq i\end{cases}\Rightarrow\boldsymbol{X}\in\omega_i \tag{4-7}$$

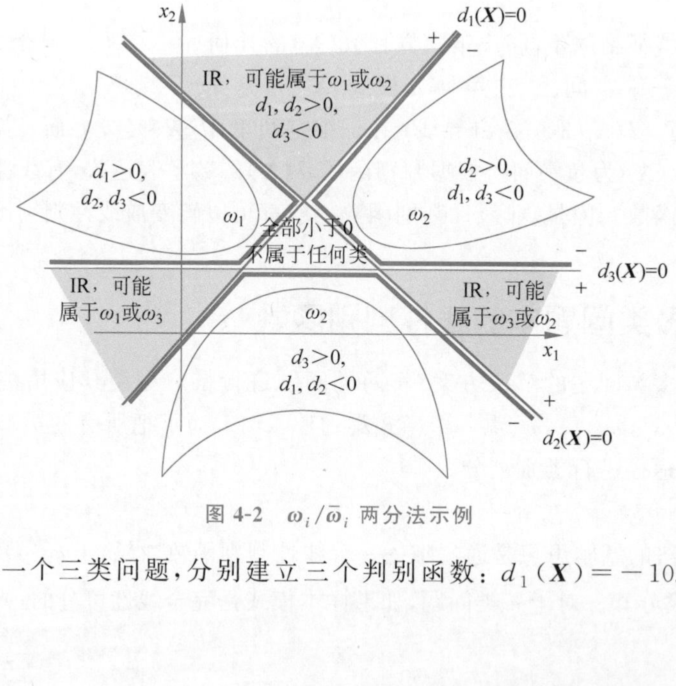

图 4-2 $\omega_i/\bar{\omega}_i$ 两分法示例

【例 4.1】 一个三类问题，分别建立三个判别函数：$d_1(\boldsymbol{X})=-10x_1+19x_2+19$，

$d_2(\boldsymbol{X})=x_1+x_2-5$，$d_3(\boldsymbol{X})=-2x_2+1$。有一个模式样本 $\boldsymbol{X}=[6,2]^{\mathrm{T}}$，试判断该样本的类别。

【解】 把样本 $\boldsymbol{X}$ 分别代入判别函数，得

$$d_1(\boldsymbol{X})=-60+38+19=-3<0,\quad d_2(\boldsymbol{X})=3>0,\quad d_3(\boldsymbol{X})=-3<0$$

根据判别规则 $d_2(\boldsymbol{X})>0$，$d_1(\boldsymbol{X})<0$，$d_3(\boldsymbol{X})<0$，判决 $\boldsymbol{X}\in\omega_2$。

2. ω_i/ω_j 两分法

ω_i/ω_j 两分法的基本思想是，对 c 个类别中的任意两个类别 ω_i 和 ω_j 建立一个判别函数 $d_{ij}(\boldsymbol{X})$，将两个类别区分开。决策面方程为 $d_{ij}(\boldsymbol{X})=0$，其虽然能把 ω_i 和 ω_j 两个类别区分开，但对其他类别的分类则不提供任何信息。

在 c 个类别中，任取两个类别的组合数为 $c(c-1)/2$，能够分开 ω_i 类和 ω_j 类的判别函数为

$$d_{ij}(\boldsymbol{X})=\boldsymbol{W}_{ij}^{\mathrm{T}}\boldsymbol{X},\quad i,j=1,2,\cdots,c \tag{4-8}$$

此时，判别函数具有如下性质：

$$d_{ij}(\boldsymbol{X})=-d_{ji}(\boldsymbol{X}) \tag{4-9}$$

每个判别函数具有如下功能：

$$\begin{cases} d_{ij}(\boldsymbol{X})>0\Rightarrow\boldsymbol{X}\in\omega_i \\ d_{ij}(\boldsymbol{X})<0\Rightarrow\boldsymbol{X}\in\omega_j \end{cases} \tag{4-10}$$

从式(4-8)可知，这类判别函数也是把 c 类问题转变为两类问题，与 $\omega_i/\bar{\omega}_i$ 两分法不同的是，该两类问题的数目不是 c 个，而是 $c(c-1)/2$ 个，并且每个两类问题不是 $\omega_i/\bar{\omega}_i$，而是 ω_i/ω_j。也就是说，此时转变成了 $c(c-1)/2$ 个 ω_i/ω_j 两分法问题。

只有一个决策面 $d_{ij}(\boldsymbol{X})=0$ 不能最后判别 $\boldsymbol{X}$ 是属于 ω_i 还是 ω_j，因为 $d_{ij}(\boldsymbol{X})$ 只涉及 ω_i 和 ω_j 的关系，只能判定样本模式 $\boldsymbol{X}$ 是位于含有 ω_i 类的空间，还是位于含有 ω_j 类的空间，而对它们和别的类型 $\omega_k(k=1,2,\cdots,c,k\neq i,k\neq j)$ 之间的关系不提供任何信息。要得到 $\boldsymbol{X}$ 的判别结论，必须考查 $c-1$ 个判别函数。即有判别规则：

$$d_{ij}(\boldsymbol{X})>0,\quad j\neq i\Rightarrow\boldsymbol{X}\in\omega_i \tag{4-11}$$

【例 4.2】 对一个三类问题 $c=3$，需要建立 3 个判别函数 $d_{12}(\boldsymbol{X})$，$d_{13}(\boldsymbol{X})$ 和 $d_{23}(\boldsymbol{X})$。当 $d_{12}(\boldsymbol{X})>0$，$d_{13}(\boldsymbol{X})>0$ 时，确定 $\boldsymbol{X}\in\omega_1$；当 $d_{21}(\boldsymbol{X})>0$，$d_{23}(\boldsymbol{X})>0$ 时，确定 $\boldsymbol{X}\in\omega_2$；而当 $d_{31}(\boldsymbol{X})$ 和 $d_{32}(\boldsymbol{X})>0$ 时，可确定 $\boldsymbol{X}\in\omega_3$。采用 ω_i/ω_j 两分法解决三类问题的原理如图 4-3 所示。

从图 4-3 可以看出 ω_1 区域与 $d_{23}(\boldsymbol{X})$ 无关，ω_2 区域与 $d_{13}(\boldsymbol{X})$ 无关，ω_3 区域与 $d_{12}(\boldsymbol{X})$ 无关，对多类问题可以类推出 ω_i 区域与 $d_{jk}(\boldsymbol{X})(j\neq i,k\neq i)$ 无关。当类别数目 $c>3$ 时，与 $\omega_i/\bar{\omega}_i$ 两分法相比，ω_i/ω_j 两分法的判别函数数目增加了，虽然还是存在不确定区，可不确定区的数目减少到只有 1 个，不确定区域数目减少是对判别函数增加的补偿。

【例 4.3】 设一个三类问题，有如下判别函数 $d_{12}(\boldsymbol{X})=-x_1-x_2+8.2$，$d_{13}(\boldsymbol{X})=-x_1+5.5$，$d_{23}(\boldsymbol{X})=-x_1+x_2+0.2$。现有模式样本 $\boldsymbol{X}=[8,3]^{\mathrm{T}}$，试判断该样本类别。

【解】 把样本代入判别函数，得

$$d_{12}(\boldsymbol{X})=-8-3+8.2=-2.8,\quad d_{13}(\boldsymbol{X})=-2.5,\quad d_{23}(\boldsymbol{X})=-4.8$$

$\mathrm{d}_{31}(\boldsymbol{X})=-d_{13}(\boldsymbol{X})=2.5>0$，及 $d_{32}(\boldsymbol{X})=-d_{23}(\boldsymbol{X})=4.8>0$，所以 $\boldsymbol{X}\in\omega_3$。

3. 没有不确定区域的 ω_i/ω_j 两分法

这类方法的思想是对 c 种类型中的每一种类别，均建立一个判别函数，即

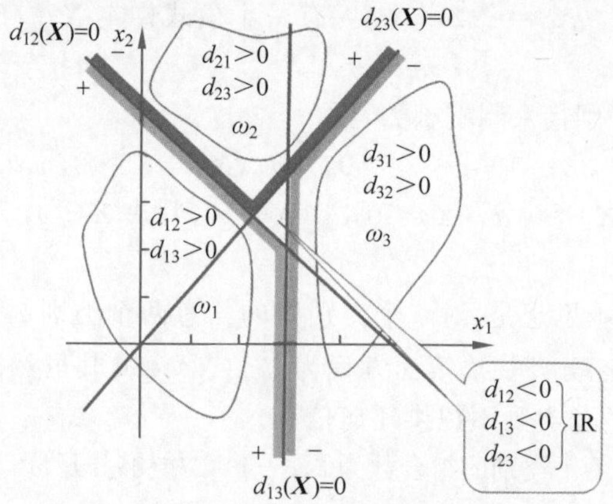

图 4-3　ω_i/ω_j 两分法解决三类问题的原理

$$d_i(\boldsymbol{X})=\boldsymbol{W}_i^{\mathrm{T}}\boldsymbol{X},\quad i=1,2,\cdots,c \tag{4-12}$$

为了区分出其中的某一个类别 ω_i，需要 k 个判别函数($k\leqslant c$)，判别规则为

$$d_i(\boldsymbol{X})>d_j(\boldsymbol{X}),\quad j\neq i\Rightarrow \boldsymbol{X}\in\omega_i \tag{4-13}$$

上述判别规则也可以有另一种表示形式为

$$d_i(\boldsymbol{X})=\max_{j=1,2,\cdots,k}\{d_j(\boldsymbol{X})\}\Rightarrow \boldsymbol{X}\in\omega_i \tag{4-14}$$

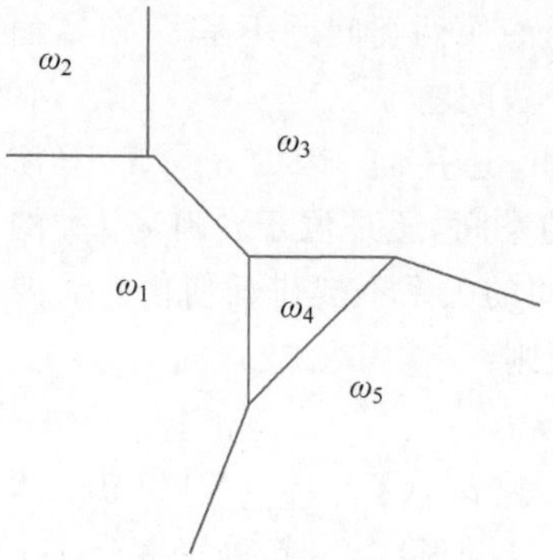

图 4-4　五类问题

显然，对不同的 ω_i，k 的取值不尽相同，k 值的选择与类别之间的相邻关系密切相关，下面举例说明。假设特征空间里有一个五类问题，如图 4-4 所示，5 个不同的类别可用分段线性函数分开。从图 4-4 中可以看出，类别 ω_1 与其余 4 个类别均相邻，ω_2 分别与 ω_1 和 ω_3 相邻，ω_5 分别与 ω_1、ω_3 和 ω_4 相邻。k 的选取取决于所考查的类型与其相邻类别的个数，例如：对 ω_1，$k=4$；对 ω_2，$k=2$；对 ω_5，$k=3$。

下面进一步讨论该类方法与 ω_i/ω_j 两分法的区别，假定 $c=3$，且已建立 3 个判别函数，满足最大值判别规则。

$$\begin{cases} d_1(\boldsymbol{X})=\boldsymbol{W}_1^{\mathrm{T}}\boldsymbol{X} \\ d_2(\boldsymbol{X})=\boldsymbol{W}_2^{\mathrm{T}}\boldsymbol{X} \\ d_3(\boldsymbol{X})=\boldsymbol{W}_3^{\mathrm{T}}\boldsymbol{X} \end{cases}$$

三个类型区域均相邻，有

$$d_{12}(\boldsymbol{X})=d_1(\boldsymbol{X})-d_2(\boldsymbol{X})=(\boldsymbol{W}_1^{\mathrm{T}}-\boldsymbol{W}_2^{\mathrm{T}})\boldsymbol{X}=\boldsymbol{W}_{12}^{\mathrm{T}}\boldsymbol{X}$$

同理

$$d_{13}(\boldsymbol{X})=\boldsymbol{W}_{13}^{\mathrm{T}}\boldsymbol{X},\quad d_{23}(\boldsymbol{X})=\boldsymbol{W}_{23}^{\mathrm{T}}\boldsymbol{X}$$

又由

$$\begin{aligned} d_{23}(\boldsymbol{X})&=d_1(\boldsymbol{X})-d_1(\boldsymbol{X})+d_2(\boldsymbol{X})-d_3(\boldsymbol{X}) \\ &=[d_1(\boldsymbol{X})-d_3(\boldsymbol{X})]-[d_1(\boldsymbol{X})-d_2(\boldsymbol{X})] \end{aligned}$$

$$=d_{13}(\boldsymbol{X})-d_{12}(\boldsymbol{X})$$

可知 $d_{23}(\boldsymbol{X})$ 是 $d_{13}(\boldsymbol{X})$ 和 $d_{12}(\boldsymbol{X})$ 的线性组合，即 $d_{13}(\boldsymbol{X})$ 和 $d_{12}(\boldsymbol{X})$ 是独立的，而 $d_{23}(\boldsymbol{X})$ 是不独立的，且在二维空间里，三个判别函数必须相交于一点，此类情况如图 4-5 所示。

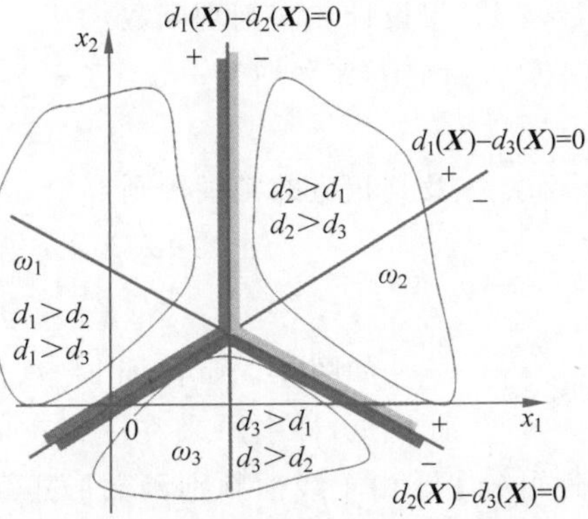

图 4-5 没有不确定区域的 ω_i/ω_j 两分法示例

从图 4-5 可以看出，从三个类别的分布情况来看，它们满足 ω_i/ω_j 两分法的判别规则，且无不确定区，即对于 c 个类别来说，该类方法的判别函数的独立方程式为 $c-1$ 个，而非 ω_i/ω_j 两分法所要求的 $c(c-1)/2$ 个独立方程式。尽管有此差别，该类方法的判别式 $d_i(\boldsymbol{X})>d_j(\boldsymbol{X})$ 与 ω_i/ω_j 两分法的判别式 $d_{ij}(\boldsymbol{X})>0$ 相同。因此，该方法此时也被转变成 ω_i/ω_j 两分法问题。

第 7 集
微课视频

【例 4.4】 设一个三类问题，按最大值规则建立了 3 个判别函数。

$$\begin{cases}d_1(\boldsymbol{X})=-3x_1-x_2+9\\ d_2(\boldsymbol{X})=-2x_1-4x_2+11\\ d_3(\boldsymbol{X})=-x_2\end{cases}$$

现有模式样本 $\boldsymbol{X}=[0,2]^{\mathrm{T}}$，试判别该模式属于哪一类。

【解】 如果 $\boldsymbol{X}$ 属于 ω_1 类，应满足 $d_1(\boldsymbol{X})>d_2(\boldsymbol{X})$，且 $d_1(\boldsymbol{X})>d_3(\boldsymbol{X})$；如果 $\boldsymbol{X}$ 属于 ω_2 类，应满足 $d_2(\boldsymbol{X})>d_1(\boldsymbol{X})$，且 $d_2(\boldsymbol{X})>d_3(\boldsymbol{X})$；否则 $\boldsymbol{X}$ 应属 ω_3。将 $\boldsymbol{X}=[0,2]^{\mathrm{T}}$ 代入 3 个判别函数：

$$\begin{cases}d_1(\boldsymbol{X})=-2+9=7\\ d_2(\boldsymbol{X})=-8+11=3\\ d_3(\boldsymbol{X})=-2\end{cases}$$

按最大值规则，$\boldsymbol{X}\in\omega_1$。

4.1.3 广义线性判别函数

线性判别函数是形式最为简单的判别函数，但在实际应用中有较大的局限性，对稍复杂一些的情况，线性判别函数就有可能失效。例如，在一维空间中的两类模式，其分布如图 4-6 所示，两类模式的类域分布为 ω_1：$(-\infty,b)$ 和 (a,∞)，ω_2：$[b,a]$。若要将两类模式正确分类，则需设计一个一维样本的分类器，满足如下性能：

$$\begin{cases}\boldsymbol{X}<b \text{ 或 } \boldsymbol{X}>a\Rightarrow\boldsymbol{X}\in\omega_1\\ b\leqslant\boldsymbol{X}\leqslant a\Rightarrow\boldsymbol{X}\in\omega_2\end{cases}\tag{4-15}$$

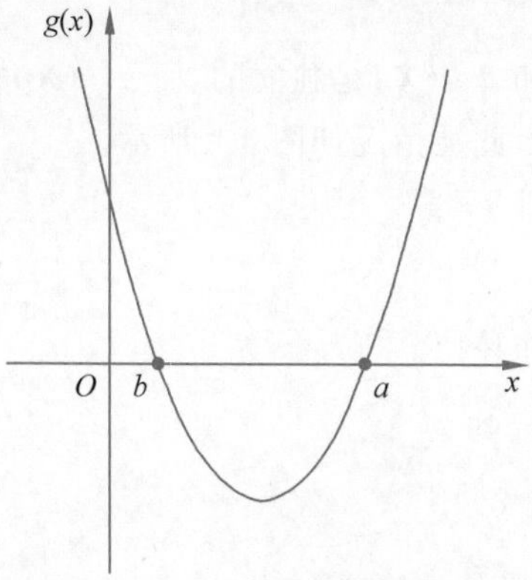

图 4-6　二次判别函数举例

显然，这两类模式在一维坐标轴上找不到一个点区分开这两类，也就是说它们不是线性可分的，式(4-15)的分类器无法采用线性判别函数实现，针对这种情况，如果设计二次判别函数：

$$d(\boldsymbol{X})=(\boldsymbol{X}-a)(\boldsymbol{X}-b)=\boldsymbol{X}^2-(a+b)\boldsymbol{X}+ab \tag{4-16}$$

及其相应的判别规则：

$$\begin{cases} d(\boldsymbol{X})>0 \Rightarrow \boldsymbol{X}\in\omega_1 \\ d(\boldsymbol{X})\leqslant 0 \Rightarrow \boldsymbol{X}\in\omega_2 \end{cases} \tag{4-17}$$

如图 4-6 所示，此时 $d(\boldsymbol{X})$是 $\boldsymbol{X}$ 的非线性函数。由此可见，样本原来在一维空间线性不可分，但当转换到二维空间时，样本就变成线性可分了。由于线性判别函数形式简单、计算方便，因此人们希望能找到一种能将非线性可分问题转换为线性可分问题的方法。其思路是选择一种映射 $\boldsymbol{X}\to\boldsymbol{Y}$，即将原样本特征向量 $\boldsymbol{X}$ 映射成另一向量 $\boldsymbol{Y}$，从而可以采用线性判别函数的方法。例如对于图 4-6 的二次函数情况，其一般式可表示为

$$d(\boldsymbol{X})=c_0+c_1x+c_2x^2 \tag{4-18}$$

如果采用映射 $\boldsymbol{X}\to\boldsymbol{Y}$，使

$$\boldsymbol{Y}=\begin{pmatrix} y_1 \\ y_2 \\ y_3 \end{pmatrix}=\begin{pmatrix} 1 \\ x \\ x^2 \end{pmatrix}$$

则判别函数 $d(\boldsymbol{X})$又可表示为

$$d(\boldsymbol{X})=\boldsymbol{a}^{\mathrm{T}}\boldsymbol{Y}=\sum_{i=1}^{3}a_iy_i \tag{4-19}$$

式中，$\boldsymbol{a}=\begin{pmatrix} a_1 \\ a_2 \\ a_3 \end{pmatrix}=\begin{pmatrix} c_0 \\ c_1 \\ c_2 \end{pmatrix}$。

此时 $d(\boldsymbol{X})$被称为广义线性判别函数，$\boldsymbol{a}$ 称为广义权向量。因此，一个原属二次函数的分类问题就转换为一个线性判别函数问题。事实上，可以将这类方法一般化，任何形式的高次判别函数都可转换成线性判别函数来处理。设样本集模式$\{\boldsymbol{X}_i\}$在原始的 n 维特征空间是非线性可分的，对各模式 $\boldsymbol{X}_i$ 进行非线性变换 $T:\boldsymbol{X}^n\to\boldsymbol{Y}^m$，$m>n$，使得样本模式在特征空间 $\boldsymbol{Y}^m$ 中是线性可分的，即分类界面是线性的。需要指出的是由于 $m>n$，将非线性函数用映射的方法变成线性函数的形式，但同时也产生维数增加的问题。

非线性判别函数的典型形式是非线性多项式函数。设一训练用 n 维样本模式集$\{\boldsymbol{X}\}$在模式空间 $\boldsymbol{X}$ 中线性不可分，非线性判别函数形式如下：

$$d(\boldsymbol{X})=w_1f_1(\boldsymbol{X})+w_2f_2(\boldsymbol{X})+\cdots+w_nf_n(\boldsymbol{X})+w_{n+1} \tag{4-20}$$

式中，$\{f_i(\boldsymbol{X}),i=1,2,\cdots,n\}$是模式 $\boldsymbol{X}$ 的单值实函数，且 $f_{n+1}(\boldsymbol{X})=1$。

由于变换函数 $f_i(\boldsymbol{X})$形式是多种多样的，所以式(4-20)可以有多个具体的变形，$f_i(\boldsymbol{X})$取什么形式及 $d(\boldsymbol{X})$取多少项数，取决于模式类之间非线性分界面的复杂程度。

定义广义形式的模式向量为

$$\boldsymbol{Y}=[y_1,y_2,\cdots,y_m,1]^{\mathrm{T}}=[f_1(\boldsymbol{X}),f_2(\boldsymbol{X}),\cdots,f_m(\boldsymbol{X}),1]^{\mathrm{T}} \tag{4-21}$$

式中，$\boldsymbol{Y}$ 空间的维数 m 高于 $\boldsymbol{X}$ 空间的维数 n，式(4-20)可写为

$$d(\boldsymbol{X})=\boldsymbol{W}^{\mathrm{T}}\boldsymbol{Y}=d(\boldsymbol{Y}) \tag{4-22}$$

式中，$\boldsymbol{W}=[w_1,w_2,\cdots,w_k,w_{k+1}]^{\mathrm{T}}$ 是增广向量，$\boldsymbol{Y}$ 是增广模式向量，其所在的空间是一个 m 维的空间，称为 $\boldsymbol{Y}$ 空间。至此，非线性函数 $d(\boldsymbol{X})$ 已经变成线性函数 $d(\boldsymbol{Y})$。也就是说，完成了从非线性判别函数到线性判别函数的转换，这里 $d(\boldsymbol{Y})$ 也称为广义线性判别函数。

用广义线性判别函数虽然可以将非线性问题转换为简单的线性问题来处理，但是实现这种转换的非线性变换的形式可能非常复杂。另外，在原空间 $\boldsymbol{X}$ 中模式样本 $\boldsymbol{X}$ 是 n 维向量，在新空间 $\boldsymbol{Y}$ 中，$\boldsymbol{Y}$ 是 m 维向量，通常 m 比 n 大许多，经过上述变换，维数大幅增加了。例如，当非线性判别函数 $d(\boldsymbol{X})$ 为二次多项式时，n 维特征向量需要映射为 $\dfrac{n(n+3)}{2}$ 维特征向量。事实上，当 $d(\boldsymbol{X})$ 为 r 次多项式时，变换后的特征向量的维数为 $(n+r)!n!r!$。样本模式特征维数的增加会导致计算量的迅速增加，以致计算机难以处理，这就是所谓的“维数灾难”。

【例 4.5】 假设 $\boldsymbol{X}$ 为二维模式向量，$f_i(\boldsymbol{X})$ 选用二次多项式函数，原判别函数为

$$d(\boldsymbol{X})=w_{11}x_1^2+w_{12}x_1x_2+w_{22}x_2^2+w_1x_1+w_2x_2+w_3$$

则广义线性判别函数可以通过下面的过程得到：

$$y_1=f_1(\boldsymbol{X})=x_1^2,y_2=f_2(\boldsymbol{X})=x_1x_2,$$

$$y_3=f_3(\boldsymbol{X})=x_2^2,y_4=f_4(\boldsymbol{X})=x_1,y_5=f_5(\boldsymbol{X})=x_2$$

第 8 集
微课视频

即

$$\boldsymbol{Y}=[x_1^2,x_1x_2,x_2^2,x_1,x_2,1]^{\mathrm{T}},\boldsymbol{W}=[w_{11},w_{12},w_{22},w_1,w_2,w_3]^{\mathrm{T}}$$

$d(\boldsymbol{X})$ 线性化为 $d(\boldsymbol{Y})=\boldsymbol{W}^{\mathrm{T}}\boldsymbol{Y}$。

4.1.4 线性分类器的主要特性及设计步骤

1. 线性分类器的主要特性

1) 模式空间与超平面

设有 d 维模式向量 $\boldsymbol{X}$，则以 $\boldsymbol{X}$ 的 d 个分量为坐标变量的欧氏空间称为模式空间。在模式空间里，模式向量可以表示成一个点，也可以表示成从原点出发到这个点的一个有向线段。当模式类别线性可分时，判别函数的形式是线性的，剩下的问题就是确定一组系数，从而确定一个符合条件的超平面。对于两类问题，利用线性判别函数 $d(\boldsymbol{X})$ 进行分类，就是用超平面 $d(\boldsymbol{X})=0$ 把模式空间分成两个决策区域。

设判别函数为

$$d(\boldsymbol{X})=w_1x_1+w_2x_2+\cdots+w_dx_d+w_{d+1}=\boldsymbol{W}_0^{\mathrm{T}}\boldsymbol{X}+w_{d+1} \tag{4-23}$$

式中，$\boldsymbol{W}_0=[w_1,w_2,\cdots,w_d]^{\mathrm{T}}$，$\boldsymbol{X}=[x_1,x_2,\cdots,x_d]^{\mathrm{T}}$，则由 $d(\boldsymbol{X})$ 确定的超平面为

$$d(\boldsymbol{X})=\boldsymbol{W}_0^{\mathrm{T}}\boldsymbol{X}+w_{d+1}=0 \tag{4-24}$$

为了说明线性判别函数中向量 $\boldsymbol{W}_0$ 的意义，假设在该决策平面上有两个特征向量 $\boldsymbol{X}_1$ 与 $\boldsymbol{X}_2$，如图 4-7(a)所示，将 $\boldsymbol{X}_1$ 与 $\boldsymbol{X}_2$ 代入式(4-23)，则有

$$W_0^{\mathrm{T}} X_1 + w_{d+1} = W_0^{\mathrm{T}} X_2 + w_{d+1} \tag{4-25}$$

即

$$W_0^{\mathrm{T}}(X_1 - X_2) = 0 \tag{4-26}$$

式中，$(\boldsymbol{X}_1 - \boldsymbol{X}_2)$也是一个向量。

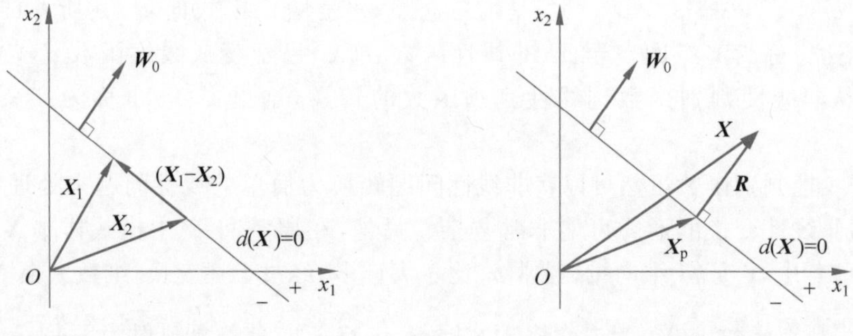

(a) 特征向量X_1与X_2　　(b) 向量X在超平面投影示意图

图 4-7　点到超平面的距离示例

式(4-26)的几何意义是向量$\boldsymbol{W}_0$与该平面上任两点组成的向量$(\boldsymbol{X}_1 - \boldsymbol{X}_2)$正交。也就是说，$\boldsymbol{W}_0$就是$d(\boldsymbol{X})=0$所确定超平面的法线向量，方向由超平面的负侧指向正侧。设超平面的单位法线向量为$\boldsymbol{U}$，则有

$$U = \frac{W_0}{\| W_0 \|} \tag{4-27}$$

式中，$\| \boldsymbol{W}_0 \|$可理解为向量$\boldsymbol{W}_0$的模值，由下式计算得到

$$\| W_0 \| = \sqrt{w_1^2 + w_2^2 + \cdots + w_d^2} \tag{4-28}$$

设$\boldsymbol{X}$为不在超平面上的模式点，将$\boldsymbol{X}$向超平面投影得向量$\boldsymbol{X}_{\mathrm{p}}$，并构造向量$\boldsymbol{R}$，如图 4-7(b)所示，由式(4-27)可得

$$R = r \cdot U = r\frac{W_0}{\| W_0 \|}$$

式中，r为$\boldsymbol{X}$到超平面的垂直距离。

这样，$\boldsymbol{X}$就可以表示为

$$X = X_{\mathrm{p}} + R = X_{\mathrm{p}} + r\frac{W_0}{\| W_0 \|} \tag{4-29}$$

将式(4-29)代入式(4-23)，得

$$d(X) = W_0^{\mathrm{T}}\left(X_{\mathrm{p}} + r\frac{W_0}{\| W_0 \|}\right) + w_{d+1} = (W_0^{\mathrm{T}} X_{\mathrm{p}} + w_{d+1}) + W_0^{\mathrm{T}} \cdot r\frac{W_0}{\| W_0 \|} \tag{4-30}$$

因$\boldsymbol{X}_{\mathrm{p}}$位于超平面上，故式(4-30)中第一项为 0，应用$\boldsymbol{W}_0^{\mathrm{T}}\boldsymbol{W}_0 = \| \boldsymbol{W}_0 \|^2$，得

$$d(X) = r \| W_0 \| \tag{4-31}$$

因此，$\boldsymbol{X}$到超平面的距离为

$$r = \frac{d(X)}{\| W_0 \|} \tag{4-32}$$

图 4-7(b)中$\boldsymbol{X}$位于超平面的正侧，因而$d(\boldsymbol{X})>0$；若$\boldsymbol{X}$位于超平面的负侧，则$d(\boldsymbol{X})<0$。当$d(\boldsymbol{X})$确定后，$\| \boldsymbol{W}_0 \|$为常数，式(4-32)表明点$\boldsymbol{X}$到超平面的代数距离(带正

负号)正比于 $d(\boldsymbol{X})$ 函数值。也可以看出，对于两类问题，可按两类样本到决策面距离的正负号确定其类别。

对于式(4-23)，当 $\boldsymbol{X}$ 在原点时，$d(\boldsymbol{X})=w_{d+1}$，原点到超平面的距离为

$$r_0=\frac{w_{d+1}}{\|\boldsymbol{W}_0\|} \tag{4-33}$$

该式说明超平面的位置是由权值 w_{d+1} 决定的，当 $w_{d+1}=0$ 时，该决策面过特征空间坐标系原点，而 $w_{d+1}\neq 0$ 时，$w_{d+1}/\|\boldsymbol{W}_0\|$ 表示了坐标原点到该决策面的距离。如果 $w_{d+1}>0$，原点在超平面的正侧；如果 $w_{d+1}<0$，原点在超平面的负侧。

2) 权空间与权向量解

在模式识别过程中经常将判别函数绘制在权向量空间中。设有式(4-23)的线性判别函数，重写如下：

$$d(\boldsymbol{X})=w_1x_1+w_2x_2+\cdots+w_dx_d+w_{d+1}$$

则以 $w_1,w_2,\cdots,w_d,w_{d+1}$ 为坐标变量构成的空间称为权空间。在权空间里，$d+1$ 维增广权向量 $\boldsymbol{W}=[w_1,w_2,\cdots,w_d,w_{d+1}]^{\mathrm{T}}$ 对应该空间中的一个点，可以用从原点出发到这个点的一条有向线段来表示。

当样本类别线性可分时，判别函数形式 $d(\boldsymbol{X})$ 已确定，用已知训练样本确定 $d(\boldsymbol{X})$ 的任务则归结为确定符合条件的权向量 $\boldsymbol{W}=[w_1,w_2,\cdots,w_d,w_{d+1}]^{\mathrm{T}}$。下面以两类问题为例，讨论线性判别函数形式 $d(\boldsymbol{X})$ 权向量的求解问题。

设 ω_1 类有 $\boldsymbol{X}_{11},\boldsymbol{X}_{12},\cdots,\boldsymbol{X}_{1p}$ 共 p 个增广样本向量，ω_2 类的 $\boldsymbol{X}_{21},\boldsymbol{X}_{22},\cdots,\boldsymbol{X}_{2q}$ 共 q 个增广样本向量。建立判别函数的任务是确定 $d(\boldsymbol{X})$ 以把 ω_1 类和 ω_2 类分开，若线性判别函数为 $d(\boldsymbol{X})=\boldsymbol{W}^{\mathrm{T}}\boldsymbol{X}$，则有如下不等式成立：

$$\begin{cases} d(\boldsymbol{X}_{1i})>0, & i=1,2,\cdots,p \\ d(\boldsymbol{X}_{2i})<0, & i=1,2,\cdots,q \end{cases} \tag{4-34}$$

式(4-34)共包含 $p+q$ 个不等式，如果将 ω_2 的 q 个增广模式都乘以 -1，则式(4-34)可写为

$$\begin{cases} d(\boldsymbol{X}_{1i})>0, & i=1,2,\cdots,p \\ d(-\boldsymbol{X}_{2i})>0, & i=1,2,\cdots,q \end{cases} \tag{4-35}$$

这样就可以不管原样本的类别属性，将两类模式分开的条件可统一写为 $d(\boldsymbol{X})>0$，其中，

$$\boldsymbol{X}=\begin{cases} \boldsymbol{X}_{1i}, & i=1,2,\cdots,p \\ -\boldsymbol{X}_{2i}, & i=1,2,\cdots,q \end{cases} \tag{4-36}$$

这一过程称为样本的规范化过程，$\boldsymbol{X}$ 称为规范化增广样本向量。

在不等式(4-35)中，$\boldsymbol{X}$ 是已知的，增广权向量 $\boldsymbol{W}$ 的各个分量是未知的。可以看出，$p+q$ 个增广模式向量在权空间中形成 $p+q$ 个超平面，$p+q$ 个超平面确定向量 $\boldsymbol{W}$ 使判别函数 $d(\boldsymbol{X})$ 能把 ω_1 类和 ω_2 类分开。实际上就是寻找一个 $\boldsymbol{W}$ 使得式(4-35)中的 $p+q$ 个不等式同时成立，因此满足条件的 $\boldsymbol{W}$ 必然位于 $p+q$ 个超平面的正侧的重叠区域里，这个区域就是 $\boldsymbol{W}$ 的解区。

二维空间中权空间和权向量解区如图 4-8 所示，超平面的方程为 $w_1x_1+w_2x_2=0$，$x_2=1$，超平面是过原点的直线，图 4-8 中阴影部分就是解区。

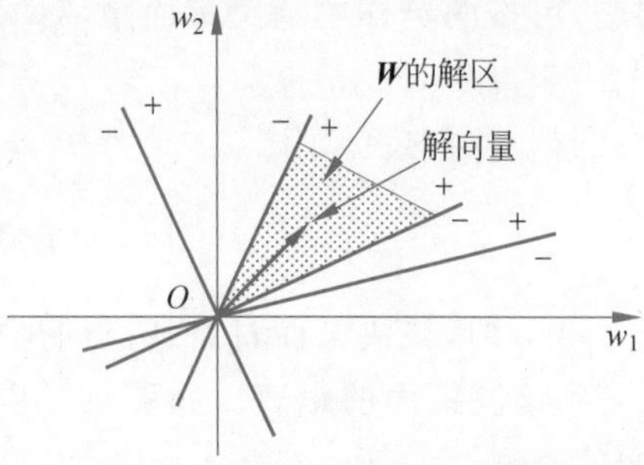

图 4-8 二维空间中权空间和权向量解区

理论上，解区中的任意权向量都满足式(4-35)，但从新样本模式的适应性来看，选取位于解区中央部分的权向量更可靠，对新样本正解分类的概率更高。在高维权空间里，满足式(4-30)的权向量的解区对应着 $p+q$ 个超平面围成的顶点在原点的超锥面体的内部区域。

2. 线性分类器的设计步骤

通常来说，当属于两个类型的抽样实验样本在特征空间里能够被一个超平面区分时，这两个类型是线性可分的。进一步推论，对于一个已知容量为 N 的样本集，如果有一个线性分类器能把每一个样本正确分类，称这组样本集是线性可分的。

确定超平面函数的加权向量 $\boldsymbol{W}$，必须首先采集一些样本，并把它们变换为特征空间里的模式向量，这样的模式样本就是训练样本，训练样本集常用 $\boldsymbol{\Omega}=\{\boldsymbol{X}_1,\boldsymbol{X}_2,\cdots,\boldsymbol{X}_N\}$ 表示，为此而做的实验就是训练实验。如果训练样本的类别属性是预先已知的，这样的训练实验就是预分类的训练实验，又叫监督试验。由训练样本集所确定的加权向量称为解向量 $\boldsymbol{W}^*$。

一般来说，确定线性分类器的主要步骤如下。

第一步：采集训练样本，构成训练样本集。其中每个样本的属性是预知的，而且样本已经过变换或选择，得到对分类最有效的 d 个特征。

第二步：确定一个准则函数 $J=J(\boldsymbol{W},\boldsymbol{X})$，它能反映分类器的性能，且对于 J 的权值 $\boldsymbol{W}^*$，所得分类器最优。

第 9 集
微课视频

第三步：设计求解 $\boldsymbol{W}$ 的最优算法，求 $J=J(\boldsymbol{W},\boldsymbol{X})$ 的权值，得到解向量 $\boldsymbol{W}^*$。

一旦得到 $\boldsymbol{W}^*$，训练实验的任务就完成了。在下面研究各种训练算法时，假定第一步已经完成。

线性分类器设计任务是在给定样本集 $\boldsymbol{\Omega}=\{\boldsymbol{X}_1,\boldsymbol{X}_2,\cdots,\boldsymbol{X}_N\}$ 的条件下，确定线性判别函数的各项系数($w_1,w_2,\cdots,w_{d+1}$)，且在满足相应的准则函数 J 为最优的要求下获得各项系数。可见此技术的关键问题是确定所需的准则函数，然后用最优化技术确定准则函数的极值解 $\boldsymbol{W}^*$。

下面将具体介绍模式识别中几种常用的算法。

4.1.5 感知器算法

1. 感知器算法的原理

感知器是对一种分类学习机模型的称呼，属于机器学习的仿生学领域中的概念。

对线性判别函数，当模式维数已知时，判别函数的形式实际上已经确定，如模式特征级数为三维时，对应的线性判别函数为

$$d(\boldsymbol{X})=w_1x_1+w_2x_2+w_3x_3+w_4=\boldsymbol{W}^{\mathrm{T}}\boldsymbol{X}$$

式中，$\boldsymbol{X}=[x_1,x_2,x_3,1]^{\mathrm{T}}$ 为增广模式特征向量，$\boldsymbol{W}=[w_1,w_2,w_3,w_4]^{\mathrm{T}}$ 为权向量。

只要求出权向量 $\boldsymbol{W}$，分类器的设计即完成。本节介绍如何通过各种算法，利用已知类别的模式样本学习出权向量 $\boldsymbol{W}$。

感知器算法的基本思想是：首先设置一个初始的权向量，然后用已知类别的模式样本去检验权向量的合理性，当不合理时，需要对其进行修正，对修正后的权向量用已知类别的模式样本再去检验其合理性，直至满足合理性要求为止，权值修正的方法一般采用梯度下降法。

设两类线性可分的模式类 ω_1 和 ω_2，判别函数为

$$d(\boldsymbol{X})=\boldsymbol{W}^{\mathrm{T}}\boldsymbol{X}$$

式中，$\boldsymbol{W}=[w_1,w_2,\cdots,w_d,w_{d+1}]$。

$d(\boldsymbol{X})$应具有如下性质：

$$\begin{cases}d(\boldsymbol{X})=\boldsymbol{W}^{\mathrm{T}}\boldsymbol{X}>0\Rightarrow\boldsymbol{X}\in\omega_1\\ d(\boldsymbol{X})=\boldsymbol{W}^{\mathrm{T}}\boldsymbol{X}<0\Rightarrow\boldsymbol{X}\in\omega_2\end{cases}\tag{4-37}$$

对样本进行规范化处理，即将 ω_2 类的全部样本都乘以 -1，这样对于两类的所有模式样本，判别函数的性质描述为

$$d(\boldsymbol{X})=\boldsymbol{W}^{\mathrm{T}}\boldsymbol{X}>0\tag{4-38}$$

感知器算法通过对已知类别的训练样本集的学习，寻找一个满足式(4-37)或式(4-38)的权向量。

设训练样本集为 $\boldsymbol{X}=\{\boldsymbol{X}_1,\boldsymbol{X}_2,\cdots,\boldsymbol{X}_n\}$，其中每个样本 $\boldsymbol{X}_i$，$i=1,2,\cdots,n$，分别属于类型 ω_1 或类型 ω_2，且 $\boldsymbol{X}_i$ 类别属性已知。为了确定加权向量 $\boldsymbol{W}^*$，感知器训练算法的具体步骤如下。

(1) 给定初始值，并置迭代次数 $k=0$，分别给每个权向量赋任意值，步长系数 ρ 可选大于 0 的常数。

(2) 输入一个训练样本 $\boldsymbol{X}_i$，$\boldsymbol{X}_i\in\{\boldsymbol{X}_1,\boldsymbol{X}_2,\cdots,\boldsymbol{X}_n\}$。$i$ 满足 $k+1=m(n+1)+i$ 且 $1\leqslant i\leqslant n$，其中 m 为自然数。

(3) 对该样本计算判别函数值：$d(\boldsymbol{X}_i)=[\boldsymbol{W}(k)]^{\mathrm{T}}\boldsymbol{X}_i$。

(4) 修正权向量 $\boldsymbol{W}(k)$，修正规则如下。

若 $\boldsymbol{X}_i\in\omega_1$ 和 $d(\boldsymbol{X}_i)\leqslant 0$，则 $\boldsymbol{W}(k+1)=\boldsymbol{W}(k)+\rho\boldsymbol{X}_i$。

若 $\boldsymbol{X}_i\in\omega_2$ 和 $d(\boldsymbol{X}_i)>0$，则 $\boldsymbol{W}(k+1)=\boldsymbol{W}(k)-\rho\boldsymbol{X}_i$。

如果类型 ω_2 的训练样本 $\boldsymbol{X}_i$ 的各分量均乘以 -1，则修正规则统一如下：

若 $d(\boldsymbol{X}_i)\leqslant 0$，则 $\boldsymbol{W}(k+1)=\boldsymbol{W}(k)+\rho\boldsymbol{X}_i$；否则 $\boldsymbol{W}(k+1)=\boldsymbol{W}(k)$。

一般情况取 $0<\rho\leqslant 1$。ρ 值太小会影响收敛速度和稳定性，ρ 太大，会使 $\boldsymbol{W}(k)$的值不稳定。

(5) 当 $\boldsymbol{W}$ 对所有训练样本均稳定不变时，则结束。否则令 $k=k+1$，返回(2)。

从上面的过程可以看出，感知器算法就是一种赏罚过程，当 $\boldsymbol{X}_i\in\omega_1$，但 $d(\boldsymbol{X}_i)\leqslant 0$ 时，说明用当前权向量构造的判别函数对样本 $\boldsymbol{X}_i$ 做出了错误的分类，应修正权向量，使 $\boldsymbol{W}(k+1)=\boldsymbol{W}(k)+\rho\boldsymbol{X}_i$，这样做的目的是使 $\boldsymbol{W}^{\mathrm{T}}(k+1)\boldsymbol{X}>\boldsymbol{W}^{\mathrm{T}}(k)\boldsymbol{X}$；同样，当 $\boldsymbol{X}_i\in\omega_2$，但 $d(\boldsymbol{X}_i)>0$ 时，也说明用该权向量构造的判别函数对样本 $\boldsymbol{X}_i$ 做出了错误的分类，也应修正权向量，使 $\boldsymbol{W}(k+1)=\boldsymbol{W}(k)-\rho\boldsymbol{X}_i$。由此可见，当分类器发生分类错误时，通过修改权向量做出“惩罚”，以使其向正确的方向转换；分类正确时，对其进行“奖励”——这里表现为“不罚”，即权向量不变。

如果经过算法的有限次迭代运算后，求出了一个使训练集中所有样本都能正确分类的$\boldsymbol{W}$，则称算法是收敛的，也可以证明感知器算法是收敛的。对于感知器算法，只要模式类别是线性可分的，就可以在有限的迭代步数里求出权向量的解。

【例 4.6】 一个两类问题，4 个训练样本分别为 $\omega_1:(0,0)^{\mathrm{T}},(0,1)^{\mathrm{T}},\omega_2:(1,0)^{\mathrm{T}},(1,1)^{\mathrm{T}}$，试用感知器算法求权向量 $\boldsymbol{W}^*$。

【解】 将训练样本变为增广型的，ω_2 样本乘以 -1，得到 4 个样本 $\{\boldsymbol{X}_1,\boldsymbol{X}_2,\boldsymbol{X}_3,\boldsymbol{X}_4\}$ 的增广向量：

$$\boldsymbol{X}_1=(0,0,1)^{\mathrm{T}},\quad \boldsymbol{X}_2=(0,1,1)^{\mathrm{T}},\quad \boldsymbol{X}_3=(-1,0,-1)^{\mathrm{T}},\quad \boldsymbol{X}_4=(-1,-1,-1)^{\mathrm{T}}$$

判别函数为

$$d(\boldsymbol{X})=\boldsymbol{W}^{\mathrm{T}}\boldsymbol{X}=(w_1,w_2,\cdots,w_d,w_{d+1})\begin{bmatrix}x_1\\ \vdots\\ x_d\\ 1\end{bmatrix}$$

取初值

$$\boldsymbol{W}(0)=(1,1,1)^{\mathrm{T}},\quad \rho=1$$

则有

$k=0,d(\boldsymbol{X}_1)=\boldsymbol{W}^{\mathrm{T}}(0)\boldsymbol{X}_1=1>0,\boldsymbol{W}(1)=\boldsymbol{W}(0)$

$k=1,d(\boldsymbol{X}_2)=\boldsymbol{W}^{\mathrm{T}}(1)\boldsymbol{X}_2=2>0,\boldsymbol{W}(2)=\boldsymbol{W}(1)$

$k=2,d(\boldsymbol{X}_3)=\boldsymbol{W}^{\mathrm{T}}(2)\boldsymbol{X}_3=-2<0,\boldsymbol{W}(3)=\boldsymbol{W}(2)+\boldsymbol{X}_3=(0,1,0)^{\mathrm{T}}$

$k=3,d(\boldsymbol{X}_4)=\boldsymbol{W}^{\mathrm{T}}(3)\boldsymbol{X}_4=-1<0,\boldsymbol{W}(4)=\boldsymbol{W}(3)+\boldsymbol{X}_4=(-1,0,-1)^{\mathrm{T}}$

$k=4,d(\boldsymbol{X}_1)=\boldsymbol{W}^{\mathrm{T}}(4)\boldsymbol{X}_1=-1<0,\boldsymbol{W}(5)=\boldsymbol{W}(4)+\boldsymbol{X}_1=(-1,0,0)^{\mathrm{T}}$

$k=5,d(\boldsymbol{X}_2)=\boldsymbol{W}^{\mathrm{T}}(5)\boldsymbol{X}_2=0,\boldsymbol{W}(6)=\boldsymbol{W}(5)+\boldsymbol{X}_2=(-1,1,1)^{\mathrm{T}}$

$k=6,d(\boldsymbol{X}_3)=\boldsymbol{W}^{\mathrm{T}}(6)\boldsymbol{X}_3=0,\boldsymbol{W}(7)=\boldsymbol{W}(6)+\boldsymbol{X}_3=(-2,1,0)^{\mathrm{T}}$

$k=7,d(\boldsymbol{X}_4)=\boldsymbol{W}^{\mathrm{T}}(7)\boldsymbol{X}_4=1>0,\boldsymbol{W}(8)=\boldsymbol{W}(7)$

$k=8,d(\boldsymbol{X}_1)=\boldsymbol{W}^{\mathrm{T}}(8)\boldsymbol{X}_1=0,\boldsymbol{W}(9)=\boldsymbol{W}(8)+\boldsymbol{X}_1=(-2,1,1)^{\mathrm{T}}$

$k=9,d(\boldsymbol{X}_2)=\boldsymbol{W}^{\mathrm{T}}(9)\boldsymbol{X}_2=2>0,\boldsymbol{W}(10)=\boldsymbol{W}(9)$

$k=10,d(\boldsymbol{X}_3)=\boldsymbol{W}^{\mathrm{T}}(10)\boldsymbol{X}_3=1>0,\boldsymbol{W}(11)=\boldsymbol{W}(10)$

$k=11,d(\boldsymbol{X}_4)=\boldsymbol{W}^{\mathrm{T}}(11)\boldsymbol{X}_4=0,\boldsymbol{W}(12)=\boldsymbol{W}(11)+\boldsymbol{X}_4=(-3,0,0)^{\mathrm{T}}$

$k=12,d(\boldsymbol{X}_1)=\boldsymbol{W}^{\mathrm{T}}(12)\boldsymbol{X}_1=0,\boldsymbol{W}(13)=\boldsymbol{W}(12)+\boldsymbol{X}_1=(-3,0,1)^{\mathrm{T}}$

$k=13,d(\boldsymbol{X}_2)=\boldsymbol{W}^{\mathrm{T}}(13)\boldsymbol{X}_2=1>0,\boldsymbol{W}(14)=\boldsymbol{W}(13)$

$k=14,d(\boldsymbol{X}_3)=\boldsymbol{W}^{\mathrm{T}}(14)\boldsymbol{X}_3=2>0,\boldsymbol{W}(15)=\boldsymbol{W}(14)$

$k=15,d(\boldsymbol{X}_4)=\boldsymbol{W}^{\mathrm{T}}(15)\boldsymbol{X}_4=2>0,\boldsymbol{W}(16)=\boldsymbol{W}(15)$

$k=16,d(\boldsymbol{X}_1)=\boldsymbol{W}^{\mathrm{T}}(16)\boldsymbol{X}_1=1>0,\boldsymbol{W}(17)=\boldsymbol{W}(16)$

从 $k=13\sim k=16$ 的结果可以看出，使用 $\boldsymbol{W}(13)$ 已经能对所有训练样本正确分类，也就是算法收敛于 $\boldsymbol{W}(13)$，$\boldsymbol{W}(13)$ 为解向量，即

$$W^* = (-3,0,1)^{\mathrm{T}}$$

对应的判别函数为

$$d(X) = W^{*\mathrm{T}}X = (-3,0,1)\begin{bmatrix} x_1 \\ x_2 \\ 1 \end{bmatrix} = -3x_1 + 1$$

决策面为 $d(X)=0$,也就是 $x_1=\dfrac{1}{3}$。

2. 感知器训练算法在多类问题中的应用

我们可以把感知器算法从两类问题推广到多类问题,对于 c 种类别建立 c 个判别函数 $d_i(X)=W_i^{\mathrm{T}}X(i=1,2,\cdots,c)$,如果样本 $X\in\omega_i$,则 $d_i(X)>d_j(X)(j=1,2,\cdots,c,i\neq j)$,因此有如下判别规则:

$$d_i(X) > d_j(X),\quad j=1,2,\cdots,c,i\neq j \Rightarrow X\in\omega_i$$

将感知器算法用到多类问题,其算法步骤如下。

(1) 分别赋给 c 个权向量 $W_i(i=1,2,\cdots,c)$ 任意的初值,选择正常数 ρ,把训练样本变为增广型模式向量,置 $k=0$。

(2) 输入训练样本 $X_t, X_t\in\{X_1,X_2,\cdots,X_n\}$,假定 $X_t\in\omega_i$。

(3) 计算 c 个判别函数值:$d_i(X_t)=W_i(k)^{\mathrm{T}}X_t, i=1,2,\cdots,c$。

(4) 修正权向量。修正规则如下。

若 $d_i(X_t)>d_j(X_t), j=1,2,\cdots,c,i\neq j$,则 $W_i(k+1)=W_i(k), i=1,2,\cdots,c$;

若 $d_l(X_t)\geqslant d_i(X_t), l=1,2,\cdots,c,i\neq j$,则 $\begin{cases} W_i(k+1)=W_i(k)+\rho X_t \\ W_l(k+1)=W_l(k)-\rho X_t \\ W_j(k+1)=W_j(k), j\neq i, j\neq l \end{cases}$

(5) 直到所有的权向量对所有训练样本都稳定不变时结束。否则令 $k=k+1$,返回(2)。只要模式样本线性可分,则算法迭代有限次后收敛。

【例 4.7】 已知三类训练样本:ω_1:$(0,0)^{\mathrm{T}}$,ω_2:$(1,1)^{\mathrm{T}}$,ω_3:$(-1,1)^{\mathrm{T}}$,试用感知器算法求解分类器权值向量 W_1^*, W_2^*, W_3^*。

【解】 将训练样本写成增广模式向量,有

$$X_1=(0,0,1)^{\mathrm{T}},\quad X_2=(1,1,1)^{\mathrm{T}},\quad X_3=(-1,1,1)^{\mathrm{T}}$$

$X_i(i=1,2,3)$ 的下标就是它所属类别,且没有一个样本乘以 -1,置 $k=0$,选 $\rho=1$。

取初始权向量

$$W_1(0)=(0,0,0)^{\mathrm{T}},\quad W_2(0)=(0,0,0)^{\mathrm{T}},\quad W_3(0)=(0,0,0)^{\mathrm{T}}$$

开始迭代:

$k=0, X_t=X_1\in\omega_1$,但 $d_1(X_1)=0, d_2(X_1)=0, d_3(X_1)=0, d_1(X_1)\leqslant d_2(X_1)$, $d_1(X_1)\leqslant d_3(X_1)$,所以

$$\begin{cases} W_1(1)=W_1(0)+X_1=(0,0,1)^{\mathrm{T}} \\ W_2(1)=W_2(0)-X_1=(0,0,-1)^{\mathrm{T}} \\ W_3(1)=W_3(0)-X_1=(0,0,-1)^{\mathrm{T}} \end{cases}$$

$k=1, X_t=X_2\in\omega_2$,但 $d_1(X_2)=1, d_2(X_2)=-1, d_3(X_2)=-1, d_1(X_2)>d_2(X_2)$,

$d_2(\boldsymbol{X}_2) \leqslant d_3(\boldsymbol{X}_2)$，所以

$$\begin{cases} \boldsymbol{W}_1(2) = \boldsymbol{W}_1(1) - \boldsymbol{X}_2 = (-1,-1,0)^{\mathrm{T}} \\ \boldsymbol{W}_2(2) = \boldsymbol{W}_2(1) + \boldsymbol{X}_2 = (1,1,0)^{\mathrm{T}} \\ \boldsymbol{W}_3(2) = \boldsymbol{W}_3(1) - \boldsymbol{X}_2 = (-1,-1,-2)^{\mathrm{T}} \end{cases}$$

$k=2, \boldsymbol{X}_t = \boldsymbol{X}_3 \in \omega_3$，但 $d_1(\boldsymbol{X}_3)=0, d_2(\boldsymbol{X}_3)=0, d_3(\boldsymbol{X}_3)=-2, d_3(\boldsymbol{X}_3)<d_1(\boldsymbol{X}_3)$，$d_3(\boldsymbol{X}_3)<d_2(\boldsymbol{X}_3)$，所以

$$\begin{cases} \boldsymbol{W}_1(3) = \boldsymbol{W}_1(2) - \boldsymbol{X}_3 = (0,-2,-1)^{\mathrm{T}} \\ \boldsymbol{W}_2(3) = \boldsymbol{W}_2(2) - \boldsymbol{X}_3 = (2,0,-1)^{\mathrm{T}} \\ \boldsymbol{W}_3(3) = \boldsymbol{W}_3(2) + \boldsymbol{X}_3 = (-2,0,-1)^{\mathrm{T}} \end{cases}$$

$k=3, \boldsymbol{X}_t = \boldsymbol{X}_1 \in \omega_1$，但 $d_1(\boldsymbol{X}_1)=-1, d_2(\boldsymbol{X}_1)=-1, d_3(\boldsymbol{X}_1)=-1, d_1(\boldsymbol{X}_1)\leqslant d_2(\boldsymbol{X}_1), d_1(\boldsymbol{X}_1)\leqslant d_3(\boldsymbol{X}_1)$，所以

$$\begin{cases} \boldsymbol{W}_1(4) = \boldsymbol{W}_1(3) + \boldsymbol{X}_1 = (0,-2,0)^{\mathrm{T}} \\ \boldsymbol{W}_2(4) = \boldsymbol{W}_2(3) - \boldsymbol{X}_1 = (2,0,-2)^{\mathrm{T}} \\ \boldsymbol{W}_3(4) = \boldsymbol{W}_3(3) - \boldsymbol{X}_1 = (-2,0,-2)^{\mathrm{T}} \end{cases}$$

$k=4, \boldsymbol{X}_t = \boldsymbol{X}_2 \in \omega_2$，但 $d_1(\boldsymbol{X}_2)=-2, d_2(\boldsymbol{X}_2)=0, d_3(\boldsymbol{X}_2)=-4, d_2(\boldsymbol{X}_t)>d_1(\boldsymbol{X}_t)$，$d_2(\boldsymbol{X}_t)>d_3(\boldsymbol{X}_t)$，所以

$$\begin{cases} \boldsymbol{W}_1(5) = \boldsymbol{W}_1(4) \\ \boldsymbol{W}_2(5) = \boldsymbol{W}_2(4) \\ \boldsymbol{W}_3(5) = \boldsymbol{W}_3(4) \end{cases}$$

$k=5, \boldsymbol{X}_t = \boldsymbol{X}_3 \in \omega_3$，但 $d_1(\boldsymbol{X}_3)=-2, d_2(\boldsymbol{X}_3)=-4, d_3(\boldsymbol{X}_3)=0, d_3(\boldsymbol{X}_t)>d_1(\boldsymbol{X}_t)$，$d_3(\boldsymbol{X}_3)>d_2(\boldsymbol{X}_3)$，所以

$$\begin{cases} \boldsymbol{W}_1(6) = \boldsymbol{W}_1(5) \\ \boldsymbol{W}_2(6) = \boldsymbol{W}_2(5) \\ \boldsymbol{W}_3(6) = \boldsymbol{W}_3(5) \end{cases}$$

$k=6, \boldsymbol{X}_t = \boldsymbol{X}_1 \in \omega_1$，但 $d_1(\boldsymbol{X}_1)=0, d_2(\boldsymbol{X}_1)=-2, d_3(\boldsymbol{X}_1)=-2, d_1(\boldsymbol{X}_1)>d_2(\boldsymbol{X}_1)$，$d_1(\boldsymbol{X}_1)>d_3(\boldsymbol{X}_1)$，因此可得到 3 个解向量

$$\boldsymbol{W}_1^* = \boldsymbol{W}_1(4),\quad \boldsymbol{W}_2^* = \boldsymbol{W}_2(4),\quad \boldsymbol{W}_3^* = \boldsymbol{W}_3(4)$$

对应的三个判别函数为

$$d_1(\boldsymbol{X}) = -2x_2,\quad d_2(\boldsymbol{X}) = 2x_1 - 2,\quad d_3(\boldsymbol{X}) = -2x_1 - 2$$

为了使所设计的线性分类器在性能上满足一定的要求，通常将这种要求表示成一种准则函数，通过优化准则函数来确定线性分类器中权向量。下面就来讨论该方法。

4.1.6 Fisher 线性判别函数

Fisher 线性判别函数是 Fisher 在 1936 年首先提出的一种线性判别方法。Fisher 准则基本原理是，如果 d 维空间的样本投影到一维坐标上，投影后的样本特征可能混杂在一起，难以区分样本所属的类别，但如果能寻找一个投影方向，使得样本集合在该投影方向上交叠最少，则可以较容易地从投影后的特征中区分出样本的类别，从而得到更好的分类效果。如

图 4-9 所示的两种不同类别的样本，显然对向量 $\boldsymbol{W}_2$ 的投影能使这两类样本有明显可分开的区域，而对向量 $\boldsymbol{W}_1$ 的投影，则使两类数据部分交叠在一起，无法找到一个能将它们截然分开的界面。

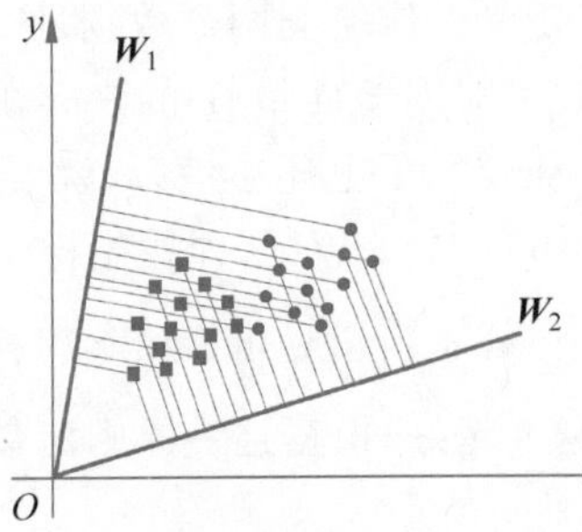

图 4-9　不同投影方向的分类效果示例

两类问题的 Fisher 准则

在 ω_i/ω_j 两类问题中，假定训练样本为 $\boldsymbol{X}_k\,(k=1,2,\cdots,N)$，其中类别 ω_i 有 N_i 个样本，类别 ω_j 有 N_j 个样本，$N=N_i+N_j$。ω_i 和 ω_j 的训练样本分别构成训练样本的子集 $\boldsymbol{\Omega}_i$ 和 $\boldsymbol{\Omega}_j$。以投影坐标向量 $\boldsymbol{W}$ 与原特征向量 $\boldsymbol{X}$ 做数量积，其表达式为

$$Y_k=\boldsymbol{W}^{\mathrm{T}}\boldsymbol{X}_k,\quad k=1,2,\cdots,N \tag{4-39}$$

相应地，$\boldsymbol{Y}_k$ 也构成两个子集 Ψ_i 和 Ψ_j。如果只考虑投影向量 $\boldsymbol{W}$ 的方向不考虑其长度，即默认其长度为单位 1，则 $\boldsymbol{Y}_k$ 即为 $\boldsymbol{X}_k$ 在 $\boldsymbol{W}$ 方向上的投影。Fisher 准则的目的就是寻找最优投影方向 $\boldsymbol{W}^*$，使得两类样本在投影之后尽可能分开。

分析图 4-9 中的两个投影方向，$\boldsymbol{W}_2$ 方向之所以比 $\boldsymbol{W}_1$ 方向优越，是因为 $\boldsymbol{W}_2$ 方向投影后的类间离散程度更大，而类内离散程度更小，因此可以归纳出这样一个准则，即投影向量 $\boldsymbol{W}$ 的方向选择应能使两类样本投影的均值之差尽可能大，而使类内样本的离散程度尽可能小，这就是 Fisher 准则函数的基本思想。为了将这个思想表示成为可计算的函数值，下面先定义一些基本参量。

样本在原始的 d 维特征空间，各类样本均值向量 $\boldsymbol{m}_k$ 定义为

$$\boldsymbol{m}_k=\frac{1}{N_k}\sum_{\boldsymbol{X}\in\boldsymbol{\Omega}_k}\boldsymbol{X},\quad k=i,j \tag{4-40}$$

样本类内离散度矩阵 $\boldsymbol{S}_k$ 与总类内离散度矩阵 $\boldsymbol{S}_{\mathrm{w}}$ 分别为

$$\boldsymbol{S}_k=\sum_{\boldsymbol{X}\in\boldsymbol{\Omega}_k}(\boldsymbol{X}-\boldsymbol{m}_k)(\boldsymbol{X}-\boldsymbol{m}_k)^{\mathrm{T}},\quad k=i,j \tag{4-41}$$

$$\boldsymbol{S}_{\mathrm{w}}=\boldsymbol{S}_i+\boldsymbol{S}_j \tag{4-42}$$

样本类间离散度矩阵 $\boldsymbol{S}_{\mathrm{b}}$ 为

$$\boldsymbol{S}_{\mathrm{b}}=(\boldsymbol{m}_i-\boldsymbol{m}_j)(\boldsymbol{m}_i-\boldsymbol{m}_j)^{\mathrm{T}} \tag{4-43}$$

类内离散度矩阵 $\boldsymbol{S}_k$ 在形式上与协方差矩阵很相似，但协方差矩阵是一种期望值，而类内离散度矩阵只是表示有限个样本在空间分布的离散程度。

同样，在一维 $\boldsymbol{Y}$ 空间各类样本均值 $\tilde{\boldsymbol{m}}_k$ 定义为

$$\tilde{\boldsymbol{m}}_k=\frac{1}{N_k}\sum_{\boldsymbol{Y}\in\boldsymbol{\Psi}_k}\boldsymbol{Y},\quad k=i,j \tag{4-44}$$

样本类内离散度 $\widetilde{\boldsymbol{S}}_k^2$ 和总类内离散度 $\widetilde{\boldsymbol{S}}_{\mathrm{w}}$ 分别为

$$\widetilde{\boldsymbol{S}}_k^2=\sum(\boldsymbol{Y}-\tilde{\boldsymbol{m}}_k)^2,\quad k=i,j \tag{4-45}$$

$$\widetilde{\boldsymbol{S}}_{\mathrm{w}}=\widetilde{\boldsymbol{S}}_i^2+\widetilde{\boldsymbol{S}}_j^2 \tag{4-46}$$

类间离散度为

$$\widetilde{\boldsymbol{S}}_{\mathrm{b}}=(\tilde{\boldsymbol{m}}_i-\tilde{\boldsymbol{m}}_j)^2=(\boldsymbol{W}^{\mathrm{T}}\boldsymbol{m}_1-\boldsymbol{W}^{\mathrm{T}}\boldsymbol{m}_2)(\boldsymbol{W}^{\mathrm{T}}\boldsymbol{m}_1-\boldsymbol{W}^{\mathrm{T}}\boldsymbol{m}_2)^{\mathrm{T}}=\boldsymbol{W}^{\mathrm{T}}\boldsymbol{S}_{\mathrm{b}}\boldsymbol{W} \tag{4-47}$$

定义一维空间两类数据的分布是为了描述样本空间的点投影到一维向量后的离散情况，也就是对某向量 $\boldsymbol{W}$ 的投影在 $\boldsymbol{W}$ 上的分布情况。

在定义了上述参量后，就可以用这些量给出 Fisher 准则的函数形式。根据 Fisher 选择投影方向 $\boldsymbol{W}$ 的原则，即原始样本向量在该方向上的投影，既能使类间分布尽可能分开，又能使类内样本投影尽可能密集。换言之，就是希望类内离散度 $\widetilde{\boldsymbol{S}}_{\mathrm{w}}$ 越小越好，而类间离散差度 $\widetilde{\boldsymbol{S}}_{\mathrm{b}}$ 越大越好，根据这一原则定义用以评价投影方向 $\boldsymbol{W}$ 的函数为

$$J_{\mathrm{F}}(\boldsymbol{W})=\frac{\widetilde{\boldsymbol{S}}_{\mathrm{b}}}{\widetilde{\boldsymbol{S}}_{\mathrm{w}}}=\frac{(\tilde{\boldsymbol{m}}_i-\tilde{\boldsymbol{m}}_j)^2}{\widetilde{\boldsymbol{S}}_i^2+\widetilde{\boldsymbol{S}}_j^2} \tag{4-48}$$

这个函数称为 Fisher 准则函数。但是式(4-48)并不是 $\boldsymbol{W}$ 的显函数，需进一步将其化为 $\boldsymbol{W}$ 的显函数。为此需对 $\tilde{\boldsymbol{m}}_i,\tilde{\boldsymbol{m}}_j$ 等项进一步演化，有

$$\tilde{\boldsymbol{m}}_k=\frac{1}{N_k}\sum_{\boldsymbol{Y}\in\boldsymbol{\Psi}_k}\boldsymbol{Y}=\frac{1}{N_k}\sum_{\boldsymbol{X}\in\boldsymbol{\Omega}_k}\boldsymbol{W}^{\mathrm{T}}\boldsymbol{X}=\boldsymbol{W}^{\mathrm{T}}\boldsymbol{m}_k,\quad k=i,j$$

$$\widetilde{\boldsymbol{S}}_{\mathrm{b}}=(\tilde{\boldsymbol{m}}_i-\tilde{\boldsymbol{m}}_j)^2=(\boldsymbol{W}^{\mathrm{T}}\boldsymbol{m}_i-\boldsymbol{W}^{\mathrm{T}}\boldsymbol{m}_j)^2=\boldsymbol{W}^{\mathrm{T}}\boldsymbol{S}_{\mathrm{b}}\boldsymbol{W} \tag{4-49}$$

同样，$\widetilde{\boldsymbol{S}}_k^2$ 也可推出与 $\boldsymbol{W}$ 的关系：

$$\begin{aligned}\widetilde{\boldsymbol{S}}_k^2&=\sum_{\boldsymbol{Y}\in\boldsymbol{\Psi}_k}(\boldsymbol{Y}-\tilde{\boldsymbol{m}}_k)^2=\sum_{\boldsymbol{X}\in\boldsymbol{\Omega}_k}(\boldsymbol{W}^{\mathrm{T}}\boldsymbol{X}-\boldsymbol{W}^{\mathrm{T}}\boldsymbol{m}_k)^2\\&=\boldsymbol{W}^{\mathrm{T}}\left[\sum(\boldsymbol{X}-\boldsymbol{m}_k)(\boldsymbol{X}-\boldsymbol{m}_k)^{\mathrm{T}}\right]\boldsymbol{W}=\boldsymbol{W}^{\mathrm{T}}\boldsymbol{S}_k\boldsymbol{W},\quad k=i,j\end{aligned} \tag{4-50}$$

因此

$$\widetilde{\boldsymbol{S}}_{\mathrm{w}}=\widetilde{\boldsymbol{S}}_i^2+\widetilde{\boldsymbol{S}}_j^2=\boldsymbol{W}^{\mathrm{T}}(\boldsymbol{S}_i+\boldsymbol{S}_j)\boldsymbol{W}=\boldsymbol{W}^{\mathrm{T}}\boldsymbol{S}_{\mathrm{w}}\boldsymbol{W} \tag{4-51}$$

则 $J_{\mathrm{F}}(\boldsymbol{W})$ 可表示为

$$J_{\mathrm{F}}(\boldsymbol{W})=\frac{\boldsymbol{W}^{\mathrm{T}}\boldsymbol{S}_{\mathrm{b}}\boldsymbol{W}}{\boldsymbol{W}^{\mathrm{T}}\boldsymbol{S}_{\mathrm{w}}\boldsymbol{W}} \tag{4-52}$$

根据 Fisher 准则函数的意义，$J_{\mathrm{F}}(\boldsymbol{W})$ 取最大值时对应的 $\boldsymbol{W}$ 即最优投影向量 $\boldsymbol{W}^*$。而式(4-52)的求解可以采用拉格朗日乘子计算，保持式(4-52)分母为一非零常数 c 的条件下，求其分子项的极大值，对应的拉格朗日函数可设定为

$$L(\boldsymbol{W},\lambda)=\boldsymbol{W}^{\mathrm{T}}\boldsymbol{S}_{\mathrm{b}}\boldsymbol{W}-\lambda(\boldsymbol{W}^{\mathrm{T}}\boldsymbol{S}_{\mathrm{w}}\boldsymbol{W}-c) \tag{4-53}$$

通过把拉格朗日函数 $L(\boldsymbol{W},\lambda)$ 分别对 $\boldsymbol{W}$ 及乘子 λ 求导，并令导数为 0 来求解 $\boldsymbol{W}$。这里对向量的求导(或偏导)的定义为

$$\frac{\partial L(\boldsymbol{W},\lambda)}{\partial\boldsymbol{W}}=\begin{bmatrix}\dfrac{\partial L}{\partial\boldsymbol{W}_1}\\[2mm]\dfrac{\partial L}{\partial\boldsymbol{W}_2}\\[2mm]\dfrac{\partial L}{\partial\boldsymbol{W}_3}\\\vdots\end{bmatrix} \tag{4-54}$$

式中，λ 为拉格朗日乘子，$\boldsymbol{W}_i(i=1,2,\cdots)$ 为向量 $\boldsymbol{W}$ 的分量。

由拉格朗日算法对式(4-53)求 $\boldsymbol{W}$ 的偏导数，且令其为零，求得 $\boldsymbol{W}^*$。

$$\frac{\partial L(\boldsymbol{W},\lambda)}{\partial \boldsymbol{W}}=\boldsymbol{S}_{\mathrm{b}}\boldsymbol{W}^{*}-\lambda\boldsymbol{S}_{\mathrm{w}}\boldsymbol{W}^{*}=0 \tag{4-55}$$

则有

$$\boldsymbol{S}_{\mathrm{b}}\boldsymbol{W}^{*}=\lambda\boldsymbol{S}_{\mathrm{w}}\boldsymbol{W}^{*} \tag{4-56}$$

当 $\boldsymbol{S}_{\mathrm{w}}$ 非奇异时，将式(4-56)两边乘以 $\boldsymbol{S}_{\mathrm{w}}^{-1}$ 得

$$\boldsymbol{S}_{\mathrm{w}}^{-1}\boldsymbol{S}_{\mathrm{b}}\boldsymbol{W}^{*}=\lambda\boldsymbol{W}^{*} \tag{4-57}$$

矩阵非奇异即该矩阵可逆，式(4-57)是个求矩阵 $\boldsymbol{S}_{\mathrm{w}}^{-1}\boldsymbol{S}_{\mathrm{b}}$ 特征值的问题。利用式(4-43)对 $\boldsymbol{S}_{\mathrm{b}}$ 的定义，得

$$\boldsymbol{S}_{\mathrm{b}}\boldsymbol{W}^{*}=(\boldsymbol{m}_{i}-\boldsymbol{m}_{j})(\boldsymbol{m}_{i}-\boldsymbol{m}_{j})^{\mathrm{T}}\boldsymbol{W}^{*} \tag{4-58}$$

式中，$(\boldsymbol{m}_{i}-\boldsymbol{m}_{j})^{\mathrm{T}}\boldsymbol{W}^{*}$ 是一个标量，可用数值 R 表示。则式(4-58)可写成 $\boldsymbol{S}_{\mathrm{b}}\boldsymbol{W}^{*}=(\boldsymbol{m}_{i}-\boldsymbol{m}_{j})R$，代入式(4-57)可得

$$\boldsymbol{W}^{*}=\frac{R}{\lambda}\boldsymbol{S}_{\mathrm{w}}^{-1}(\boldsymbol{m}_{i}-\boldsymbol{m}_{j}) \tag{4-59}$$

实际上，我们关心的只是向量 $\boldsymbol{W}^{*}$ 的方向，其数值大小对分类器没有影响。因此在忽略了数值因子 $\frac{R}{\lambda}$ 后，可得

$$\boldsymbol{W}^{*}=\boldsymbol{S}_{\mathrm{w}}^{-1}(\boldsymbol{m}_{i}-\boldsymbol{m}_{j}) \tag{4-60}$$

式(4-60)为使用 Fisher 准则求最佳法线向量的解，这种形式的运算可称为线性变换。其中，$\boldsymbol{S}_{\mathrm{w}}^{-1}$ 是 $\boldsymbol{S}_{\mathrm{w}}$ 的逆矩阵，$(\boldsymbol{m}_{i}-\boldsymbol{m}_{j})$ 是 d 维向量，$\boldsymbol{S}_{\mathrm{w}}$ 和 $\boldsymbol{S}_{\mathrm{w}}^{-1}$ 都是大小为 $d\times d$ 的矩阵，得到的解 $\boldsymbol{W}^{*}$ 也是一个 d 维的向量。向量 $\boldsymbol{W}^{*}$ 就是使 Fisher 准则函数 $J_{\mathrm{F}}(\boldsymbol{W})$ 达到极大值，也就是在 Fisher 准则下，将样本从 d 维空间投影到一维特征空间的最佳投影方向，该向量 $\boldsymbol{W}^{*}$ 的各分量值是对原 d 维样本向量求加权和的权值。

从式(4-60)可以看出，最佳投影方向是由 $(\boldsymbol{m}_{i}-\boldsymbol{m}_{j})$ 和 $\boldsymbol{S}_{\mathrm{w}}^{-1}$ 共同决定的。向量 $(\boldsymbol{m}_{i}-\boldsymbol{m}_{j})$ 体现了两类均值在变换后距离最远，但 Fisher 准则既要求两类类间距离较大，又要求两类类内密集程度较高，因此只向 $(\boldsymbol{m}_{i}-\boldsymbol{m}_{j})$ 方向投影是不够的，需根据两类样本的分布离散程度对投影方向做相应的调整，这就体现在对 $(\boldsymbol{m}_{i}-\boldsymbol{m}_{j})$ 向量按 $\boldsymbol{S}_{\mathrm{w}}^{-1}$ 做一线性变换，使 Fisher 准则函数达到极值点。

以上讨论了线性判别函数加权向量 $\boldsymbol{W}$ 的确定方法，给出使 Fisher 准则函数极大的 d 维向量 $\boldsymbol{W}^{*}$ 的计算方法，但在类别的判别中还需要确定一个阈值点 $\boldsymbol{Y}_{0}$，当满足下面的不等式时，即

$$\begin{cases}\boldsymbol{W}^{\mathrm{T}}\boldsymbol{X}>\boldsymbol{Y}_{0}\Rightarrow\boldsymbol{X}\in\omega_{i}\\ \boldsymbol{W}^{\mathrm{T}}\boldsymbol{X}<\boldsymbol{Y}_{0}\Rightarrow\boldsymbol{X}\in\omega_{j}\end{cases} \tag{4-61}$$

样本的类别属性即可确定，一般可采用以下几种方法确定 $\boldsymbol{Y}_{0}$。一种简单的方法是把判别阈值取在两个类心在 $\boldsymbol{W}$ 投影连线的中点，即

$$\boldsymbol{Y}_{0}=\frac{\tilde{\boldsymbol{m}}_{i}+\tilde{\boldsymbol{m}}_{j}}{2} \tag{4-62}$$

或者以类的频率为权值的两类中心的加权算术平均作为判别阈值：

$$\boldsymbol{Y}_{0}=\frac{N_{i}\tilde{\boldsymbol{m}}_{i}+N_{j}\tilde{\boldsymbol{m}}_{j}}{N_{i}+N_{j}}=\tilde{\boldsymbol{m}} \tag{4-63}$$

或当 $p(\omega_i)$ 与 $p(\omega_j)$ 已知时，则有

$$\boldsymbol{Y}_0=\left[\frac{\tilde{m}_i+\tilde{m}_j}{2}+\frac{\ln[p(\omega_i)/p(\omega_j)]}{N_i+N_j-2}\right] \tag{4-64}$$

在实际工作中还可以对 $\boldsymbol{Y}_0$ 进行逐次修正的方式，选择不同的 $\boldsymbol{Y}_0$ 值，计算其对训练样本集的错误率，找到错误率较小的 $\boldsymbol{Y}_0$ 值。式(4-62)中只考虑采用均值连线中点作为阈值点，相当于贝叶斯决策中先验概率 $p(\omega_i)$ 与 $p(\omega_j)$ 相等的情况，而式(4-63)与式(4-64)则是以不同方式考虑 $p(\omega_i)$ 与 $p(\omega_j)$ 不等的影响，以减小先验概率不等时的错误率。其中式(4-63)以样本的不同数量 N_i 与 N_j 来估计 $p(\omega_i)$ 与 $p(\omega_j)$。

注意：如果 $\boldsymbol{m}_i=\boldsymbol{m}_j$，$\boldsymbol{W}^*=0$，则样本线性不可分；$\boldsymbol{m}_i\neq\boldsymbol{m}_j$，未必线性可分；$\boldsymbol{S}_\mathrm{w}$ 不可逆，未必不可分。

综上所述，当 $\boldsymbol{W}^*=\boldsymbol{S}_\mathrm{w}^{-1}(\boldsymbol{m}_i-\boldsymbol{m}_j)$ 时，用 Fisher 线性判别式求解向量 $\boldsymbol{W}^*$ 的步骤如下：

(1) 把来自两类 ω_i/ω_j 的训练样本集 $\boldsymbol{X}$ 分成 ω_i 和 ω_j 两个子集 $\boldsymbol{\Omega}_i$ 和 $\boldsymbol{\Omega}_j$。

(2) 计算各类样本均值向量 $\boldsymbol{m}_k=\frac{1}{N_k}\sum_{\boldsymbol{X}\in\boldsymbol{\Omega}_k}\boldsymbol{X}, k=i,j$。

(3) 计算各类的类内离散度矩阵 $\boldsymbol{S}_k=\sum_{\boldsymbol{X}\in\boldsymbol{\Omega}_k}(\boldsymbol{X}-\boldsymbol{m}_i)(\boldsymbol{X}-\boldsymbol{m}_i)^\mathrm{T}, k=i,j$。

(4) 计算类内总离散度矩阵 $\boldsymbol{S}_\mathrm{w}=\boldsymbol{S}_i+\boldsymbol{S}_j$。

(5) 计算 $\boldsymbol{S}_\mathrm{w}$ 的逆矩阵 $\boldsymbol{S}_\mathrm{w}^{-1}$。

(6) 由 $\boldsymbol{W}^*=\boldsymbol{S}_\mathrm{w}^{-1}(\boldsymbol{m}_i-\boldsymbol{m}_j)$ 求解 $\boldsymbol{W}^*$。

以上所研究的问题是针对确定性模式分类器的训练，实际上，Fisher 的线性判别式对于随机模式也是适用的。Fisher 方法可直接求解权向量 $\boldsymbol{W}^*$；但对线性不可分的情况，Fisher 方法无法确定分类。Fisher 方法也可以推广到多类问题中去。

4.2 非线性判别函数

4.2.1 非线性判别函数与分段线性判别函数

在实际应用中，样本在特征空间的分布较为复杂，在这些情况下采用线性判别函数不能取得满意的分类效果。例如，不同类别的模式分布类域互相交错，或者某些类别的类域不是单连通，或者某一模式的类域中有另一模式的类域占据的孔洞。这时采用线性判别函数往往会产生大量的错分，而采用非线性判别函数则会取得较好的分类效果。例如对如图 4-10 所示的两类物体在二维特征空间的分布，采用线性判别函数就无法取得满意的分类效果。如果采用分段线性判别或二次函数判别等方法，效果就会好得多。与一般超曲面相比，分段线性判别函数是最为简单的形式，是非线性判别函数情况下最为常用的形式。除此之外，二次判别函数也是常用的非线性判别函数。以下只讨论有关分段线性判别函数设计中的一些基本问题。

与线性判别函数相比，分段线性判别函数设计中首先要解决的问题是分段线性判别函数的分段数问题，显然这是一个与样本集分布有关的问题。分段数过少，就如图 4-10 中用一个线性判别函数(段数为 1)的情况，其分类效果必然要差；但段数又要尽可能少，以免分

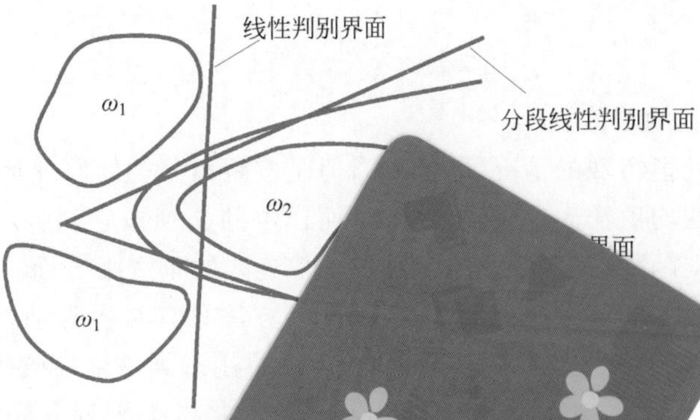

图 4-10　两……

类判别函数过于复杂,增加分类决……一类样本可以用若干个子类来描述,这些子类……多数情况下,样本分布及合适子类划分并不知道……样本划分成相对密集的子类,然后用各种方法……章进行讨论,这一章主要讨论在样本分布及子……别函数的问题,着重讨论几种典型的设计原理……

假设样本整体有……分为若干个子类,即

$$\cdots, c$$

分段线性……

$$\cdots_i, i=1,2,\cdots,c \tag{4-65}$$

式中,d_i^l(……类所具有的判别函数个数,$\boldsymbol{W}_i^l$ 与 w_{i0}^l 分别是……

$$\cdots\max_{\cdots,2,\cdots,l_i} d_i^l(\boldsymbol{X}) \tag{4-66}$$

则相……

$$\cdots\max_{\cdots,2,\cdots,c} d_i(\boldsymbol{X}) \Rightarrow \boldsymbol{X} \in \omega_j \tag{4-67}$$

分类的决策面……策域,如第 i 类的第 n 个子类与第 j 类的第 m 个子类相邻,则由它们共同……方程为

$$d_i^n(\boldsymbol{X}) = d_j^m(\boldsymbol{X}) \tag{4-68}$$

当每一类的样本数据在特征空间中的分布呈复杂分布时,使用线性判别函数就会产生很差的效果,如果能将它们分割成子集,而每个子集在空间聚集成团,那么子集与子集的线性划分就可以取得比较好的效果。因此,分段线性判别的主要问题是如何将数据划分成子集的问题,这是第 5 章着重讨论的内容。

4.2.2　基于距离的分段线性判别函数

前面章节曾讨论过在正态分布条件下,两类别问题在各特征统计独立、同方差、先验概率相等情况下,最小错误率决策可按最小距离决策,即

$$\begin{cases} \| \boldsymbol{X}-\boldsymbol{\mu}_1 \|^2 - \| \boldsymbol{X}-\boldsymbol{\mu}_2 \|^2 < 0 \Rightarrow \boldsymbol{X} \in \omega_1 \\ \| \boldsymbol{X}-\boldsymbol{\mu}_1 \|^2 - \| \boldsymbol{X}-\boldsymbol{\mu}_2 \|^2 > 0 \Rightarrow \boldsymbol{X} \in \omega_2 \end{cases} \tag{4-69}$$

式中，$\boldsymbol{\mu}_1$ 与 $\boldsymbol{\mu}_2$ 为各类的均值。

尽管这是在一种很特殊的情况下得到的，但是按距离分类的原理是可以推广的，即把各类别样本特征向量的均值作为各类的代表点，而样本的类别按它到各类别代表点的最小距离划分。在这种判别函数中，决策面是两类别均值连线的垂直平分面。图 4-11 所示为一个二维特征空间的最小距离分类器。显然，这种判别方法只有在各类别密集地分布在其均值附近时才有效。对于如图 4-12 所示的情况，若企图再用每类一个均值代表点产生最小距离分类器，就会产生很明显的错误。在这种情况下，可以将各类别划分成相对密集的子类，每个子类以它们的均值作为代表点，然后按最小距离分类，在如图 4-12 所示的情况下可以取得比较满意的效果。

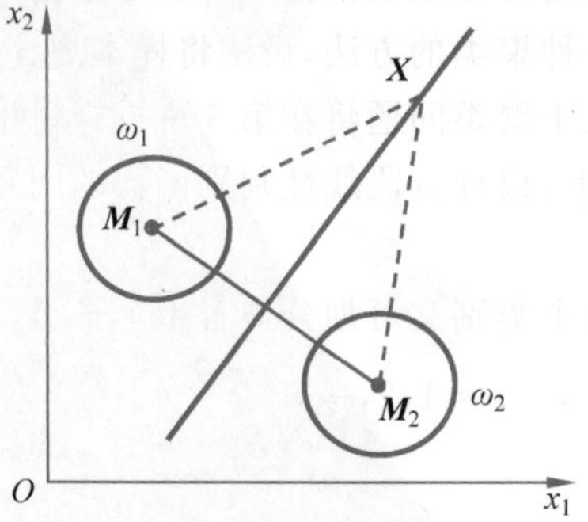

图 4-11　二维特征空间的最小距离分类器示例

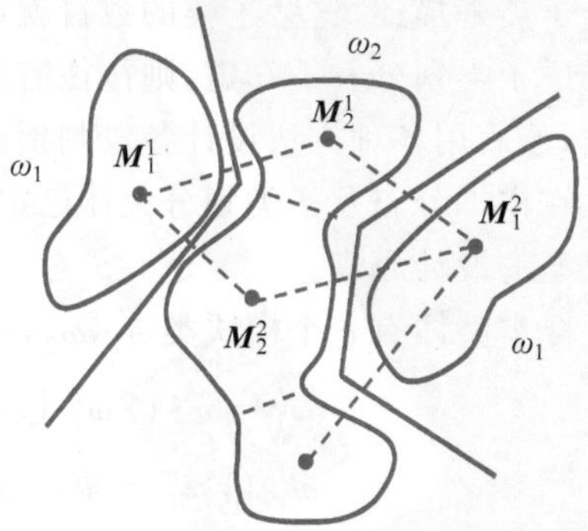

图 4-12　分段线性距离分类器示例

第 10 集
微课视频

归纳起来，如果对于 ω_i 有 l_i 个子类，则有 l_i 个代表点，或者说把属于 ω_i 的决策域 R_i 分成 l_i 个子域，即 $R_i=\{R_i^1,R_i^2,\cdots,R_i^{l_i}\}$，对每个子区域均值用 $\boldsymbol{M}_i^l$ 表示，并以此作为该子区域的代表点，则判别函数定义为

$$d_i(\boldsymbol{X}) = \min_{l=1,2,\cdots,l_i} \| \boldsymbol{X}-\boldsymbol{M}_i^l \|^2 \tag{4-70}$$

式中，$\boldsymbol{M}_i^l$ 为 i 类第 l 个子类的中心。

相应的判别规则为

$$d_j(\boldsymbol{X}) = \min_{i=1,2,\cdots,c} d_i(\boldsymbol{X}) \Rightarrow \boldsymbol{X} \in \omega_j \tag{4-71}$$

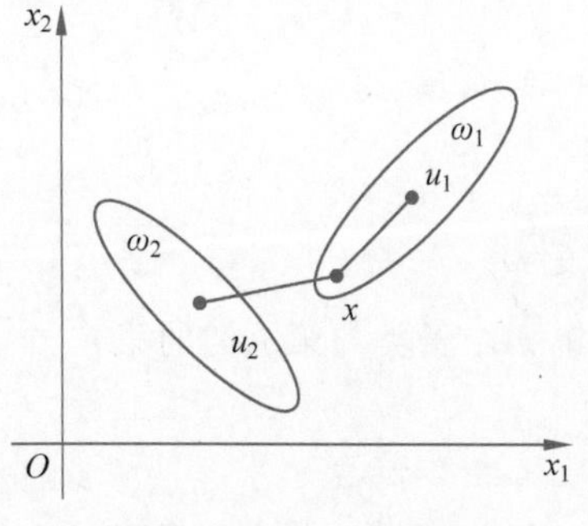

图 4-13　最小距离分类示例

这种分类器称为分段线性距离分类器。显然，对样本进行子类的合适划分是分段线性距离分类器性能好坏的一个关键问题。如对图 4-13 所示的情况按最小距离计算，就会将原来 ω_2 类的 $\boldsymbol{X}$ 决策成 ω_1 类，如不对 ω_2 类进行子类划分，或采用别的决策就不会取得好的效果。

4.3　支持向量机

第 2 章讨论了贝叶斯决策模型，传统的贝叶斯决策模型学习的目标是将期望风险最小化，在实际应用中，往往采用经验风险最小化来代替期望风险最小化。从理论上来讲，只有当训练样本趋向无穷大时,经验风险代替期望风险才具有合理性。当样本量有限时,尤其是面对小样本问题时,经验风险最小化在分类模型的学习的应用中并不成功。具体表现就是常见的过学习问题,即在很多情况下,尽管模型的训练误差很小,但其预测效果并不好,也就是模型的推广能力差。过学习现象的出现,一方面是由于样本量不够大,另一方面是学习机器设计不合理。合理的机器学习模型需要在有限样本情况下,取得学习精度和推广能力的平衡,而建立在结构风险最小化基础上的统计学习理论,为解决小样本问题提供了新的思路。支持向量机(Support Vector Machine,SVM)就是在这一理论基础上发展起来的一种新的机器学习方法。

4.3.1 线性可分情况

支持向量机是一种监督式学习的方法,可广泛地应用于统计分类以及回归分析。Vapnik 及其合作者于 1995 年首先提出支持向量机这一概念。它在解决小样本、非线性及高维模式识别中表现出许多特有的优势,并能够推广应用到函数拟合等其他机器学习问题中。这种分类器的特点是,能够同时最小化经验误差与最大化几何边缘区,因此支持向量机也被称为最大边缘区分类器。

SVM 的思路是:由于两类别训练样本线性可分,因此在两个类别的样本集之间存在一个隔离带。对一个二维空间的问题如图 4-14 所示。其中,用圆形和矩形符号分别表示第一类和第二类训练样本,H 是将两类分开的分界面,而 H_1 和 H_2 与 H 平行,H 是其平分面,H_1 上的样本是第一类样本距 H 最近的点,H_2 的样本则是第二类样本距 H 的最近点,由于这两种样本点很特殊,处在隔离带的边缘上,称为支持向量,它们决定了这个隔离带的宽度。

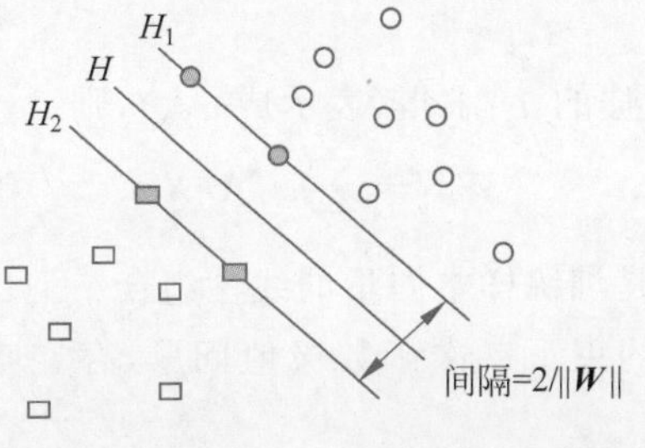

图 4-14 样本集之间存在一个隔离带的二维空间示意图

从图 4-14 中可以看出,能把两类分开的分界面并不止 H 这一个,如果改变 H 的方向,则根据 H_1 和 H_2 与 H 平行这一条件,H_1 和 H_2 的方向也随之改变,这样一来,H_1 与 H_2 之间的间隔(两条平行线的垂直距离)会发生改变。显然,使 H_1 与 H_2 之间间隔最大的分界面 H 是最合理的选择,因此最大间隔准则就是支持向量机的学习准则。将训练样本集表示成 $\{\boldsymbol{X}_i,\boldsymbol{Y}_i\}i=1,2,\cdots,N$,其中,$\boldsymbol{X}_i$ 为 d 维特征向量,$\boldsymbol{Y}_i\in\{-1,1\}$ 表示样本所属的类别。为了将最大间隔准则具体化,需要用数学式表达,对于分界面 H 表示为

$$\boldsymbol{W}^{\mathrm{T}}\boldsymbol{X}_i+w_0=0 \tag{4-72}$$

并且令

$$\begin{cases}\boldsymbol{W}^{\mathrm{T}}\boldsymbol{X}_i+w_0\geqslant 1, & \boldsymbol{Y}_i=1\\ \boldsymbol{W}^{\mathrm{T}}\boldsymbol{X}_i+w_0\leqslant -1, & \boldsymbol{Y}_i=-1\end{cases} \tag{4-73}$$

对在 H_1 与 H_2 平面上的点,负样本乘以−1,可合并为

$$\boldsymbol{Y}_i(\boldsymbol{W}^{\mathrm{T}}\boldsymbol{X}_i+w_0)\geqslant 1 \tag{4-74}$$

显然,H_1 平面到坐标原点的距离为 $(-w_0+1)/\|\boldsymbol{W}\|$,而 H_2 则为 $(-w_0-1)/\|\boldsymbol{W}\|$,故 H_1 到 H_2 的间隔为 $2/\|\boldsymbol{W}\|$,即与 $\|\boldsymbol{W}\|$ 成反比。因此欲使分界面的间隔最大,则应使 $\|\boldsymbol{W}\|$ 最小,同时需要满足式(4-74)的约束条件,可改写成大于零的不等式,求最优分类面的问题转换为式(4-75)优化问题:

$$\begin{aligned}&\min\Psi(\boldsymbol{W})=\frac{1}{2}\|\boldsymbol{W}\|^2=\frac{1}{2}(\boldsymbol{W}^{\mathrm{T}}\cdot\boldsymbol{W})\\&\text{s.t.}\quad \boldsymbol{Y}_i(\boldsymbol{W}^{\mathrm{T}}\boldsymbol{X}_i+w_0)-1\geqslant 0\end{aligned} \tag{4-75}$$

式(4-75)为一个约束条件为不等式的条件极值问题,s.t.表示约束条件,可引入扩展的拉格朗日乘子法进行求解。定义如下的拉格朗日函数:

$$L(\boldsymbol{W},a)=\frac{1}{2}\|\boldsymbol{W}\|^2-\sum_{i=1}a_i(\boldsymbol{Y}_i(\boldsymbol{W}^{\mathrm{T}}\boldsymbol{X}_i+w_0)-1) \tag{4-76}$$

由于式(4-76)中的目标函数是二次函数,而约束条件中为线性函数,根据拉格朗日理论,该问题存在唯一解,且其充分必要条件为

$$\frac{\partial L(\boldsymbol{W},a)}{\partial \boldsymbol{W}}=\boldsymbol{W}-\sum_{i=1}a_i\boldsymbol{Y}_i\boldsymbol{X}_i=0 \tag{4-77}$$

$$\frac{\partial L(\boldsymbol{W},a)}{\partial w_0}=\sum_{i=1}a_i\boldsymbol{Y}_i=0 \tag{4-78}$$

以及

$$\boldsymbol{Y}_i(\boldsymbol{W}^{\mathrm{T}}\boldsymbol{X}_i+w_0)-1\geqslant 0 \tag{4-79}$$

$$a_i\geqslant 0 \tag{4-80}$$

从式(4-77)可以看出,只要最佳的 a_i 求得(表示成 a_i^*),则

$$\boldsymbol{W}^*=\sum_{i=1}a_i^*\boldsymbol{Y}_i\boldsymbol{X}_i \tag{4-81}$$

即最优分类面的权系数向量是训练样本向量的线性组合。

式(4-76)是一个不等式约束下二次函数极值问题,存在唯一解,且优化问题的解必须满足

$$a_i[\boldsymbol{Y}_i(\boldsymbol{W}^{\mathrm{T}}\boldsymbol{X}_i+w_0)-1]=0 \tag{4-82}$$

为了求出最佳的 a_i,在拉格朗日理论中引入一种对偶函数,其构造方法是对 $L(\boldsymbol{W},a)$ 分别求 $\boldsymbol{W}$ 及 w_0 的偏微分,并置零,然后再代回到式(4-76)中,从而得到

$$L_{\mathrm{D}}=\sum_{i=1}^{N}a_i-\frac{1}{2}\sum_{i,j=1}^{N}a_ia_j\boldsymbol{Y}_i\boldsymbol{Y}_j<\boldsymbol{X}_i\cdot\boldsymbol{X}_j> \tag{4-83}$$

可证明式(4-83)极大值的解就是式(4-76)的条件极小值,因此由式(4-83)可求得各个最佳值 a_i^*,代入式(4-81)即可得到 $\boldsymbol{W}^*$,在 $\boldsymbol{W}$ 确定之后,也可利用式(4-82)对某个 $a_i\neq 0$ 的数据求出 ω_0 值。

4.3.2 线性不可分情况

4.3.1节讨论的是线性可分条件下的最优线性分界面的计算方法。对于线性不可分的

情况，为了实行对错分量的控制，可以采用增加一个松弛量 $\xi_i(\xi_i \geqslant 0)$，此时可将式(4-73)改写为

$$\begin{cases} \boldsymbol{W}^{\mathrm{T}}\boldsymbol{X}_i + w_0 \geqslant 1 - \xi_i, & \boldsymbol{Y}_i = 1 \\ \boldsymbol{W}^{\mathrm{T}}\boldsymbol{X}_i + w_0 \leqslant -1 + \xi_i, & \boldsymbol{Y}_i = -1 \end{cases} \tag{4-84}$$

或合并写为

$$\boldsymbol{Y}_i(\boldsymbol{W}^{\mathrm{T}}\boldsymbol{X}_i + w_0) - 1 + \xi_i \geqslant 0 \tag{4-85}$$

有了缓冲量的定义后，我们可以通过要求缓冲量的总和或缓冲量平方的总和等为最小的方式，实现对错分类数量的控制。因此，目标函数中除了包含使 $\|\boldsymbol{W}\|^2$ 为极小 这一目标外，还要包含 $\sum \xi_i$ 或 $\sum \xi_i^2$ 的项，此时的优化问题为

$$\min \Psi(\boldsymbol{W}) = \frac{1}{2}\|\boldsymbol{W}\|^2 + c\sum_{i=1}\xi_i$$

$$\text{s. t} \quad \boldsymbol{Y}_i(\boldsymbol{W}^{\mathrm{T}}\boldsymbol{X}_i + w_0) - 1 + \xi_i \geqslant 0 \tag{4-86}$$

此时，求解的目标函数发生了变化，但使用拉格朗日乘子方法的框架不变，仍然可以采用 4.3.1 节所讨论的方法。

对于线性不可分的情况，还可以采用特制映射方法来解决，其原理如图 4-15 所示，其中图 4-15(a)表示的是在原特征空间两类需要非线性分界面的情况，而图 4-15(b)则表示采用特征映射后，样本 $\boldsymbol{X}$ 在新的特征空间中表示成 $\phi(\boldsymbol{x})$，而两类样本之间的分界面可以采用线性分界面方程的情况。

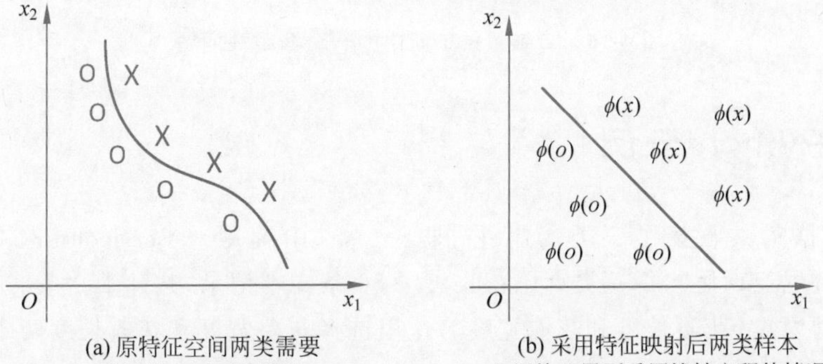

(a) 原特征空间两类需要非线性分界面的情况　(b) 采用特征映射后两类样本之间的分界面采用线性方程的情况

图 4-15 特制映射方法原理示意图

如果将原特征向量用映射的方式转换成 $\boldsymbol{X}_i \rightarrow f(\boldsymbol{X}_i)$，则分类界面方程为

$$\sum_{i=1}^{n} a_i^* \boldsymbol{Y}_i < f(\boldsymbol{X}_i) \cdot f(\boldsymbol{X}) > + w_0^* = 0 \tag{4-87}$$

式中，w_0^* 为相应的常数项。

另外，如果能确定某种函数 $K(\boldsymbol{X}_i, \boldsymbol{X})$ 的确是 $\boldsymbol{X}_i$ 与 $\boldsymbol{X}$ 这两个样本数据某种映射的内积(比点积更广泛一些，点积只是内积的一种)，就可用它来设计支持向量机，而不必知道对应哪一个函数 $f(*)$。因此支持向量机采用了巧妙的特征映射方法，将线性分类计算框架扩展到非线性分类的领域。相应的分类界面方程为

$$\sum_{i=1}^{n} a_i^* \boldsymbol{Y}_i \boldsymbol{K}(\boldsymbol{X}_i, \boldsymbol{X}) + w_0^* = 0 \tag{4-88}$$

在理论上已对核函数的充分必要条件进行了研究，并得出一些主要结论(如 Mercer 条

件),但由于这些成果还不能具体地确定哪些函数具备这种条件,因此目前常用的核函数仍局限于以下三种函数形式。

(1) 多项式类型的函数:

$$K(\boldsymbol{X},\boldsymbol{X}_i)=[<\boldsymbol{X}\cdot\boldsymbol{X}_i>+1]^q \tag{4-89}$$

(2) 核函数形式的函数:

$$K(\boldsymbol{X},\boldsymbol{X}_i)=\exp\left(-\frac{|\boldsymbol{X}-\boldsymbol{X}_i|^2}{\sigma^2}\right) \tag{4-90}$$

(3) S 形函数:

$$K(\boldsymbol{X},\boldsymbol{X}_i)=\tanh(v<\boldsymbol{X}_i\cdot\boldsymbol{X}>+c) \tag{4-91}$$

如图 4-16 所示为二维数据空间中的一个非线性问题,采用二次多项式核,通过映射,数据在三维映射空间中线性可分。

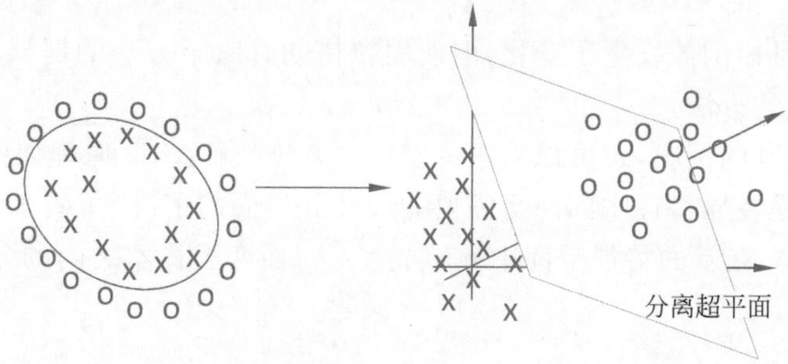

图 4-16 二维数据空间中的一个非线性问题

第 11 集
微课视频

4.4 Python 示例

鸢尾花数据集共收集了三类鸢尾花,即 Setosa(山鸢尾)、Versicolour(变色鸢尾)和 Virginica(维吉尼亚鸢尾),每一类鸢尾花收集了 50 条样本记录,共计 150 条。有 4 个属性:花萼长度、花萼宽度、花瓣长度和花瓣宽度。这里选择花萼宽度和花瓣长度两个特征运用感知器算法对它们进行分类。

程序如下:

```
import numpy as np
import matplotlib.pyplot as plt
from sklearn import datasets
from sklearn.model_selection import train_test_split

iris = datasets.load_iris()          # 加载鸢尾花数据集
irisFeature = iris.data              # 鸢尾花数据集及其属性
irisTarget = iris.target             # 鸢尾花数据集的标签

# 选择前两种鸢尾花的第二个及第三个特征进行实验,即花萼宽度和花瓣长度
x = irisFeature[irisTarget < 2, 1:3]
y = irisTarget[irisTarget < 2]
for i in range(len(y)):
    if y[i] == 0:
```

```
        y[i] = -1           # 将第一种鸢尾花的标签从 0 改成 -1,便于分类计算
# 将数据集进行训练集和测试集划分
x_train, x_test, y_train, y_test = train_test_split(x, y, test_size=0.25, random_state=
100)

# 构建判别函数
def fsign(x, w, b):
    y = np.dot(x, w) + b
    return y

def train(x_train, y_train):
    iterations = 150          # 迭代次数为 150
    w = [0, 0]                # 初始化权重
    b = 0                     # 初始化偏置
    l_rate = 0.01             # 初始化学习率
    for i in range(iterations):
        for d in range(len(x_train)):
            X = x_train[d]
            y = y_train[d]
            if y * fsign(X, w, b) <= 0:
                w = w + l_rate * np.dot(y, X)  # 更新权重
                b = b + l_rate * y             # 更新偏置
    return w, b                                # 训练得到权重和偏置

def test(x_test, y_test, weight, b):
    wrong = 0
    for d in range(len(x_test)):                # 遍历所有测试样本
        X = x_test[d]
        y = y_test[d]
        if y * fsign(X, weight, b) <= 0:
            wrong += 1
    acc = 1 - wrong / len(x_test)     # 计算正确率
    return acc

weight, b = train(x_train, y_train)
print("输出权重:", weight, "偏置:", b)
acc = test(x_test, y_test, weight, b)
print(f"准确率为:{acc * 100}%")
```

运行结果:

```
输出权重:[-0.044 0.049] 偏置: -0.01
准确率为:100.0%
```

绘图程序:

```
a = -weight[0] / weight[1]          # 分界线斜率
xx = np.linspace(1.5, 5)
yy = a * xx - b / weight[1]         # 分界线

plt.figure(figsize=(7,5),dpi=100)
for i in range(len(y)):
    if irisTarget[i] == 1:
        plt.scatter(irisFeature[i, 1], irisFeature[i, 2], c="r", marker="v")
```

```
    else:
        plt.scatter(irisFeature[i, 1], irisFeature[i, 2], c = "g", marker = "8")
plt.plot(xx, yy)              # 绘制分界线
plt.xlabel('花萼宽度')
plt.ylabel('花瓣长度')
plt.show() # 绘制分类图
```

运行结果如图 4-17 所示。

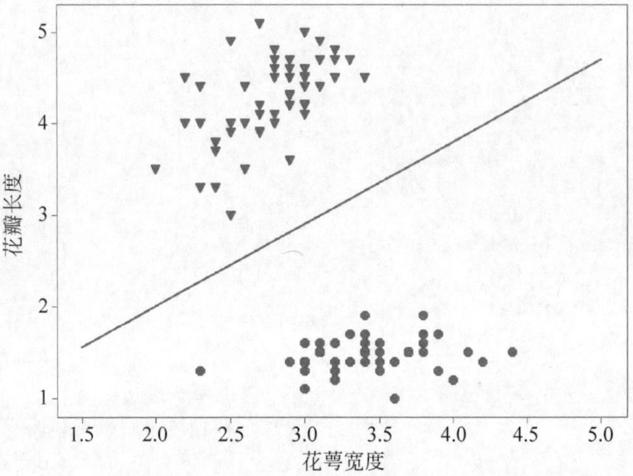

图 4-17 运行结果

本章主要讨论了线性分类器以及作为设计依据的一些准则函数。对非线性分类器则着重讨论分段线性判别函数的基本概念与基本做法。值得注意的是，这些准则的"最优"并不一定与错误率最小相一致。使用非参数分类判别方法进行分类器设计主要包含两个步骤：一是确定使用的判别函数类型或决策面方程类型，如线性分类器、分段线性分类器、非线性分类器等；二是选取合适的算法确定判别函数的参数。Fisher 准则是传统模式识别方法中的典型方法，它强调将线性方程中的法向量与样本的乘积看作样本向量在单位法向量上的投影，如能做到不同类的样本在法向量上的投影呈现类内聚集、类间分开的效果，则对减少分类错误有利。如何找到最好的直线方向，如何实现向最好方向投影的变换，是 Fisher 方法要解决的基本问题。这个投影变换就是我们寻求的解向量 $\boldsymbol{W}^*$。支持向量机可以构造一个或者多个超平面，在分类时，将决策面(超平面)放置在这样的一个位置，可使得两类或各类中接近这个位置的点的距离都最远。通过核函数，可以使得支持向量机对非线性可分的任务进行分类。支持向量机在解决小样本、非线性及高维模式识别中表现出许多特有的优势，并能够推广应用到函数拟合等其他机器学习问题中。

习题及思考题

4.1 设五维空间的线性方程为

$$55x_1 + 68x_2 + 32x_3 + 16x_4 + 26x_5 + 10 = 0$$

试求出其权向量与样本向量点积的表达式 $\boldsymbol{W}^{\mathrm{T}}\boldsymbol{X}_i + w_0 = 0$ 中的 $\boldsymbol{W}$ 和 w_0。

4.2 题 4.1 中的公式是一个五维空间的超平面，试求该平面到坐标原点的法向距离。

4.3 设在三维空间中一个类别分类问题拟采用二次曲面。如欲采用广义线性方程求解。试求其广义样本向量与广义权向量的表达式，并判断其维数是多少？

4.4 证明引入余量 b 之后，新的解区 $\boldsymbol{W}^{\mathrm{T}}\boldsymbol{X}_i \geqslant b\,(i=1,2,\cdots)$ 位于原解区 $\boldsymbol{W}^{\mathrm{T}}\boldsymbol{X}_i \geqslant 0$ $(i=1,2,\cdots)$ 之中，且与原解区边界之间的距离为 $b/\|\boldsymbol{X}_i\|$。

4.5 设两类样本的类内离散度矩阵分别为

$$\boldsymbol{S}_1=\begin{bmatrix}1 & 0.5\\0.5 & 1\end{bmatrix},\quad \boldsymbol{S}_2=\begin{bmatrix}1 & -0.5\\-0.5 & 1\end{bmatrix},\quad \boldsymbol{m}_1=[2,0]^{\mathrm{T}},\quad \boldsymbol{m}_2=[2,2]^{\mathrm{T}}$$

试用 Fisher 准则求其决策面方程。

4.6 什么是支持向量机的最优分类面？支持向量机的主要优点是什么？

第 5 章 聚类分析

CHAPTER 5

俗话说“物以类聚，人以群分”，这句话实际上就反映了聚类分析的基本思想。一般来说，数据集根据其客观属性可分为若干个自然类，每个自然类中的数据的一些属性都具有较强的相似性。聚类分析是基于这种思想而建立的一种数据描述方法。在第 2 章中为了获取判别模型的参数，需要由带有类别标签的数据组成训练样本集，但在实际应用中，常常会遇到因条件限制无法得到训练样本集，只是要求对已获取的大量未知类别数据，根据这些数据中的特性进行分类。在模式识别系统中，我们称这种算法为聚类算法。聚类算法把彼此特征相似的数据归入同一类，而把特征不相似的数据分到不同的类中，而且在分类中不需要用训练样本进行学习，所以也称为无监督分类。

第 12 集
微课视频

5.1 模式相似性测度

在贝叶斯判决中，为了求得后验概率，需要已知先验概率和类条件概率。由于条件概率通常也未知，就需要用训练样本去对概率密度进行估计。在实际应用中，这一过程往往非常困难。聚类分析避免了估计类概率密度的困难，每个聚类中心都是局部密度极大值位置，越靠近聚合中心，密度越高；越远离聚合中心，密度越小。聚类算法把特征相似性的样本聚集为一个类别，在特征空间里占据着一个局部区域。每个局部区域都形成一个聚类中心，聚类中心代表相应类别。如图 5-1 所示为具有相同的平均值和协方差矩阵的数据集，无论采用参数估计，还是非参数估计，都无法取得合理的结果，而采用聚类分析，从图中可以直观看出图 5-1(a)具有一个类别，图 5-1(b)和图 5-1(c)各有两个类别。

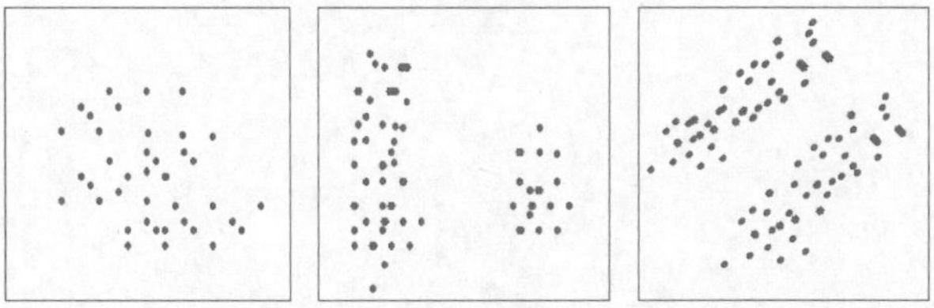

(a) 一个类别　　(b) 两个类别1　　(c) 两个类别2

图 5-1 具有相同的平均值和协方差矩阵的数据集

特征选择是聚类分析的关键因素，选取不同的特征，聚类的结果可能不同。如图 5-2(a)所示为混合训练样本集；根据样本的面积大小可分成三类的情况，如图 5-2(b)所示；根据外形特征分成三类的情况，如图 5-2(c)所示；根据线型分成两类的情况，如图 5-2(d)所示。可以想象，属于不同类别的样本，它们之间必然存在某些特征显著不同。如果在聚类分析中，未把不同类的样本区分开来，可能是因为特征选择不当，没有选取标志类别显著差别的特征，这时应当重新选择特征。特征选择不当不仅可能会使聚类性能下降，甚至会使聚类完全无效。特征较少可能会使特征向量包含的分类信息太少，特征太多又会使特征之间产生信息冗余，都会直接影响聚类的结果。因此，特征选择也成了聚类分析中最困难的环节之一。关于特征选择的方法，我们将在第 6 章详细介绍。

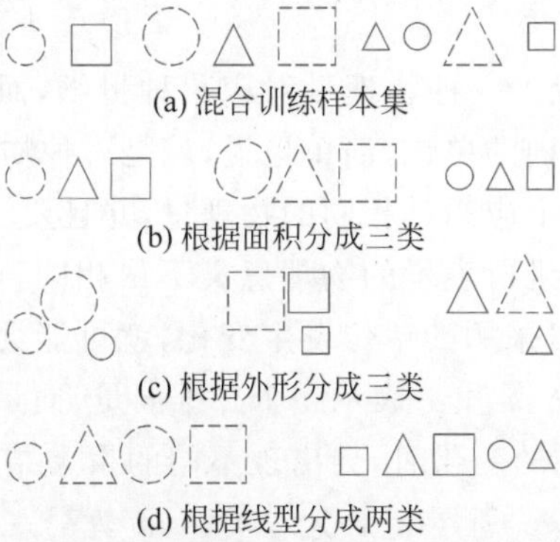

图 5-2 聚类分析的结果与特征的选取的关系示例

实际应用中，对已知样本集 $\boldsymbol{X}^{(N)}=\{\boldsymbol{X}_1,\boldsymbol{X}_2,\cdots,\boldsymbol{X}_N\}$，是按某种相似性把 $\boldsymbol{X}$ 分类，衡量样本相似性的方法对聚类结果同样也有很大的影响。为了能区分样本的类别，首先需要定义模式相似性的测度。

5.1.1 距离测度

若一个样本模式被表示成特征向量，则对应于特征空间的一个点。当样本特征选择恰当，也即同类样本特征相似，不同类样本的特征显著不同时，同类样本就会聚集在一个区域，不同类样本相对远离。显然，样本点在特征空间的距离直接反映了相应样本所属类别，可以作为样本相似性度量。距离越近，相似性越大，属于同一类的可能性就越大；距离越远，相似性越小，属于同一类的可能性就越小。聚类分析中，最常用的就是距离相似性测度。实际应用中，有各种各样距离的定义，下面我们给出距离定义应满足的条件。

设已知 3 个样本，它们分别为 $\boldsymbol{X}_i=(x_{i1},x_{i2},\cdots,x_{id})^{\mathrm{T}}$、$\boldsymbol{X}_j=(x_{j1},x_{j2},\cdots,x_{jd})^{\mathrm{T}}$ 和 $\boldsymbol{X}_k=(x_{k1},x_{k2},\cdots,x_{kd})^{\mathrm{T}}$。其中，$d$ 为特征空间的维数，向量 $\boldsymbol{X}_i$ 和 $\boldsymbol{X}_j$ 的距离以及 $\boldsymbol{X}_i$ 和 $\boldsymbol{X}_k$ 的距离分别记为 $D(\boldsymbol{X}_i,\boldsymbol{X}_j)$ 和 $D(\boldsymbol{X}_i,\boldsymbol{X}_k)$，对任意两向量的距离定义应满足下面的公理：

(1) $D(\boldsymbol{X}_i,\boldsymbol{X}_j)\geqslant 0$，当且仅当 $\boldsymbol{X}_i=\boldsymbol{X}_j$ 时，等号成立。

(2) $D(\boldsymbol{X}_i,\boldsymbol{X}_j)=D(\boldsymbol{X}_j,\boldsymbol{X}_i)$。

(3) $D(\boldsymbol{X}_i,\boldsymbol{X}_j)\leqslant D(\boldsymbol{X}_j,\boldsymbol{X}_k)+D(\boldsymbol{X}_i,\boldsymbol{X}_k)$。

需要指出，模式识别中定义的某些距离测度不满足第 3 个条件，只是在广义上称为距离。下面给出距离测度的几种具体算式。

1. 欧氏距离

$$D_{\mathrm{e}}(\boldsymbol{X}_i,\boldsymbol{X}_j)=\|\boldsymbol{X}_i-\boldsymbol{X}_j\|=\sqrt{\sum_{k=1}^{d}|x_{ik}-x_{jk}|^2} \tag{5-1}$$

根据 $D_{\mathrm{e}}(\boldsymbol{X}_1,\boldsymbol{X}_2)$的定义,通过选择合适的门限 d_{s},可以判决 $\boldsymbol{X}_1$ 和 $\boldsymbol{X}_2$ 是否为同一类别。当 $D_{\mathrm{e}}(\boldsymbol{X}_1,\boldsymbol{X}_2)$小于门限 d_{s} 时,表示 $\boldsymbol{X}_1$ 和 $\boldsymbol{X}_2$ 属于同一类别,反之,则属于不同类别。这里门限 d_{s} 的选取非常关键,若 d_{s} 选择过大,则全部样本被归为同一类别;若 d_{s} 选取过小,则可能造成每个样本都单独构成一个类别。必须正确选择门限值以保证正确分类。实际应用中还需注意以下两点。

(1) 模式特征向量的构成。一种物理量对应一种量纲,而一种量纲一般有不同的单位制式,每种单位制式下又有不同的单位,简单地说,就是一种物理量对应着一个具体的单位。对于各特征向量,对应的维度上应当是相同的物理量,并且要注意物理量的单位。

通常,特征向量中的每一维所表示的物理意义不尽相同,如 x_1 表示周长,x_2 表示面积等。如果某些维度上的物理量采用的单位发生变化,就可能会导致相同样本集出现不同的聚类结果。如图 5-3 所示,a、b、c 和 d 表示 4 个二维向量,向量的两个分量 x_1、x_2 均表示长度,当 x_1、x_2 的单位发生不同的变化时,会出现不同的聚类结果。如图 5-3(b)所示 a,b 为一类,c,d 为另一类,如图 5-3(c)所示 a,c 为一类,b,d 为另一类。由此可见,坐标轴的简单缩放就能引起样本点的重新聚类。

(2) 在实际应用中,可以采用特征数据标准化方法对原始特征进行预处理,使其与变量的单位无关。此时所描述的点是一种相对的位置关系,只要样本点间的相对位置关系不变,就不会影响聚类结果。例如,对图 5-3(b)和图 5-3(c)中的数据标准化后,4 个点的相对位置关系总是和图 5-3(a)相同。

需要指出的是,并不是所有的标准化都是合理的。如果数据散布恰恰是由于类别差异引起的,标准化反而会引起错误的聚类结果。因此,在聚类之前是否应进行标准化处理,建立在对数据各维度物理量充分研判的基础上。

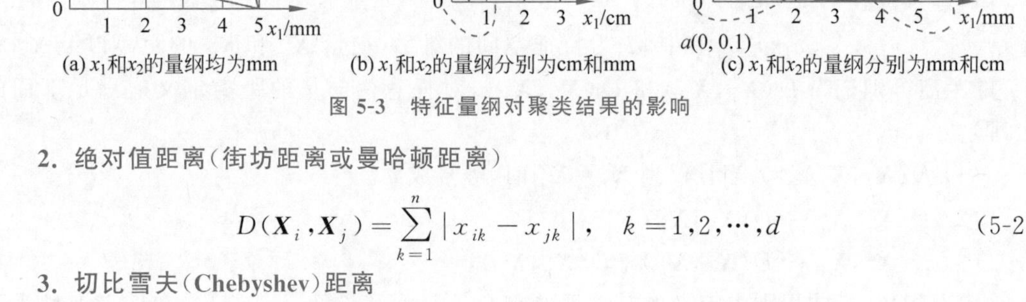

(a) x_1和x_2的量纲均为mm (b) x_1和x_2的量纲分别为cm和mm (c) x_1和x_2的量纲分别为mm和cm

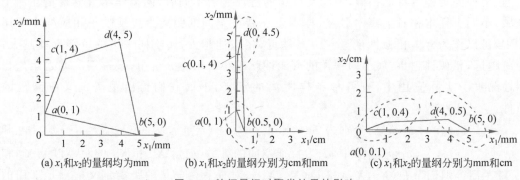

图 5-3 特征量纲对聚类结果的影响

2. 绝对值距离(街坊距离或曼哈顿距离)

$$D(\boldsymbol{X}_i,\boldsymbol{X}_j)=\sum_{k=1}^{n}|x_{ik}-x_{jk}|,\quad k=1,2,\cdots,d \tag{5-2}$$

3. 切比雪夫(Chebyshev)距离

$$D(\boldsymbol{X}_i,\boldsymbol{X}_j)=\max|x_{ik}-x_{jk}|,\quad k=1,2,\cdots,d \tag{5-3}$$

4. 闵可夫斯基(Minkowski)距离

$$D_\lambda(\boldsymbol{X}_i,\boldsymbol{X}_j)=\left[\sum_{k=1}^{d}|x_{ik}-x_{jk}|^\lambda\right]^{\frac{1}{\lambda}},\quad \lambda>0\quad k=1,2,\cdots,d \tag{5-4}$$

它是若干距离函数的通式：当 $\lambda=2$ 时，等于欧氏距离；当 $\lambda=1$ 时，称为“街坊”(City Block)距离。

5. 马哈拉诺比斯(Mahalanobis)距离

设 n 维向量 $\boldsymbol{X}_i$ 是向量集 $\{\boldsymbol{X}_1,\boldsymbol{X}_2,\cdots,\boldsymbol{X}_N\}$ 中的一个向量，其马哈拉诺比斯距离的平方定义为

$$D^2(\boldsymbol{X}_i,\boldsymbol{\mu})=(X_i-\boldsymbol{\mu})^{\mathrm{T}}\boldsymbol{\Sigma}^{-1}(\boldsymbol{X}_i-\boldsymbol{\mu}) \tag{5-5}$$

式中，$\boldsymbol{\Sigma}=\dfrac{1}{N-1}\sum\limits_{i=1}^{N}(\boldsymbol{X}_i-\boldsymbol{\mu})(\boldsymbol{X}_i-\boldsymbol{\mu})^{\mathrm{T}}$，$\boldsymbol{\mu}=\dfrac{1}{N}\sum\limits_{i=1}^{N}X_i$。

容易证明，马哈拉诺比斯距离对一切非奇异线性变换都是不变的，即具有坐标系比例、旋转、平移不变性，并且从统计意义上尽量去掉了分量间的相关性。这说明它不受特征量纲选择的影响。另外，由于 $\boldsymbol{\Sigma}$ 的含义是这个向量集的协方差阵的统计量，所以马哈拉诺比斯距离对特征的相关性也做了考虑。当 $\boldsymbol{\Sigma}$ 为单位矩阵时，马哈拉诺比斯距离和欧氏距离是等价的。

【例 5.1】 已知二维正态母体 G 的分布为

$$N\left(\begin{bmatrix}0\\0\end{bmatrix},\begin{bmatrix}1 & 0.9\\0.9 & 1\end{bmatrix}\right)$$

求点 $\boldsymbol{A}=[1,1]^{\mathrm{T}}$ 和 $\boldsymbol{B}=[1,-1]^{\mathrm{T}}$ 至均值点 $\boldsymbol{\mu}=[0,0]^{\mathrm{T}}$ 的马哈拉诺比斯距离和欧氏距离。

【解】 由题设，可得

$$\boldsymbol{\Sigma}=\begin{bmatrix}1 & 0.9\\0.9 & 1\end{bmatrix},\quad \boldsymbol{\Sigma}^{-1}=\frac{1}{0.19}\begin{bmatrix}1 & -0.9\\-0.9 & 1\end{bmatrix}$$

从而马哈拉诺比斯距离

$$D^2(A,\boldsymbol{\mu})=[1,1]\,\boldsymbol{\Sigma}^{-1}\begin{bmatrix}1\\1\end{bmatrix}=\frac{0.2}{0.19}$$

$$D^2(B,\boldsymbol{\mu})=[1,-1]\,\boldsymbol{\Sigma}^{-1}\begin{bmatrix}1\\-1\end{bmatrix}=\frac{3.8}{0.19}$$

点 B 是点 A 的 $\sqrt{19}$ 倍，若用欧氏距离，算得的距离值相同，均为 $\sqrt{2}$。由分布函数知，A 和 B 两点的概率密度分别为 $p(1,1)=0.2157$ 和 $p(1,-1)=0.00001658$。

6. 堪培拉(Canberra)距离(兰氏距离)

$$D(\boldsymbol{X}_i,\boldsymbol{X}_j)=\sum_{k=1}^{n}\frac{|x_{ik}-x_{jk}|}{|x_{ik}+x_{jk}|},\quad (x_{ik},x_{jk}\geqslant 0,x_{ik}+x_{jk}\neq 0) \tag{5-6}$$

该距离能克服量纲引起的问题，但不能克服分量间的相关性。

5.1.2 相似测度

与距离测度不同，相似测度考虑两向量的方向是否相近，向量长度并不重要。如果两样本点在特征空间的方向越接近，则两样本点划归为同一类别的可能性越大。下面给出相似测度的几种定义。

1. 角度相似系数(夹角余弦)

样本 $\boldsymbol{X}_i$ 与 $\boldsymbol{X}_j$ 之间的角度相似性度量定义为它们之间夹角的余弦,也是单位向量之间的点积(内积)即

$$S(\boldsymbol{X}_i,\boldsymbol{X}_j)=\cos\theta=\frac{\boldsymbol{X}_i^{\mathrm{T}}\boldsymbol{X}_j}{\|\boldsymbol{X}_i\|\cdot\|\boldsymbol{X}_j\|} \tag{5-7}$$

$|S(\boldsymbol{X}_i,\boldsymbol{X}_j)|\leqslant 1$,$S(\boldsymbol{X}_i,\boldsymbol{X}_j)$越大,$\boldsymbol{X}_i$ 与 $\boldsymbol{X}_j$ 越相似;当 $\boldsymbol{X}_i=\boldsymbol{X}_j$ 时,$S(\boldsymbol{X}_i,\boldsymbol{X}_j)$达到最大值。因向量长度已规格化,$S(\boldsymbol{X}_i,\boldsymbol{X}_j)$对于坐标系的旋转及放大、缩小是不变的,但对位移和一般性的线性变换不具有不变性。当 $\boldsymbol{X}_i$ 与 $\boldsymbol{X}_j$ 的各特征为(0,1)二元取值时,$S(\boldsymbol{X}_i,\boldsymbol{X}_j)$的意义如下:①若模式样本的第 i 维特征取值为1,则该样本占有第 i 维特征;②若模式样本的第 i 维特征取值为0,则该样本无此维特征。此时,$\boldsymbol{X}_i^{\mathrm{T}}\boldsymbol{X}_j$ 表示 $\boldsymbol{X}_i$ 与 $\boldsymbol{X}_j$ 两个样本中共有的特征数目。$S(\boldsymbol{X}_i,\boldsymbol{X}_j)$反映 $\boldsymbol{X}_i$ 与 $\boldsymbol{X}_j$ 共有的特征数目的相似性度量。$S(\boldsymbol{X}_i,\boldsymbol{X}_j)$越大,共有特征数目越多,相似性越高。

2. 相关系数

相关系数定义为数据中心化后的向量夹角余弦,即

$$R(\boldsymbol{X},\boldsymbol{Y})=\frac{(\boldsymbol{X}-\boldsymbol{\mu}_X)^{\mathrm{T}}(\boldsymbol{Y}-\boldsymbol{\mu}_Y)}{[(\boldsymbol{X}-\boldsymbol{\mu}_X)^{\mathrm{T}}(\boldsymbol{X}-\boldsymbol{\mu}_X)(\boldsymbol{Y}-\boldsymbol{\mu}_Y)^{\mathrm{T}}(\boldsymbol{Y}-\boldsymbol{\mu}_Y)]^{1/2}} \tag{5-8}$$

式中,$\boldsymbol{X}=(x_1,x_2,\cdots,x_d)$,$\boldsymbol{Y}=(y_1,y_2,\cdots,y_d)$分别为两个数据集的样本,$\boldsymbol{\mu}_X$ 和 $\boldsymbol{\mu}_Y$ 分别为这两个数据集的平均向量。

相关系数对于坐标系的平移、旋转和尺度缩放具有不变性。

3. 指数相似系数

已知样本 $\boldsymbol{X}_i=(x_{i1},x_{i2},\cdots,x_{id})$、$\boldsymbol{X}_j=(x_{j1},x_{j2},\cdots,x_{jd})$,其指数相似系数定义为

$$E(\boldsymbol{X}_i,\boldsymbol{X}_j)=\frac{1}{d}\sum_{k=1}^{d}\exp\left[-\frac{3(x_{ik}-x_{jk})^2}{4\sigma_k}\right] \tag{5-9}$$

式中,σ_k^2 为相应分量的协方差,d 为向量维数。

4. 其他相似测度

当样本 $\boldsymbol{X}_i=(x_{i1},x_{i2},\cdots,x_{id})$、$\boldsymbol{X}_j=(x_{j1},x_{j2},\cdots,x_{jd})$各特征值非负时,还可定义下列相似系数:

$$S_1(\boldsymbol{X}_i,\boldsymbol{X}_j)=\frac{\sum\limits_{k=1}\min(x_{ik},x_{jk})}{\sum\limits_{k=1}\max(x_{ik},x_{jk})} \tag{5-10}$$

$$S_2(\boldsymbol{X}_i,\boldsymbol{X}_j)=\frac{\sum\limits_{k=1}\min(x_{ik},x_{jk})}{\frac{1}{2}\sum\limits_{k=1}(x_{ik}+x_{jk})} \tag{5-11}$$

$$S_3(\boldsymbol{X}_i,\boldsymbol{X}_j)=\frac{\sum\limits_{k=1}\min(x_{ik},x_{jk})}{\sum\limits_{k=1}\sqrt{x_{ik}x_{jk}}} \tag{5-12}$$

上述相似性系数,均可作为样本相似测度。当两个样本 $\boldsymbol{X}_i$ 与 $\boldsymbol{X}_j$ 越相似时,$S(\boldsymbol{X}_i,\boldsymbol{X}_j)$

的值越大；当 $\boldsymbol{X}_i$ 与 $\boldsymbol{X}_j$ 相等时，其值为1。

5.1.3　匹配测度

当 $\boldsymbol{X}_i$ 与 $\boldsymbol{X}_j$ 的各特征为(0,1)二元取值时，我们称之为二值特征。对于给定的二值特征向量 $\boldsymbol{X}_i=(x_{i1},x_{i2},\cdots,x_{id})$ 和 $\boldsymbol{X}_j=(x_{j1},x_{j2},\cdots,x_{jd})$，根据它们两个相应分量 x_{ik} 与 x_{jk} 的取值，可定义如下四种匹配关系：若 $x_{ik}=1$ 和 $x_{jk}=1$，则称 x_{ik} 与 x_{jk} 是(1-1)匹配；若 $x_{ik}=1$ 和 $x_{jk}=0$，则称 x_{ik} 与 x_{jk} 是(1-0)匹配；若 $x_{ik}=0$ 和 $x_{jk}=1$，则称 x_{ik} 与 x_{jk} 是(0-1)匹配；若 $x_{ik}=0$ 和 $x_{jk}=0$，则称 x_{ik} 与 x_{jk} 是(0-0)匹配。令

$$a=\sum_{i=1}x_i y_i \quad b=\sum_{i=1}y_i(1-x_i) \quad c=\sum_{i=1}x_i(1-y_i) \quad e=\sum_{i=1}(1-x_i)(1-y_i)$$

则 a、b、c、e 分别表示 $\boldsymbol{X}_i$ 与 $\boldsymbol{X}_j$ 的(1-1)、(0-1)、(1-0)和(0-0)的匹配特征数目。对于二值 d 维特征向量可定义如下相似性测度。

(1) 谷本(Tanimoto)测度：

$$S_{\mathrm{t}}(\boldsymbol{X}_i,\boldsymbol{X}_j)=\frac{a}{a+b+c}=\frac{\boldsymbol{X}_i^{\mathrm{T}}\boldsymbol{X}_j}{\boldsymbol{X}_i^{\mathrm{T}}\boldsymbol{X}_i+\boldsymbol{X}_j^{\mathrm{T}}\boldsymbol{X}_j-\boldsymbol{X}_i^{\mathrm{T}}\boldsymbol{X}_j} \tag{5-13}$$

可以看出，$S_{\mathrm{t}}(\boldsymbol{X},\boldsymbol{Y})$ 等于 $\boldsymbol{X}$ 和 $\boldsymbol{Y}$ 共同具有的特征数目与 $\boldsymbol{X}$ 和 $\boldsymbol{Y}$ 分别具有的特征种类总数之比。这里只考虑(1-1)匹配而不考虑(0-0)匹配。

(2) Rao 测度：

$$S_{\mathrm{r}}(\boldsymbol{X}_i,\boldsymbol{X}_j)=\frac{a}{a+b+c+e}=\frac{\boldsymbol{X}_i^{\mathrm{T}}\boldsymbol{X}_j}{d} \tag{5-14}$$

上式等于(1-1)匹配特征数目和所选用的特征数目之比。

(3) 简单匹配系数：

$$M(\boldsymbol{X}_i,\boldsymbol{X}_j)=\frac{a+e}{d} \tag{5-15}$$

这时，匹配系数分子为(1-1)匹配特征数目与(0-0)匹配特征数目之和，分母为所考虑的特征数目。

(4) Dice 系数：

$$M_{\mathrm{D}}(\boldsymbol{X}_i,\boldsymbol{X}_j)=\frac{a}{2a+b+c}=\frac{\boldsymbol{X}_i^{\mathrm{T}}\boldsymbol{X}_j}{\boldsymbol{X}_i^{\mathrm{T}}\boldsymbol{X}_i+\boldsymbol{X}_j^{\mathrm{T}}\boldsymbol{X}_j} \tag{5-16}$$

(5) Kulzinsky 系数：

$$M_{\mathrm{K}}(\boldsymbol{X}_i,\boldsymbol{X}_j)=\frac{a}{b+c}=\frac{\boldsymbol{X}_i^{\mathrm{T}}\boldsymbol{X}_j}{\boldsymbol{X}_i^{\mathrm{T}}\boldsymbol{X}_i+\boldsymbol{X}_j^{\mathrm{T}}\boldsymbol{X}_j-2\boldsymbol{X}_i^{\mathrm{T}}\boldsymbol{X}_j} \tag{5-17}$$

上式分子为(1-1)匹配特征数目，分母为(1-0)和(0-1)匹配特征数目之和，即不匹配特征数目之和。

【例 5.2】　已知两样本 $\boldsymbol{X}_1=(010110)^{\mathrm{T}}$，$\boldsymbol{X}_2=(001110)^{\mathrm{T}}$，求其 Tanimoto 测度。

【解】

$$\boldsymbol{X}_1^{\mathrm{T}}\boldsymbol{X}_2=2,\boldsymbol{X}_1^{\mathrm{T}}\boldsymbol{X}_1=3,\boldsymbol{X}_2^{\mathrm{T}}\boldsymbol{X}_2=3$$

$$S_{\mathrm{t}}(\boldsymbol{X}_1,\boldsymbol{X}_2)=\frac{2}{3+3-2}=\frac{1}{2}=0.5$$

上面从不同角度给出了许多样本相似性测度的定义，各种相似性测度有其特点和适用

的条件，在实际使用时应根据具体问题进行选择。建立了模式相似性测度之后，两个样本的相似程度就可量化了，据此便可以进行聚类分析。

5.2 类间距离测度方法

在有些聚类算法中要用到类间距离，下面给出一些类间距离定义方式。

5.2.1 最短距离法

如 H、K 是两个聚类，则两类间的最短距离定义为

$$D_{HK}=\min\{D(\boldsymbol{X}_H,\boldsymbol{X}_K)\},\quad \boldsymbol{X}_H\in H,\boldsymbol{X}_K\in K$$

式中，$D(\boldsymbol{X}_H,\boldsymbol{X}_K)$表示 H 类中的某个样本$\boldsymbol{X}_H$ 和 K 类中的某个样本$\boldsymbol{X}_K$ 之间的欧氏距离。D_{HK} 表示 H 类中所有样本与 K 类中所有样本之间的最小距离，如图 5-4(a)所示。如果 K 类由 I 和 J 两类合并而成，如图 5-4(b)所示，则得到递推公式：

$$D_{HK}=\min\{D_{HI},D_{HJ}\} \tag{5-18}$$

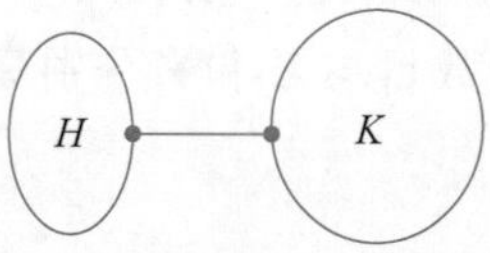

(a) H类所有样本与K类所有样本间的最小距离示意图

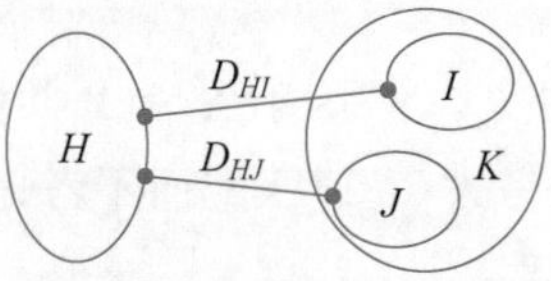

(b) K类由I和J两类合并而成的情况下最小距离示意图

图 5-4 最短距离法示意图

5.2.2 最长距离法

与最短距离法类似，两个聚类 H 和 K 之间的最长距离定义为

$$D_{HK}=\max\{D(\boldsymbol{X}_H,\boldsymbol{X}_K)\} \tag{5-19}$$

其中，$\boldsymbol{X}_H\in H,\boldsymbol{X}_K\in K$。

若 K 类由 I 和 J 两类合并而成，则得到递推公式：

$$D_{HK}=\max\{D_{HI},D_{HJ}\} \tag{5-20}$$

5.2.3 中间距离法

中间距离法介于最长与最短的距离之间。若 K 类由 I 和 J 两类合并而成，则 H 和 K 类之间的距离为

$$D_{HK}=\sqrt{\frac{1}{2}D_{HI}^2+\frac{1}{2}D_{HJ}^2-\frac{1}{4}D_{IJ}^2} \tag{5-21}$$

5.2.4 重心法

以上定义的类间距离中并未考虑每一类所包含的样本数目，重心法在这一方面有所改进。从物理的观点看，一个类的空间位置若要用一个点表示，那么用它的重心代表较合理。将每类中包含的样本数考虑进去。若 I 类中有 N_I 个样本，J 类中有 N_J 个样本，则类与类

之间的距离递推式为

$$D_{HK}=\sqrt{\frac{N_I}{N_I+N_J}D_{HI}^2+\frac{N_J}{N_I+N_J}D_{HJ}^2-\frac{N_IN_J}{(N_I+N_J)^2}D_{IJ}^2} \tag{5-22}$$

5.2.5 平均距离法(类平均距离法)

设 H、K 是两个聚类,则 H 类和 K 类间的距离定义为

$$D_{HK}=\sqrt{\frac{1}{N_HN_K}\sum_{\substack{i\in H\\ j\in K}}D_{ij}^2} \tag{5-23}$$

式中,D_{ij}^2 是 H 类任一样本 $\boldsymbol{X}_H$ 和 K 类任一样本 $\boldsymbol{X}_K$ 之间的欧氏距离的平方,N_H 和 N_K 分别表示 H 和 K 类中的样本数目。

如果 K 类由 I 类和 J 类合并产生,则可以得到 H 和 K 类之间距离的递推式为

$$D_{HK}=\sqrt{\frac{N_I}{N_I+N_J}D_{HI}^2+\frac{N_J}{N_I+N_J}D_{HJ}^2} \tag{5-24}$$

定义类间距离的方法不同,会使分类结果不太一致。实际问题中常用几种不同的方法,比较其分类结果,从而选择一个比较切合实际的分类。

【例 5.3】 已知 6 个五维模式样本 $\boldsymbol{X}_1$、$\boldsymbol{X}_2$、$\boldsymbol{X}_3$、$\boldsymbol{X}_4$、$\boldsymbol{X}_5$ 和 $\boldsymbol{X}_6$,试按最短距离法进行聚类分类。

$$\boldsymbol{X}_1=[0,3,1,2,0]^{\mathrm{T}}\quad \boldsymbol{X}_2=[1,3,0,1,0]^{\mathrm{T}}\quad \boldsymbol{X}_3=[3,3,0,0,1]^{\mathrm{T}}$$

$$\boldsymbol{X}_4=[1,1,0,2,0]^{\mathrm{T}}\quad \boldsymbol{X}_5=[3,2,1,2,1]^{\mathrm{T}}\quad \boldsymbol{X}_6=[4,1,1,1,0]^{\mathrm{T}}$$

【解】 对每一样本可表示为

$$\boldsymbol{X}_1=[x_{11},x_{12},x_{13},x_{14},x_{15}]^{\mathrm{T}},\boldsymbol{X}_2=[x_{21},x_{22},x_{23},x_{24},x_{25}]^{\mathrm{T}},\cdots,$$

$$\boldsymbol{X}_6=[x_{61},x_{62},x_{63},x_{64},x_{65}]^{\mathrm{T}}$$

(1) 将每一样本看成单独一类,得

$$G_1(0)=\{\boldsymbol{X}_1\}\quad G_2(0)=\{\boldsymbol{X}_2\}\quad G_3(0)=\{\boldsymbol{X}_3\}$$

$$G_4(0)=\{\boldsymbol{X}_4\}\quad G_5(0)=\{\boldsymbol{X}_5\}\quad G_6(0)=\{\boldsymbol{X}_6\}$$

计算各类间欧氏距离:

$$\begin{aligned}D_{12}(0)&=\|\boldsymbol{X}_1-\boldsymbol{X}_2\|=[(x_{11}-x_{21})^2+(x_{12}-x_{22})^2+(x_{13}-x_{23})^2\\&\quad+(x_{14}-x_{24})^2+(x_{15}-x_{25})^2]^{\frac{1}{2}}\\&=[1+0+1+1+0]^{\frac{1}{2}}=\sqrt{3}\end{aligned}$$

同理可求得

$D_{13}(0),D_{14}(0),D_{15}(0),D_{16}(0);D_{21}(0),D_{22}(0),D_{23}(0),D_{24}(0),D_{25}(0),D_{26}(0),\cdots$

距离矩阵 $\boldsymbol{D}(0)$可由表格表示,见表 5-1。

表 5-1 距离矩阵 $\boldsymbol{D}(0)$的表格形式

$\boldsymbol{D}(0)$	$G_1(0)$	$G_2(0)$	$G_3(0)$	$G_4(0)$	$G_5(0)$	$G_6(0)$
$G_1(0)$	0					
$G_2(0)$	$\sqrt{3}$ *	0				

续表

$D(0)$	$G_1(0)$	$G_2(0)$	$G_3(0)$	$G_4(0)$	$G_5(0)$	$G_6(0)$
$G_3(0)$	$\sqrt{15}$	$\sqrt{6}$	0			
$G_4(0)$	$\sqrt{6}$	$\sqrt{5}$	$\sqrt{13}$	0		
$G_5(0)$	$\sqrt{11}$	$\sqrt{8}$	$\sqrt{6}$	$\sqrt{7}$	0	
$G_6(0)$	$\sqrt{21}$	$\sqrt{14}$	$\sqrt{8}$	$\sqrt{11}$	$\sqrt{4}$	0

(2) 将最小距离$\sqrt{3}$对应的类$G_1(0)$和$G_2(0)$合并为一类，得到新的分类

$$G_{12}(1)=\{G_1(0),G_2(0)\} \quad G_3(1)=\{G_3(0)\}$$

$$G_4(1)=\{G_4(0)\} \quad G_5(1)=\{G_5(0)\} \quad G_6(1)=\{G_6(0)\}$$

按最小距离准则计算类间距离，由$\boldsymbol{D}(0)$矩阵递推得到聚类后的距离矩阵$\boldsymbol{D}(1)$也可由表格表示，见表5-2。

表 5-2　第 1 次合并后的距离矩阵 $D(1)$ 的表格形式

$D(1)$	$G_{12}(1)$	$G_3(1)$	$G_4(1)$	$G_5(1)$	$G_6(1)$
$G_{12}(1)$	0				
$G_3(1)$	$\sqrt{6}$	0			
$G_4(1)$	$\sqrt{5}$	$\sqrt{13}$	0		
$G_5(1)$	$\sqrt{8}$	$\sqrt{6}$	$\sqrt{7}$	0	
$G_6(1)$	$\sqrt{14}$	$\sqrt{8}$	$\sqrt{11}$	$\sqrt{4}$ *	0

(3) 将$\boldsymbol{D}(1)$中最小值$\sqrt{4}$对应的类合并为一类，得$\boldsymbol{D}(2)$，其可由表格表示，见表5-3。

表 5-3　第 2 次合并后的距离矩阵 $D(2)$ 的表格形式

$D(2)$	$G_{12}(2)$	$G_3(2)$	$G_4(2)$	$G_{56}(2)$
$G_{12}(2)$	0			
$G_3(2)$	$\sqrt{6}$	0		
$G_4(2)$	$\sqrt{5}$ *	$\sqrt{13}$	0	
$G_{56}(2)$	$\sqrt{8}$	$\sqrt{6}$	$\sqrt{7}$	0

(4) 将$\boldsymbol{D}(2)$中最小值$\sqrt{5}$对应的类合并为一类，得$\boldsymbol{D}(3)$，其可由表格表示，见表5-4。

表 5-4　第 3 次合并后的距离矩阵 $D(3)$ 的表格形式

$D(3)$	$G_{124}(3)$	$G_3(3)$	$G_{56}(2)$
$G_{124}(3)$	0		
$G_3(3)$	$\sqrt{6}$	0	
$G_{56}(2)$	$\sqrt{7}$	$\sqrt{6}$	0

若给定的阈值为$T=\sqrt{5}$，$\boldsymbol{D}(3)$中的最小元素$\sqrt{6}>T$，聚类结束，结果为

$$G_1=\{\boldsymbol{X}_1,\boldsymbol{X}_2,\boldsymbol{X}_4\} \quad G_2=\{\boldsymbol{X}_2\} \quad G_3=\{\boldsymbol{X}_5,\boldsymbol{X}_6\}$$

若无阈值，继续聚类下去，最终全部样本归为一类，这时给出聚类过程的树状表示，如

图 5-5 所示。类间距离阈值增大,分类变粗。

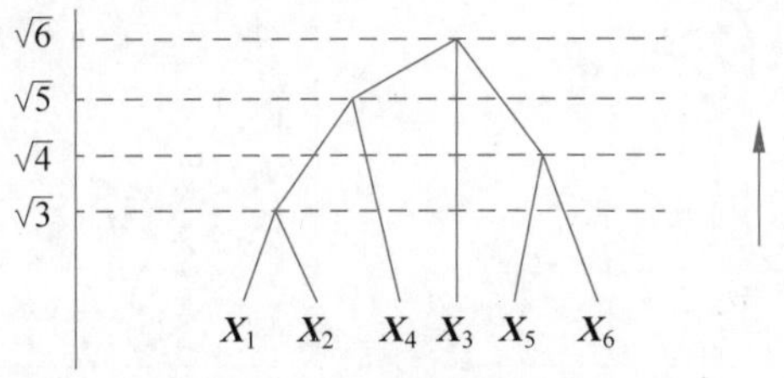

图 5-5 分级聚类法的树状表示

5.3 聚类准则函数

样本相似性度量是聚类分析的基础,针对具体问题,选择适当的相似性度量是保证聚类效果的基础。但有了相似性度量还不够,还必须有适当的聚类准则函数,才能把真正属于同一类的样本聚合成一个类别的子集,把不同类的样本分离开来。因此,聚类准则函数对聚类质量也有重要影响。相似性度量用于解决集合与集合的相似性问题;相似性准则用于来评价分类效果的好坏。如果聚类准则函数选得好,聚类质量就会高。同时,聚类准则函数还可以用来评价一种聚类结果的质量,如果聚类质量不满足要求,就要重复执行聚类过程,以优化结果。在重复优化中,可以改变相似性度量的方法,也可以选用新的聚类准则。

5.3.1 误差平方和准则

给定样本集$\{\boldsymbol{X}_1,\boldsymbol{X}_2,\cdots,\boldsymbol{X}_N\}$依据某种相似性测度划分为 c 类$\{\omega_1,\omega_2,\cdots,\omega_c\}$,定义误差平方和准则函数为

$$J=\sum_{i=1}^{c}\sum_{\boldsymbol{X}_i\in\omega_i}\|\boldsymbol{X}_i-\boldsymbol{M}_i\|^2$$

式中,$\boldsymbol{M}_i=\dfrac{1}{N_i}\sum\limits_{\boldsymbol{X}_i\in\omega_i}\boldsymbol{X}_i$ 为属于 ω_i 集的样本的均值向量,N_i 为 ω_i 中样本数目。

J 代表了分属于 c 个聚类类别的全部模式样本与其相应类别模式均值之间的误差平方和。在此准则函数下,聚类的目标转化为使 J 取最小值,即聚类的结果应使全部样本与其相应模式均值之间的误差平方和最小。该准则适用于各类样本密集且数目相差不多,而不同类间的样本又明显分开的情况;当类别样本数相差较大,且类间距离又不足够大时,并不适宜采用该准则函数。因为可能会由于样本数较多造成类中的边缘处样本距离另一类的类心更近,从而产生错误的划分。

如图 5-6(a)所示,类内误差平方和很小,类间距离很远,可得到较好的结果。图 5-6(b)中类长轴两端距离中心很远,J 值较大,结果不易令人满意。在该准则下,有时可能把样本数目多的一类分拆为二,造成错误聚类。如图 5-7(a)和(b)的正确分类与错误分类情况所示,ω_1 中的某些样本被错分到 ω_2 中,因为这样分类,J 值会更小。

5.3.2 加权平均平方距离和准则

误差平方和准则只是考虑了各样本到判定类心的距离,并没有考虑样本周围空间其他

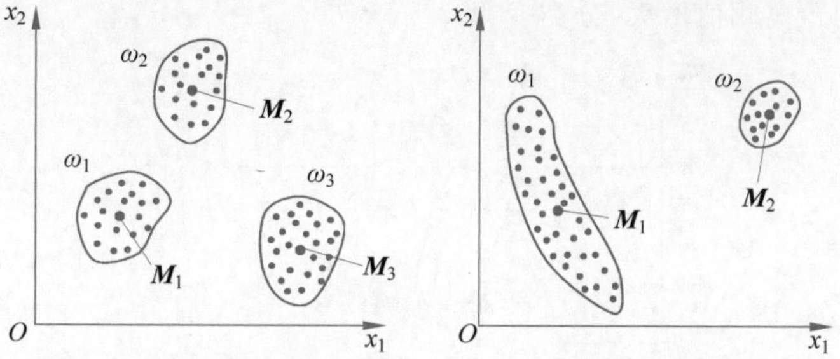

(a) 样本分类良好　　(b) 样本分类较差

图 5-6　样本分布

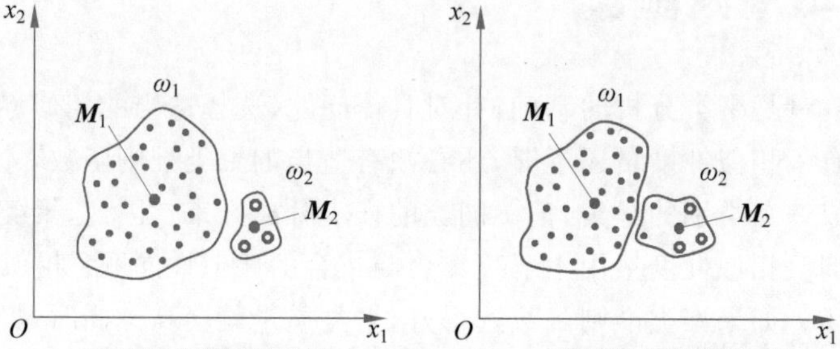

(a) 正确分类情况示例　　(b) 错误分类情况示例

图 5-7　正确分类与错误分类示例

样本对聚类的影响，当综合考虑这些因素时，误差平方和准则可改进为加权平均平方距离和准则。加权平均平方距离和准则函数定义为

$$J=\sum_{i=1}^{c}\frac{N_i}{N}\overline{D}_i^2 \tag{5-25}$$

式中，

$$\overline{D}_i^2=\frac{2}{N_i(N_i-1)}\sum_{\substack{x_{ik}\in\omega_i\\ x_{ij}\in\omega_i}}\|x_{ik}-x_{ij}\|^2 \tag{5-26}$$

$\sum_{\substack{x_{ik}\in\omega_i\\ x_{ij}\in\omega_i}}\|x_{ik}-x_{ij}\|^2$ 表示 ω_i 类中任意两个不同样本距离平方和，由于 ω_i 中包含样本的个数为 N_i，因此共有 $\frac{N_i(N_i-1)}{2}$ 个组合，由此可见，$\overline{D}_i^2$ 的含义是类内任意两样本的平均平方距离。N 为样本总数，$\frac{N_i}{N}$ 为 ω_i 类的先验概率，因此 J 被称为加权平均平方距离和准则。

5.3.3　类间距离和准则

给定待分样本 $\{\boldsymbol{X}_1,\boldsymbol{X}_2,\cdots,\boldsymbol{X}_N\}$，将它们分成 c 类 $\{\omega_1,\omega_2,\cdots,\omega_c\}$，定义 ω_i 类的样本均值向量 $\boldsymbol{M}_i$ 和总体样本均值向量 $\boldsymbol{M}$ 为

$$\boldsymbol{M}_i=\frac{1}{N_i}\sum_{\boldsymbol{X}_i\in\omega_i}\boldsymbol{X}_i \tag{5-27}$$

$$M = \frac{1}{N}\sum_{i=1}^{N} \boldsymbol{M}_i \tag{5-28}$$

则类间距离和准则定义为

$$J = \sum_{i=1}^{c} (\boldsymbol{M}_i - \boldsymbol{M})^{\mathrm{T}} (\boldsymbol{M}_i - \boldsymbol{M}) \tag{5-29}$$

聚类的目标是最大化式(5-29)，J 越大表示各类之间的可分离性越好，聚类效果越好。

对于二分类问题，类间距离常用式(5-30)表示类间距离。

$$J = (\boldsymbol{M}_1 - \boldsymbol{M}_2)^{\mathrm{T}} (\boldsymbol{M}_1 - \boldsymbol{M}_2) \tag{5-30}$$

5.3.4 离散度矩阵

给定待分样本 $\{\boldsymbol{X}_1, \boldsymbol{X}_2, \cdots, \boldsymbol{X}_N\}$，将它们分成 c 类 $\{\omega_1, \omega_2, \cdots, \omega_c\}$。定义 ω_i 类的离散度矩阵为

$$\boldsymbol{S}_i = \sum_{\boldsymbol{X}_i \in \omega_i} (\boldsymbol{X}_i - \boldsymbol{M}_i)(\boldsymbol{X}_i - \boldsymbol{M}_i)^{\mathrm{T}} \tag{5-31}$$

定义类内离散度矩阵为

$$\boldsymbol{S}_{\mathrm{w}} = \sum_{i=1}^{c} \boldsymbol{S}_i \tag{5-32}$$

定义类间离散度矩阵为

$$\boldsymbol{S}_{\mathrm{b}} = \sum_{i=1}^{c} N_i (\boldsymbol{M}_i - \boldsymbol{M})(\boldsymbol{M}_i - \boldsymbol{M})^{\mathrm{T}} \tag{5-33}$$

定义总体离散度矩阵为

$$\boldsymbol{S}_{\mathrm{t}} = \sum_{i=1}^{N} (\boldsymbol{X}_i - \boldsymbol{M})(\boldsymbol{X}_i - \boldsymbol{M})^{\mathrm{T}} \tag{5-34}$$

可以证明 $\boldsymbol{S}_{\mathrm{t}} = \boldsymbol{S}_{\mathrm{w}} + \boldsymbol{S}_{\mathrm{b}}$，聚类的目标是极大化 $\boldsymbol{S}_{\mathrm{b}}$ 和极小化 $\boldsymbol{S}_{\mathrm{w}}$，即使不同类的样本尽可能分开，而同一类的样本尽可能聚集，由此可定义如下基于离散度矩阵的 4 个聚类准则。

$$J_1 = \mathrm{tr}[\boldsymbol{S}_{\mathrm{w}}^{-1} \boldsymbol{S}_{\mathrm{b}}] \tag{5-35}$$

$$J_2 = |\boldsymbol{S}_{\mathrm{w}}^{-1} \boldsymbol{S}_{\mathrm{b}}| \tag{5-36}$$

$$J_3 = \mathrm{tr}[\boldsymbol{S}_{\mathrm{w}}^{-1} \boldsymbol{S}_{\mathrm{t}}] \tag{5-37}$$

$$J_4 = |\boldsymbol{S}_{\mathrm{w}}^{-1} \boldsymbol{S}_{\mathrm{t}}| \tag{5-38}$$

式中，tr(·)为求矩阵的迹，即方阵主对角线上各元素之和，也就是矩阵的特征值的总和。

聚类的目标是极大化 $J_i(i=1,2,3,4)$，J_i 越大表示各类之间的可分离性越好，聚类质量越好。当待分样本特征向量的维数为 d 时，$\boldsymbol{S}_{\mathrm{w}}^{-1} \boldsymbol{S}_{\mathrm{b}}$ 则为 $d \times d$ 的对称矩阵，其对应的特征值为 $\lambda_i(i=1,2,\cdots,d)$，易知

$$J_1 = \sum_{i=1}^{d} \lambda_i \tag{5-39}$$

$$J_2 = \prod_{i=1}^{d} \lambda_i \tag{5-40}$$

$$J_3 = \sum_{i=1}^{d} (1 + \lambda_i) \tag{5-41}$$

$$J_4 = \prod_{i=1}^{d}(1+\lambda_i) \tag{5-42}$$

因此,在实际运算中,只要求出 $\boldsymbol{S}_{\mathrm{w}}^{-1}\boldsymbol{S}_{\mathrm{b}}$ 的特征值,即可求得 $J_i(i=1,2,3,4)$。

5.4 基于距离阈值的聚类算法

当确定了相似性测度和准则函数后,聚类的过程是依靠聚类算法来实现的。因此,聚类算法是一个试图识别数据集合聚类的特殊性质的学习过程。本节介绍两种简单的聚类分析方法,它通过对某些关键性的元素进行试探性的选取,使某种聚类准则达到最优,又称为基于试探的聚类算法。

5.4.1 最近邻规则的聚类算法

最近邻规则聚类分析问题描述为:假设已有混合样本集 $\boldsymbol{X}^{(N)}=\{\boldsymbol{X}_1,\boldsymbol{X}_2,\cdots,\boldsymbol{X}_N\}$,给定类内距离门限阈值 T,将 $\boldsymbol{X}^{(N)}=\{\boldsymbol{X}_1,\boldsymbol{X}_2,\cdots,\boldsymbol{X}_N\}$ 划分为 $\omega_1,\omega_2,\cdots,\omega_c$ 个类别。

最近邻规则聚类算法的基本思想是:计算样本的特征向量到聚类中心的距离,将该距离与门限阈值 T 比较,决定该样本属于哪一类别或作为新一类别的中心。

第 13 集 微课视频

第 14 集 微课视频

按照最近邻原则进行聚类,算法步骤如下。

(1) 选取距离阈值 T,并且任取一个样本作为第一个聚合中心 $\boldsymbol{Z}_1$,如 $\boldsymbol{Z}_1=\boldsymbol{X}_1$。

(2) 计算样本 $\boldsymbol{X}_2$ 到 $\boldsymbol{Z}_1$ 的距离 D_{21}:

若 $D_{21}\leqslant T$,则 $\boldsymbol{X}_2\in\boldsymbol{Z}_1$,否则令 $\boldsymbol{X}_2$ 为第二个聚合中心,即 $\boldsymbol{Z}_2=\boldsymbol{X}_2$。

设 $\boldsymbol{Z}_2=\boldsymbol{X}_2$,计算 $\boldsymbol{X}_3$ 到 $\boldsymbol{Z}_1$ 和 $\boldsymbol{Z}_2$ 的距离 D_{31} 和 D_{32},若 $D_{31}>T$ 和 $D_{32}>T$,则建立第三个聚合中心 $\boldsymbol{Z}_3$。否则把 $\boldsymbol{X}_3$ 归于最近邻的聚合中心。依此类推,直到把所有的 N 个样本都进行分类。

(3) 按照某种聚类准则考查聚类结果,若不满意,则重新选取距离阈值 T 和第一个聚合中心 $\boldsymbol{Z}_1$,返回(2),直到满意,算法结束。

该算法的优点是简单,如果有样本分布的先验知识用于指导阈值和起始点的选取,则可较快得到合理结果。其缺点是聚类过程中类别的中心一经选定,在聚类过程中将不再改变。同样,样本一经判定类别归属后也不再改变。因此,在样本分布一定时,该算法的结果在很大程度上取决于第一个聚合中心的选取和距离阈值的大小的确定。对于高维的样本集来说,只有经过多次试探,并对聚类结果进行检验,才能选择最优的聚类结果。

5.4.2 最大最小距离聚类算法

最大最小距离聚类算法的问题描述为:假设已有混合样本集 $\boldsymbol{X}^{(N)}=\{\boldsymbol{X}_1,\boldsymbol{X}_2,\cdots,\boldsymbol{X}_N\}$,给比例系数 θ,将 $\boldsymbol{X}^{(N)}=\{\boldsymbol{X}_1,\boldsymbol{X}_2,\cdots,\boldsymbol{X}_N\}$ 划分为 $\omega_1,\omega_2,\cdots,\omega_c$ 个类别。该算法的基本思想是:样本的特征向量以最大距离原则选取新的聚类中心,以最小距离原则进行类别归属。如果使用欧氏距离,除首先辨识最远的聚类中心外,其余步骤与最近邻规则算法相似。用一个例子说明该算法。

【例 5.4】 已知二类共 10 个样本，分布如图 5-8 所示。

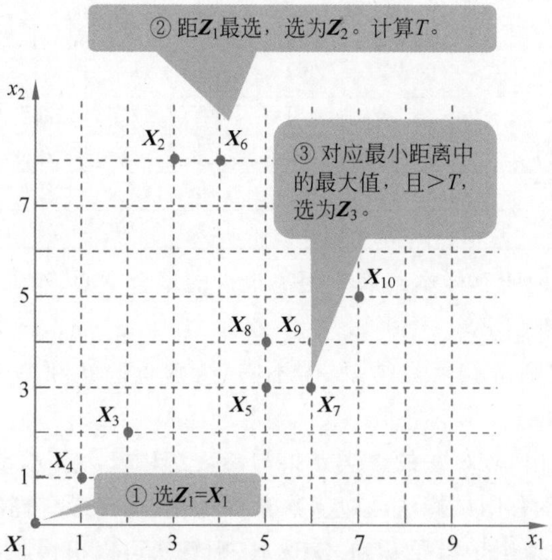

图 5-8 例 5.4 样本分布

其中，$X_1=[0,0]^T$，$X_2=[3,8]^T$，$X_3=[2,2]^T$，$X_4=[1,1]^T$，$X_5=[5,3]^T$，$X_6=[4,8]^T$，$X_7=[6,3]^T$，$X_8=[5,4]^T$，$X_9=[6,4]^T$，$X_{10}=[7,5]^T$，采用最大最小距离聚类算法求出分类结果。

【解】 采用最大最小距离聚类算法求解的步骤如下。

(1) 给定 θ，$0<\theta<1$，并且任取一个样本作为第一个聚合中心，$Z_1=X_1$。

(2) 寻找新的集合中心。

计算其他所有样本到 Z_1 的距离 D_{i1}，若 $D_{k1}=\max\limits_i\{D_{i1}\}$，则取 X_k 为第二个聚合中心 Z_2，如本例中 $Z_2=X_6$。计算所有样本到 Z_1 和 Z_2 的距离 D_{i1} 和 D_{i2}，若 $D_l=\max\{\min(D_{i1},D_{i2})\}$，$i=1,2,\cdots,n$，并且 $D_l>\theta\cdot D_{12}$，D_{12} 为 Z_1 和 Z_2 间距离，则取 X_l 为第三个集合中心 Z_3，本例中 $Z_3=X_7$。如果 Z_3 存在，则计算 $D_j=\max\{\min(D_{i1},D_{i2},D_{i3})\}$，$i=1,2,\cdots,n$，若 $D_j>\theta\cdot D_{12}$，则建立第四个聚合中心。以此类推，直到最大最小距离不大于 $\theta\cdot D_{12}$ 时，结束寻找聚合中心的计算。

观察表 5-5，当取 $\theta=0.5$ 时，$\sqrt{29}$ 在 $\min(D_{i1},D_{i2})$ 中为最大的，而且 $D_l=\sqrt{29}>\theta\cdot\sqrt{80}$。所以，$Z_3=X_7$。

表 5-5 判断第三个聚类中心样本距离计算表

距　离	样　本									
	X_1	X_2	X_3	X_4	X_5	X_6	X_7	X_8	X_9	X_{10}
到 Z_1 的距离	0	$\sqrt{73}$	$\sqrt{8}$	$\sqrt{2}$	$\sqrt{34}$	$\sqrt{80}$	$\sqrt{45}$	$\sqrt{41}$	$\sqrt{52}$	$\sqrt{74}$
到 Z_2 的距离	$\sqrt{80}$	1	$\sqrt{40}$	$\sqrt{58}$	$\sqrt{26}$	0	$\sqrt{29}$	$\sqrt{17}$	$\sqrt{20}$	$\sqrt{18}$
$\min(D_{i1},D_{i2})$	0	1	$\sqrt{8}$	$\sqrt{2}$	$\sqrt{26}$	0	$\sqrt{29}$	$\sqrt{17}$	$\sqrt{20}$	$\sqrt{18}$

观察表 5-6，计算 $D_j=\max\{\min(D_{i1},D_{i2},D_{i3})\}$，$i=1,2,\cdots,n$，得 $D_j=\sqrt{8}<\theta\cdot\sqrt{80}$，结束寻找聚合中心。则图 5-8 中只有三个集合中心，$Z_1=X_1$，$Z_2=X_6$，$Z_3=X_7$。

表 5-6　判断第四个聚类中心样本距离计算表

距　　离	样　　本									
	$\boldsymbol{X}_1$	$\boldsymbol{X}_2$	$\boldsymbol{X}_3$	$\boldsymbol{X}_4$	$\boldsymbol{X}_5$	$\boldsymbol{X}_6$	$\boldsymbol{X}_7$	$\boldsymbol{X}_8$	$\boldsymbol{X}_9$	$\boldsymbol{X}_{10}$
到 $\boldsymbol{Z}_1$ 的距离	0	$\sqrt{73}$	$\sqrt{8}$	$\sqrt{2}$	$\sqrt{34}$	$\sqrt{80}$	$\sqrt{45}$	$\sqrt{41}$	$\sqrt{52}$	$\sqrt{74}$
到 $\boldsymbol{Z}_2$ 的距离	$\sqrt{80}$	1	$\sqrt{40}$	$\sqrt{58}$	$\sqrt{26}$	0	$\sqrt{29}$	$\sqrt{17}$	$\sqrt{20}$	$\sqrt{18}$
到 $\boldsymbol{Z}_3$ 的距离	$\sqrt{45}$	$\sqrt{34}$	$\sqrt{17}$	$\sqrt{29}$	1	$\sqrt{29}$	0	$\sqrt{2}$	1	$\sqrt{5}$
$\min(D_{i1},D_{i2},D_{i3})$	0	1	$\sqrt{8}$	$\sqrt{2}$	1	0	0	$\sqrt{2}$	1	$\sqrt{5}$

(3) 按最近邻原则把所有样本归属于距离最近的聚合中心，有

$$\{x_1,x_3,x_4\}\in \boldsymbol{Z}_1,\quad \{x_2,x_6\}\in \boldsymbol{Z}_2,\quad \{x_5,x_7,x_8,x_9,x_{10}\}\in \boldsymbol{Z}_3$$

(4) 按照某聚类准则考查聚类结果，若不满意，则重选 θ 和第一个聚合中心 $\boldsymbol{Z}_1$，返回(2)，直到满意，算法结束。

从上述步骤可以看出，该算法的聚类结果与参数 θ 和起始点 $\boldsymbol{Z}_1$ 的选取密切相关。若无先验样本分布知识，则只有用试探法通过多次试探优化，选择最合理的一种参数选择方案和聚类结果。若有先验知识用于指导 θ 和 $\boldsymbol{Z}_1$ 选取，则算法可以很快收敛。

5.5　动态聚类算法

第 15 集
微课视频

最近邻规则和最大、最小距离聚类算法的共同缺点是：一个样本的归属一旦判定后，在后继的迭代过程中就不会改变，因此，这类算法在实际应用中有较大的局限性。与上述算法相对，动态聚类法是聚类分析中较普遍采用的方法。该算法首先选择某种样本相似性度量和适当的聚类准则函数，在对样本进行初始划分的基础上，使用迭代算法逐步优化聚类结果，当准则函数达到极值时，取得在该准则函数下的最优聚类结果。

该算法有以下两个关键问题。

(1) 首先选择有代表性的点作为起始聚合中心。若类别数目已知，则选择代表点的数目等于类别数目；若类别数未知，那么聚类过程如何形成的类别数目是一个值得研究的问题。

(2) 代表点选择好之后，如何形成初始划分是算法的另一个关键问题。

5.5.1　C 均值聚类算法

给定模式样本集 $\boldsymbol{X}^{(N)}=\{\boldsymbol{X}_1,\boldsymbol{X}_2,\cdots,\boldsymbol{X}_N\}$，假设已知样本的类别数为 c。C 均值聚类算法的基本思想是：先选定 c 个初始聚类中心，按最短距离原则将各样本归属到 c 个类别中，然后重新计算各类别中心，调整各样本的类别归属，算法不断迭代，最终使各样本到其类别中心的距离平方和最小。

C 均值聚类算法使用的聚类准则函数是误差平方和准则 J_c，即

$$J_c=\sum_{j=1}^{c}\sum_{k=1}^{N_j}\|\boldsymbol{X}_k-m_j\|^2 \tag{5-43}$$

式中，N_j 为第 j 类的样本数，m_j 为第 j 类 ω_j 的均值。

为了使聚类结果优化，应该使准则 J_c 最小化。下面给出 C 均值算法的具体步骤。

(1) 已知混合样本 $\boldsymbol{X}^{(N)}=\{\boldsymbol{X}_1,\boldsymbol{X}_2,\cdots,\boldsymbol{X}_N\}$，令 I 表示迭代运算次数，任选 c 个样本作为初始聚合中心 $\boldsymbol{Z}_j(I),j=1,2,\cdots,c$。

(2) 计算每个样本与聚合中心的距离 $D(\boldsymbol{X}_k,\boldsymbol{Z}_j(I)),k=1,2,\cdots,n,j=1,2,\cdots,c$。若

$$D(\boldsymbol{X}_k,\boldsymbol{Z}_j(I))=\min_{j=1,2,\cdots,c}\{D(\boldsymbol{X}_k,\boldsymbol{Z}_j(I)),k=1,2,\cdots,n\} \tag{5-44}$$

则 $\boldsymbol{X}_k\in\omega_j$。

(3) 重新计算 c 个新的集合的聚类中心，即

$$\boldsymbol{Z}_j(I+1)=\frac{1}{N_j}\sum_{k=1}^{N_j}\boldsymbol{X}_k^{(j)},\quad j=1,2,\cdots,c \tag{5-45}$$

式中，N_j 为第 $I+1$ 次迭代时归属于 ω_j 类的样本数，$\boldsymbol{X}_k^{(j)}$ 为第 $I+1$ 次迭代时归属于 ω_j 类的样本，上标表示类别。

(4) 若 $\boldsymbol{Z}_j(I+1)\neq\boldsymbol{Z}_j(I),j=1,2,\cdots,c$，则 $I=I+1$，返回(2)，否则算法结束。

C 均值聚类算法特点是：①每次迭代中都要重新计算聚类中心，并考查每个样本类别归属是否正确，若不正确，就要调整，在全部样本调整完之后，进入下一次迭代。如果在某一个迭代运算中，所有的样本都被正确分类，则样本不会调整，聚合中心也不会有变化，算法达到收敛。②算法需要首先确定类别数和初始聚类中心，显然，类别数 c 和初始聚合中心的选择对聚类结果有较大影响，所以结果不是全局最优。③算法简单便于实现，当样本分布为类内团状时，一般可以达到比较好的聚类效果。

从算法的步骤可以看出，算法在迭代中没有计算 J_c 值，也就是说 J_c 不是算法结束的明显依据。算法通过对样本分类的不断调整去逐步减少 J_c 的值，当没有样本调整时，此时 J_c 不再变化，聚类达到最优。事实上，可以通过样本移动对 J_c 的影响来修改上述算法。假定 $I+1$ 次迭代时，$\boldsymbol{X}_k$ 由样本子集 $\boldsymbol{X}^{(i)}$ 移入另一个子集 $\boldsymbol{X}^{(j)}$，那么这次移动只影响两个类型 ω_i 和 ω_j 的聚类中心 $\boldsymbol{Z}_i$ 和 $\boldsymbol{Z}_j$，以及两类的类内误差平方和 J_{c_i}、J_{c_j}。移动后，ω_i 和 ω_j 的聚类中心

$$\boldsymbol{Z}_i(I+1)=\frac{1}{N_i-1}[N_i\boldsymbol{Z}_i(I)-\boldsymbol{X}_k]=\boldsymbol{Z}_i(I)+\frac{1}{N_i-1}[\boldsymbol{Z}_i(I)-\boldsymbol{X}_k] \tag{5-46}$$

$$\boldsymbol{Z}_j(I+1)=\frac{1}{N_j+1}[N_j\boldsymbol{Z}_j(I)+\boldsymbol{X}_k]=\boldsymbol{Z}_j(I)-\frac{1}{N_j+1}[\boldsymbol{Z}_j(I)-\boldsymbol{X}_k] \tag{5-47}$$

因此，有

$$J_{c_i}(I+1)=J_{c_1}(I)-\frac{N_i}{N_i-1}\|\boldsymbol{X}_k-\boldsymbol{Z}_i(I)\|^2 \tag{5-48}$$

$$J_{c_j}(I+1)=J_{c_j}(I)+\frac{N_i}{N_i+1}\|\boldsymbol{X}_k-\boldsymbol{Z}_j(I)\|^2 \tag{5-49}$$

由于样本 $\boldsymbol{X}_k$ 从 $\boldsymbol{X}^{(i)}$ 移入 $\boldsymbol{X}^{(j)}$，显然 $\boldsymbol{X}_k$ 距 $\boldsymbol{Z}_j(I)$ 比 $\boldsymbol{Z}_i(I)$ 更近，因此有

$$\frac{N_i}{N_i+1}\|\boldsymbol{X}_k-\boldsymbol{Z}_j(I)\|^2<\frac{N_i}{N_i-1}\|\boldsymbol{X}_k-\boldsymbol{Z}_i(I)\|^2 \tag{5-50}$$

那么，J_c 的值会减小为

$$J_c(I+1)=J_c(I)-\left[\frac{N_i}{N_i-1}\|\boldsymbol{X}_k-\boldsymbol{Z}_i(I)\|^2-\frac{N_i}{N_i+1}\|\boldsymbol{X}_k-\boldsymbol{Z}_j(I)\|^2\right] \tag{5-51}$$

根据上述分析,可对 C 均值算法做如下改进:

(1) 已知混合样本 $\boldsymbol{X}^{(N)}=\{\boldsymbol{X}_1,\boldsymbol{X}_2,\cdots,\boldsymbol{X}_N\}$,令 I 表示迭代运算次数,任选 c 个样本作为初始聚合中心 $\boldsymbol{Z}_j(I),j=1,2,\cdots,c$;

(2) 计算每个样本与聚合中心的距离 $D(\boldsymbol{X}_k,\boldsymbol{Z}_j(I)),k=1,2,\cdots,N,j=1,2,\cdots,c$。若

$$D(\boldsymbol{X}_k,\boldsymbol{Z}_j(I))=\min_{j=1,2,\cdots,c}\{D(\boldsymbol{X}_k,\boldsymbol{Z}_j(I)),k=1,2,\cdots,N\}$$

则 $\boldsymbol{X}_k\in\omega_i$。

(3) 令 $I=I+1=2$,计算新的类别中心

$$\boldsymbol{Z}_j(2)=\frac{1}{N_j}\sum_{k=1}^{N_j}\boldsymbol{X}_k^{(j)},\quad j=1,2,\cdots,c \tag{5-52}$$

计算本次迭代的误差平方和 J_c,即

$$J_c=\sum_{j=1}^{c}\sum_{k=1}^{N_j}\|\boldsymbol{X}_k^{(j)}-\boldsymbol{Z}_j(2)\|^2 \tag{5-53}$$

(4) 对每个类别中的每个样本,计算 ρ_{ii}(J_c 减少的部分)和 ρ_{ij}(J_c 增加的部分)。

$$\rho_{ii}=\frac{N_i}{N_i-1}\|\boldsymbol{X}_k^{(i)}-\boldsymbol{Z}_i(I)\|^2,\quad i=1,2,\cdots,c \tag{5-54}$$

$$\rho_{ij}=\frac{N_j}{N_j+1}\|\boldsymbol{X}_k^{(i)}-\boldsymbol{Z}_j(I)\|^2,\quad i=1,2,\cdots,c\quad i\neq j \tag{5-55}$$

令

$$\rho_{il}=\min_{i\neq j}\{\rho_{ij}\} \tag{5-56}$$

若 $\rho_{il}<\rho_{ii}$,则把样本 $\boldsymbol{X}_k^{(i)}$ 移到聚合中心 ω_l 中,并修改聚合中心和 J_c 值,即有

$$\boldsymbol{Z}_i(I+1)=\boldsymbol{Z}_i(I)-\frac{1}{N_i-1}[\boldsymbol{Z}_i(I)-\boldsymbol{X}_k^{(i)}] \tag{5-57}$$

$$\boldsymbol{Z}_l(I+1)=\boldsymbol{Z}_l(I)+\frac{1}{N_l+1}[\boldsymbol{Z}_l(I)-\boldsymbol{X}_k^{(i)}] \tag{5-58}$$

$$J_c(I+1)=J_c(I)-(\rho_{ii}-\rho_{il}) \tag{5-59}$$

(5) 若 $J_c(I+1)<J_c(I)$,则 $I=I+1$,返回(4)。否则,算法结束。

【例 5.5】 现有混合样本集 $\boldsymbol{X}^{(N)}=\{\boldsymbol{X}_1,\boldsymbol{X}_2,\cdots,\boldsymbol{X}_{20}\}$,共有样本 20 个,样本分布如图 5-9 所示,类型数目 $c=2$。试用 C 均值聚类算法进行聚类分析。

【解】 (1) $c=2$,任选 2 个集合中心,不妨取 $\boldsymbol{Z}_1(1)=\boldsymbol{X}_1,\boldsymbol{Z}_2(1)=\boldsymbol{X}_2$,即 $\boldsymbol{Z}_1(1)=[0,0]^{\mathrm{T}},\boldsymbol{Z}_2(1)=[1,0]^{\mathrm{T}}$。

(2) 选用欧氏距离作为相似性度量,计算各样本到 $\boldsymbol{Z}_1(1)=\boldsymbol{X}_1,\boldsymbol{Z}_2(1)=\boldsymbol{X}_2$ 的距离,并把各样本归属于距离最小的聚类范围内,有

$$\|\boldsymbol{X}_1-\boldsymbol{Z}_1(1)\|<\|\boldsymbol{X}_1-\boldsymbol{Z}_2(1)\|,\text{因此 }\boldsymbol{X}_1\in\omega_1$$

$$\|\boldsymbol{X}_2-\boldsymbol{Z}_2(1)\|<\|\boldsymbol{X}_2-\boldsymbol{Z}_1(1)\|,\text{因此 }\boldsymbol{X}_2\in\omega_2$$

$$\|\boldsymbol{X}_3-\boldsymbol{Z}_1(1)\|<\|\boldsymbol{X}_3-\boldsymbol{Z}_2(1)\|,\text{因此 }\boldsymbol{X}_3\in\omega_1$$

$$\cdots$$

可得

$$\omega_1:\{\boldsymbol{X}_1,\boldsymbol{X}_3\},N_1=2$$

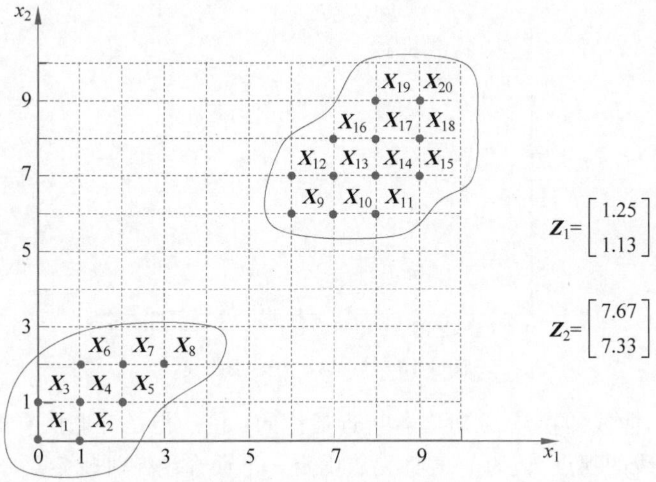

图 5-9 例 5.5 样本分布

$$\omega_2:\{\boldsymbol{X}_2,\boldsymbol{X}_4,\boldsymbol{X}_5,\cdots,\boldsymbol{X}_{20}\},N_2=18$$

(3) 计算新的聚类中心：

$$\boldsymbol{Z}_1(2)=\frac{1}{2}(\boldsymbol{X}_1+\boldsymbol{X}_3)=[0,0.5]^{\mathrm{T}}$$

$$\boldsymbol{Z}_2(2)=\frac{1}{18}(\boldsymbol{X}_2+\boldsymbol{X}_4+\boldsymbol{X}_5+\cdots+\boldsymbol{X}_{20})=[5.67,5.33]^{\mathrm{T}}$$

(4) $\boldsymbol{Z}_j(2)\neq\boldsymbol{Z}_j(1),j=1,2$。令 $I=I+1=2$，返回(2)。

计算各样本到 $\boldsymbol{Z}_j(2),j=1,2$ 的欧氏距离，有

$$\|\boldsymbol{X}_k-\boldsymbol{Z}_1(2)\|<\|\boldsymbol{X}_k-\boldsymbol{Z}_2(2)\|,\quad k=1,2,\cdots,8$$

$$\|\boldsymbol{X}_k-\boldsymbol{Z}_2(2)\|<\|\boldsymbol{X}_k-\boldsymbol{Z}_1(2)\|,\quad k=9,10,\cdots,20$$

得到新的聚类：

$$\omega_1:\{\boldsymbol{X}_1,\boldsymbol{X}_2,\cdots,\boldsymbol{X}_8\},N_1=8$$

$$\omega_2:\{\boldsymbol{X}_9,\boldsymbol{X}_{10},\cdots,\boldsymbol{X}_{20}\},N_2=12$$

计算聚类中心：

$$\boldsymbol{Z}_1(3)=\frac{1}{8}(\boldsymbol{X}_1+\boldsymbol{X}_2+\cdots+\boldsymbol{X}_8)=[1.25,1.13]^{\mathrm{T}}$$

$$\boldsymbol{Z}_2(2)=\frac{1}{12}(\boldsymbol{X}_9+\boldsymbol{X}_{10}+\cdots+\boldsymbol{X}_{20})=[7.67,7.33]^{\mathrm{T}}$$

因为 $\boldsymbol{Z}_j(3)\neq\boldsymbol{Z}_j(2),j=1,2$。令 $I=I+1=3$，返回(2)。判断：$\boldsymbol{Z}_j(4)=\boldsymbol{Z}_j(3),j=1,2$，聚类结果无变化，聚类中心无变化，算法结束，聚类结果如图 5-9 所示。

(5) J_c 与 c 的关系曲线。上述 C 均值算法，其类别数假定已知为 c。对于类别数未知时，可以令 c 逐渐增加，如 $c=1,2,\cdots$，分别使用 C 均值算法，显然误差平方和 J_c 随 c 的增加而单调减少。最初，由于 c 较小，类别的分裂会使 J_c 迅速减小，但当 c 增加到一定数值时，相当于将本来就比较密集的类别再行分开，因此 J_c 的减小速度会减慢，直到 c 增加到总类别数目 N 时，$J_c=0$，J_c 与 c 的关系曲线如图 5-10 所示。

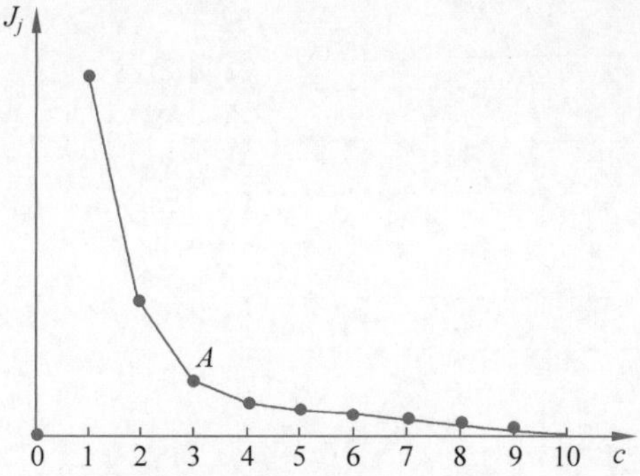

图 5-10 J_c 与 c 的关系曲线

在图 5-10 中，曲线的拐点 A 对应着接近最优的 c 值。但是并非所有的情况都容易找到 J_c 与 c 的关系曲线的拐点，此时 c 值将无法确定。下面介绍一种确定类型数目 c 的方法。

5.5.2 ISODATA 聚类算法

C 均值聚类算法的一个缺点是必须事先指定聚类的个数，在实际应用中有时并不可行，而是希望这个类别的个数也可以自动改变，于是形成了迭代自组织数据分析算法(Iterative Self-Organizing Data Analysis Techniques Algorithm，ISODATA)。ISODATA 是在 C 均值聚类算法基础上，通过增加对聚类结果的"合并"和"分裂"两个操作，并设置算法运行控制参数的一种聚类算法。ISODATA 可以通过类的自动合并(两类合一)与分裂(一类分为二)，得到较合理的类型数目，因此是目前应用比较广的一种聚类算法。

算法的基本思想：通过设定初始参数，并使用合并与分裂的机制，当某两类聚类中心距离小于某一阈值时，将它们合并为一类；当某类标准差大于某一阈值或其样本数目超过某一阈值时，将其分为两类。在某类样本数目少于某阈值时，需将其取消。如此，根据初始聚类中心和设定的类别数目等参数迭代，最终得到一个比较理想的分类结果。

具体算法步骤如下。

(1) 给定控制参数。

K：预期的聚类中心数目。

θ_n：每一聚类中最少的样本数目，如果少于此数就不能作为一个独立的聚类。

θ_s：一个聚类域中样本距离分布的标准差(阈值)。

θ_c：两个聚类中心之间的最小距离，如果小于此数，两个聚类合并。

L：每次迭代允许合并的最大聚类对数目。

I：允许的最多迭代次数。

给定 N 个混合样本 $\boldsymbol{X}^{(N)}=\{\boldsymbol{X}_1,\boldsymbol{X}_2,\cdots,\boldsymbol{X}_N\}$，令迭代次数 $J=1$，任选 c 个样本作为初始聚合中心 $\boldsymbol{Z}_j(1)$，$j=1,2,\cdots,c$。

(2) 计算每个样本与聚类中心距离 $D(\boldsymbol{X}_k,\boldsymbol{Z}_j(1))$，$k=1,2,\cdots,N$，$j=1,2,\cdots,c$。若

$$D(\boldsymbol{X}_k,\boldsymbol{Z}_j(1))=\min_{j=1,2,\cdots,c}\{D(\boldsymbol{X}_k,\boldsymbol{Z}_j(1)),k=1,2,\cdots,N\} \tag{5-60}$$

则 $\boldsymbol{X}_k\in\omega_j$。把所有样本都归属到 c 个聚类中去，N_j 表示类别 ω_j 中的样本数目。

(3) 若 $N_j<\theta_n$，$j=1,2,\cdots,c$，则舍去子集 ω_j，$c=c-1$，返回(2)。

(4) 计算修改聚合中心：

$$\boldsymbol{Z}_j(J)=\frac{1}{N_j}\sum_{k=1}^{n_j}\boldsymbol{X}_k^{(j)},\quad j=1,2,\cdots,c \tag{5-61}$$

(5) 计算类内距离平均值：

$$\overline{D}_j=\frac{1}{N_j}\sum_{k=1}^{N_j}D(\boldsymbol{X}_k^{(j)},\boldsymbol{Z}_j(J)),\quad j=1,2,\cdots,c \tag{5-62}$$

(6) 计算类内总平均距离 $\overline{D}$(全部样本对其相应聚类中心的总平均距离)：

$$\overline{D}=\frac{1}{N}\sum_{j=1}^{N_j}N_j\overline{D}_j \tag{5-63}$$

(7) 判别分裂、合并及迭代运算等步骤。

① 如果迭代运算次数已达 I 次，即最后一次迭代，置 $\theta_c=0$，跳到(11)。

② 如果 $c\leqslant\frac{K}{2}$，即聚类中心的数目等于或不到规定值的一半，则进入(8)，将已有的聚类分裂。

③ 如果迭代运算的次数是偶数，或 $c>2K$，则不进行分裂，跳到(11)，若不符合上述两个条件，则进入(8)进行分裂处理。

(8) 计算每个聚类的标准偏差向量 $\boldsymbol{\sigma}_j=(\sigma_{j1},\sigma_{j2},\cdots,\sigma_{jd})$。

每个分量为

$$\sigma_{ji}=\sqrt{\frac{1}{N_j}\sum_{x_{ji}\in\omega_j}(x_{ji}-z_{ji}(J))^2},\quad i=1,2,\cdots,d,j=1,2,\cdots,c \tag{5-64}$$

式中，x_{ji} 表示 $\boldsymbol{X}_j$ 的第 i 个分量，z_{ji} 表示 $\boldsymbol{Z}_j$ 的第 i 个分量，d 为样本特征向量维数。

(9) 求出每个聚类的最大分量：

$$\sigma_{j\max}=\max_{j=1,2,\cdots,c}\{\sigma_{ji}\},\quad j=1,2,\cdots,c \tag{5-65}$$

(10) 考查 $\sigma_{j\max}(j=1,2,\cdots,c)$ 若有 $\sigma_{j\max}>\theta_s$，并同时满足以下两条件之一：

① $\overline{D}_j>\overline{D}$ 及 $N_j>2(\theta_n+1)$(类内平均距离大于总类内平均距离，样本数目超过规定值一倍以上)。

② $c\leqslant\frac{K}{2}$。

则该聚类分裂成两个新的聚类，聚类中心分别为

$$\begin{cases}\boldsymbol{Z}_j^+(J)=\boldsymbol{Z}_j(J)+\boldsymbol{r}_j\\ \boldsymbol{Z}_j^-(J)=\boldsymbol{Z}_j(J)-\boldsymbol{r}_j\end{cases} \tag{5-66}$$

式中，$\boldsymbol{r}_j=\alpha\boldsymbol{\sigma}_j$ 或 $\boldsymbol{r}_j=\alpha[0,0,\cdots,\sigma_{j\max},\cdots,0,0]^{\mathrm{T}}$，$0<\alpha\leqslant1$。

令 $c=c+1$，$J=J+1$ 返回(2)。这里 α 的选择很重要，应使 $\boldsymbol{X}_j$ 中的样本到 $\boldsymbol{Z}_j^+(J)$ 和 $\boldsymbol{Z}_j^-(J)$ 的距离不同，但又使样本全部在这两个集合中。

(11) 计算任意两聚类中心间的距离：

$$D_{ij}=D[\boldsymbol{Z}_i(J),\boldsymbol{Z}_j(J)],\quad i=1,2,\cdots,c-1,j=1,2,\cdots,c \tag{5-67}$$

(12) 将 D_{ij} 与 θ_c 比较，并把小于 θ_c 的 D_{ij} 按递增次序排列，取前 L 个

$$D_{i_1j_1}<D_{i_2j_2}<\cdots<D_{i_Lj_L} \tag{5-68}$$

(13) 考查式(5-68),对每一个 $D_{i_l j_l}(l=1,2,\cdots,L)$,相应有两个聚类中心 $\boldsymbol{Z}_{i_l}(J)$ 和 $\boldsymbol{Z}_{j_l}(J)$,则把两类合并,合并后的聚类中心为

$$\boldsymbol{Z}_l(J)=\frac{1}{N_{i_l}+N_{j_l}}\left[N_{i_l}\boldsymbol{Z}_{i_l}(J)+N_{j_l}\boldsymbol{Z}_{j_l}(J)\right],\quad l=1,2,\cdots,L$$

$c=c$-已并掉的类数。

(14) 若 $J<I$,则 $J=J+1$,如果修改给定参数则返回(1),不修改参数返回(2),否则 $J=I$,算法结束。

在上述算法步骤中,第(8)~(10)步为分裂,第(11)~(13)步为合并,算法的合并与分裂条件可归纳如下。

(1) 合并条件:(类内样数$<\theta_{\mathrm{n}}$)‖(类的数目$\geqslant 2K$)&&(两类间中心距离$<\theta_{\mathrm{c}}$)。

(2) 分裂条件:$\left(\text{类的数目}\leqslant\frac{K}{2}\right)$&&(类的最大分量的标准差$>\theta_{\mathrm{s}}$),即

$$(\sigma_{j\max}>\theta_{\mathrm{s}})\,\&\&\,\left[(\bar{D}_j>\bar{D})\,\&\&\,(N_j>2(\theta_{\mathrm{n}}+1))\parallel\left(c\leqslant\frac{K}{2}\right)\right]$$

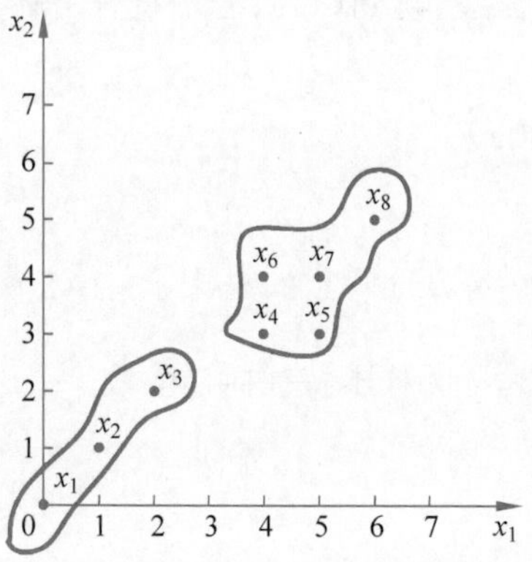

图 5-11 例 5.6 样本分布

这里,‖表示"或"的关系,&& 表示"与"的关系。当类的数目满足$\frac{K}{2}<c<2K$ 时,迭代运算的次数是偶数时合并,迭代运算的次数是奇次时分裂。

【例 5.6】 有一混合样本集,其样本分布如图 5-11 所示,试用 ISODATA 算法进行聚类分析。

【解】 如图 5-11 所示,样本数目 $N_1=8$,取类型数目初始值 $c=1$,执行 ISODATA 算法。

(1) 给定参数 $K=2,\theta_{\mathrm{n}}=2,\theta_{\mathrm{s}}=1,\theta_{\mathrm{c}}=4,L=0,I=4$,预选 $\boldsymbol{X}_1$ 为聚类中心,即 $\boldsymbol{Z}_1=[0,0]^{\mathrm{T}}$,令迭代次数 $J=1$。参数可任意选取,然后在迭代过程中加以调整。

(2) 因只有一个聚合中心 $\boldsymbol{Z}_1=[0,0]^{\mathrm{T}}$,故 $\omega_1:\{\boldsymbol{X}_1,\boldsymbol{X}_2,\cdots,\boldsymbol{X}_8\},N_1=8$。

(3) 因 $N_1=8>\theta_{\mathrm{n}}$,故没有子集舍弃。

(4) 计算新聚合中心:

$$\boldsymbol{Z}_1=\frac{1}{8}\sum_{\boldsymbol{X}_i\in\omega_i}\boldsymbol{X}_i=\left[\frac{1+2+4+4+5+5+6}{8},\frac{1+2+3+3+4+4+5}{8}\right]^{\mathrm{T}}$$

$$=[3.38,2.75]^{\mathrm{T}}$$

(5) 计算类内距离平均值:

$$\bar{D}_1=\frac{1}{N_1}\sum_{\boldsymbol{X}_i\in\omega_1}\parallel\boldsymbol{X}_i-\boldsymbol{Z}_1\parallel$$

$$=\frac{1}{8}\left[\sqrt{\left(\frac{27}{8}\right)^2+\left(\frac{22}{8}\right)^2}+\sqrt{\left(\frac{19}{8}\right)^2+\left(\frac{14}{8}\right)^2}+\sqrt{\left(\frac{11}{8}\right)^2+\left(\frac{6}{8}\right)^2}+\sqrt{\left(\frac{5}{8}\right)^2+\left(\frac{2}{8}\right)^2}+\right.$$

$$\left.\sqrt{\left(\frac{13}{8}\right)^2+\left(\frac{2}{8}\right)^2}+\sqrt{\left(\frac{5}{8}\right)^2+\left(\frac{10}{8}\right)^2}+\sqrt{\left(\frac{13}{8}\right)^2+\left(\frac{10}{8}\right)^2}+\sqrt{\left(\frac{21}{8}\right)^2+\left(\frac{18}{8}\right)^2}\right]$$

$$=2.26$$

(6) 计算类内总平均距离：

$$\overline{D}=\overline{D}_1=2.26$$

(7) 因不是最后一次迭代，且满足 $c=\frac{K}{2}$，进入(8)。

(8) 计算聚类 ω_1 中的标准偏差：

$$\sigma_{11}=\sqrt{\frac{1}{8}\sum_{\boldsymbol{X}_i\in\omega_1}(x_{i1}-z_{11})^2}$$

$$=\sqrt{\frac{1}{8}\left[\left(0-\frac{27}{8}\right)^2+\left(1-\frac{27}{8}\right)^2+\left(2-\frac{27}{8}\right)^2+\left(4-\frac{27}{8}\right)^2+\left(5-\frac{27}{8}\right)^2+\left(4-\frac{27}{8}\right)^2+\left(5-\frac{27}{8}\right)^2+\left(6-\frac{27}{8}\right)^2\right]}$$

$$=\sqrt{3.98}=1.99$$

$$\sigma_{12}=\sqrt{\frac{1}{8}\left[\left(\frac{22}{8}\right)^2+\left(\frac{14}{8}\right)^2+\left(\frac{6}{8}\right)^2+\left(\frac{2}{8}\right)^2+\left(\frac{22}{8}\right)^2+\left(\frac{10}{8}\right)^2+\left(\frac{10}{8}\right)^2+\left(\frac{18}{8}\right)^2\right]}=1.56$$

$$\boldsymbol{\sigma}_1=[\sigma_{11},\sigma_{12}]^{\mathrm{T}}=[1.99,1.56]^{\mathrm{T}}$$

(9) $\boldsymbol{\sigma}_1$ 中的最大偏差分量为 $\sigma_{11}=1.99$，即 $\sigma_{1\max}=1.99$。

(10) 因为 $\sigma_{1\max}>\theta_s$，且 $c=\frac{K}{2}$。所以把 ω_1 分裂成两个子类，取 $\alpha=0.5$，则 $0.5\sigma_{1\max}\approx 1$，故新的聚类中心分别为

$$\boldsymbol{Z}_1^+=[3.38+1,2.75]^{\mathrm{T}}=[4.38,2.75]^{\mathrm{T}}$$

$$\boldsymbol{Z}_1^-=[3.38-1,2.75]^{\mathrm{T}}=[2.38,2.75]^{\mathrm{T}}$$

将 $\boldsymbol{Z}_1^+$ 和 $\boldsymbol{Z}_1^-$ 改写为 $\boldsymbol{Z}_1$ 和 $\boldsymbol{Z}_2$，令 $c=c+1$，$J=J+1=2$，返回(2)。

(2)′ 按最小距离原则，重新聚类，得

$$\omega_1:\{\boldsymbol{X}_4,\boldsymbol{X}_5,\boldsymbol{X}_6,\boldsymbol{X}_7,\boldsymbol{X}_8\},N_1=5$$

$$\omega_2:\{\boldsymbol{X}_1,\boldsymbol{X}_2,\boldsymbol{X}_3\},N_2=3$$

(3)′ 因 $N_j>\theta_n$，故无合并。

(4)′ 重新计算聚类中心：

$$\boldsymbol{Z}_1=\frac{1}{N_1}\sum_{\boldsymbol{X}_i\in\omega_1}\boldsymbol{X}_i=[4.8,3.8]^{\mathrm{T}}$$

$$\boldsymbol{Z}_2=\frac{1}{N_2}\sum_{\boldsymbol{X}_i\in\omega_2}\boldsymbol{X}_i=[1.00,1.00]^{\mathrm{T}}$$

(5)′ 计算类内距离平均值：

$$\overline{D}_1=\frac{1}{N_1}\sum_{\boldsymbol{X}_i\in\omega_1}\|\boldsymbol{X}_i-\boldsymbol{Z}_1\|=1.06$$

$$\overline{D}_2=\frac{1}{N_2}\sum_{\boldsymbol{X}_i\in\omega_2}\|\boldsymbol{X}_i-\boldsymbol{Z}_2\|=0.94$$

(6)′ 计算类内总平均距离：

$$\overline{D}=\frac{1}{N}\sum_{j=1}^{2}N_j\cdot\overline{D}_j=\frac{1}{8}(5\times1.06+3\times0.94)=1.02$$

(7)′ 因是偶次迭代,故跳到(11)。

(11) 计算两个聚类中心之间的距离:

$$D_{12}=\|\boldsymbol{Z}_1-\boldsymbol{Z}_2\|=4.72$$

(12)~(13):因 $D_{12}>\theta_c$,故聚类中心不合并。

(14) 因为不是最后一次迭代,令 $J=J+1=3$,考虑是否修改参数。由上面结果可知,已获得合理的类别数目,两类别中心间距离大于类内总平均距离,每个类别都有足够比例的样本数目,且两类样本数相差不大,因此不必修改控制参数,返回(2)。

第(2)″~(6)″步与上次迭代相同。

(7)″ 所列情况均不满足,继续执行。

(8)″ 计算两个聚合的标准偏差。

$$\boldsymbol{\sigma}_1=[0.75,0.75]^{\mathrm{T}},\quad \boldsymbol{\sigma}_1=[0.82,0.82]^{\mathrm{T}}$$

(9)″ $\sigma_{1\max}=0.75,\sigma_{2\max}=0.82$。

(10)″ 因为 $c=\dfrac{K}{2}$,且 N_1 和 N_2 均小于 $2(\theta_n+1)$,分裂条件不满足。继续执行(11)。

第(11)′~(13)′步与前一次迭代结果相同。

(14)′ 因 $J<I$,令 $J=J+1=4$,故无须修改控制参数,返回(2)。

第(2)‴~(6)‴步与前一次迭代相同。

(7)‴ 因为 $J=I$,是最后一次迭代,所以令 $\theta_c=0$,跳到(11)。

第(11)″~(13)″步与前一次迭代相同。

(14)″ 因 $J=I$,故聚类过程结束。

在 ISODATA 算法中,起始聚合中心的选取对聚类过程和结果都有较大影响,如果选择得好,则算法收敛快,聚类质量高。

注意:ISODATA 与 C 均值算法的以下异同点。

(1) 都是动态聚类算法。

(2) C 均值算法较简单,ISODATA 算法较复杂。

(3) 在 C 均值算法中,类型数目固定;在 ISODATA 算法中,类型数目可变。

5.6 Python 示例

【例 5.7】 使用 Python 对最大最小距离算法进行仿真,并通过该算法对二维模式样本 x=[0 3 2 1 5 4 6 5 6 7;0 8 2 1 3 8 3 4 4 5]进行聚类,样本共有 10 个点,设置合适的阈值,最后将其分为 3 类。

```
import math
import numpy as np
import matplotlib.pyplot as plt
import matplotlib as mpl

mpl.rcParams['font.sans-serif'] = [u'SimHei']  # 设置字体为 SimHei 显示中文
mpl.rcParams['axes.unicode_minus'] = False      # 设置正常显示字符

def calcuDistance(data1, data2):
    """ 计算两个模式样本之间的欧氏距离 """
```

```
    distance = 0
    for i in range(len(data1)):
        distance += pow((data1[i] - data2[i]), 2)
    return math.sqrt(distance)

def maxmin_distance_cluster(data, Theta):
    """
    :param data: 输入样本数据,每行一个特征
    :param Theta:阈值,一般设置为 0.5,阈值越小聚类中心越多
    :return:样本分类,聚类中心
    """
    maxDistance = 0
    start = 0                                  # 初始选一个中心点
    index = start                              # 相当于指针指示新中心点的位置
    k = 0                                      # 中心点计数,也即是类别

    dataNum = len(data)                        # 样本数
    distance = np.zeros((dataNum,))
    minDistance = np.zeros((dataNum,))
    classes = np.zeros((dataNum,))
    centerIndex = [index]

    ptrCen = data[0]                           # 初始选择第一个为聚类中心点
    # 寻找第二个聚类中心,即与第一个聚类中心最大距离的样本点
    for i in range(dataNum):
        ptr1 = data[i]
        d = calcuDistance(ptr1, ptrCen)
        distance[i] = d
        classes[i] = k + 1
        if (maxDistance < d):
            maxDistance = d
            index = i                          # 与第一个聚类中心距离最大的样本
            print("与第一个聚类中心的距离为:{},索引为:{}".format(distance[i], index))
                                               # 打印欧氏距离及新的聚类中心
    minDistance = distance.copy()
    maxVal = maxDistance
    while maxVal > (maxDistance * Theta):
        k = k + 1
        centerIndex += [index]                 # 新的聚类中心
        for i in range(dataNum):
            ptr1 = data[i]
            ptrCen = data[centerIndex[k]]
            d = calcuDistance(ptr1, ptrCen)
            distance[i] = d
            # 按照当前最近邻方式分类,哪个近就分哪个类别
            if minDistance[i] > distance[i]:
                minDistance[i] = distance[i]
                classes[i] = k + 1
        # 寻找 minDistance 中的最大距离,若 maxVal > (maxDistance * Theta),则说明存在下一
        # 个聚类中心
        index = np.argmax(minDistance)
            print("最小值中的最大值:{},索引为:{}".format(minDistance[i], index))
        maxVal = minDistance[index]
```

```
    return classes, centerIndex

data = [[0, 0], [3, 8], [2, 2], [1, 1], [5, 3], [4, 8], [6, 3], [5, 4], [6, 4], [7, 5]]
Theta = 0.5
classes, centerIndex = maxmin_distance_cluster(data, Theta)
print("样本所属类别:",classes)

marker = ['o', '*', 's']
color = ['r', 'b', 'g']
data = np.array(data)

plt.figure(figsize=(10,6),dpi=120)
plt.xlim(-1, 8)
plt.ylim(-1, 9)    # 设置坐标范围

# 画出样本数据
for idc in np.unique(classes):
    tag = classes == idc
    index = int(idc - 1)
    plt.scatter(data[tag,:][:, 0], data[tag,:][:,1], c=color[index],
                marker=marker[index], label=f"第{int(idc)}类", s=120)
# 画出中心点
for i in range(len(centerIndex)):
    plt.scatter(data[centerIndex[i]][0], data[centerIndex[i]][1], c=color[i], marker='x',
s=500)
plt.legend(loc="lower right",fontsize=16)
plt.grid(True, alpha=0.6)
plt.show()
```

第 16 集
微课视频

运行结果：

```
与第一个聚类中心的距离为:0.0,索引为:0
与第一个聚类中心的距离为:8.54400374531753,索引为:1
与第一个聚类中心的距离为:2.8284271247461903,索引为:1
与第一个聚类中心的距离为:1.4142135623730951,索引为:1
与第一个聚类中心的距离为:5.830951894845301,索引为:1
与第一个聚类中心的距离为:8.94427190999916,索引为:5
与第一个聚类中心的距离为:6.708203932499369,索引为:5
与第一个聚类中心的距离为:6.4031242374328485,索引为:5
与第一个聚类中心的距离为:7.211102550927978,索引为:5
与第一个聚类中心的距离为:8.602325267042627,索引为:5
最小值中的最大值:4.242640687119285,索引为:6
最小值中的最大值:2.23606797749979,索引为:2
样本所属类别: [1. 2. 1. 1. 3. 2. 3. 3. 3. 3.]
```

运行结果如图 5-12 所示。

【例 5.8】 使用 Python 对基于函数准则的 C 均值算法进行仿真，并实现对样本的聚类。选择的样本 X 为二维模式样本，设置两个聚类中心，画出样本聚类情况，并判断[2, 3]和[6, 9]分别属于哪一类。

```
import numpy as np
from matplotlib import pyplot
from pprint import pprint
```

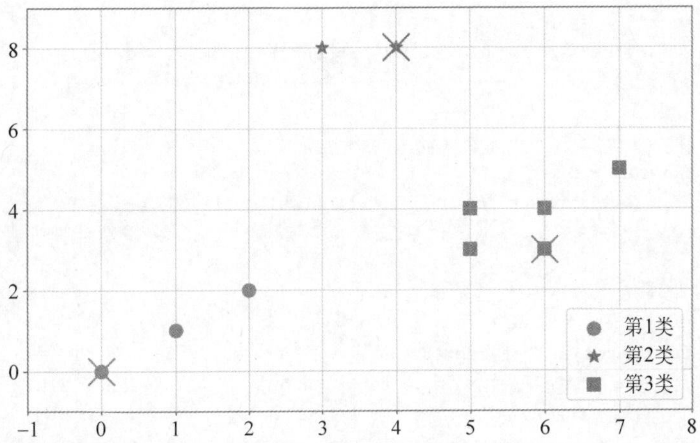

图 5-12 运行结果

```
import matplotlib as mpl

class K_Means(object):
    def __init__(self, k = 2, tolerance = 0.0001, max_iter = 300):
        """
        :param k:分组数
        :param tolerance:中心点误差
        :param max_iter:迭代次数
        """
        self.k_ = k
        self.tolerance_ = tolerance
        self.max_iter_ = max_iter

    def fit(self, data):
        """ k均值计算 """
        self.centers_ = {}                              # 中心点
        for i in range(self.k_):
            self.centers_[i] = data[i]

        for i in range(self.max_iter_):
            self.clf_ = {}                              # 分组情况
            for j in range(self.k_):
                self.clf_[j] = []                       # 每次迭代清空分组结果
            for feature in data:
                distances = []
                for center in self.centers_:
                    distances.append(np.linalg.norm(feature - self.centers_[center]))
                                                        # 欧氏距离
                classification = distances.index(min(distances))
                                                        # 单个数据的分组结果
                self.clf_[classification].append(feature)
                                                        # 将单个数据添加到不同组中

            print(f"第{i + 1}次迭代")
            print("中心点:",end = ' ')
            pprint(self.centers_)
```

```
            print("分组情况:",)
            pprint(self.clf_, width = 120, indent = 4, compact = True)
            print("-------------------------------------")

            prev_centers = dict(self.centers_)
            for c in self.clf_:
                self.centers_[c] = np.average(self.clf_[c], axis = 0)
                                                        # 重新计算中心点坐标

            # 中心点是否在误差范围
            optimized = True
            for center in self.centers_:
                org_centers = prev_centers[center]         # 上一次的中心点坐标
                cur_centers = self.centers_[center]        # 这一次的中心点坐标
                if np.sum((cur_centers - org_centers) / (org_centers * 100.0 + 1e-6)) >
self.tolerance_:
                    optimized = False
            if optimized:
                break  # 两次中心点坐标比较相差无几后,结束循环

    def predict(self, p_data):
        """  k均值预测数据  """
        distances = [np.linalg.norm(p_data - self.centers_[center]) for center in self.
centers_]                                               # 欧氏距离
        index = distances.index(min(distances))         # 单个数据的分组结果
        return index

x = np.array([[0, 0], [1, 0], [0, 1], [1, 1], [2, 1], [1, 2], [2, 2], [3, 2], [6, 6], [7, 6],
[8, 6], [6, 7], [7, 7], [8, 7], [9, 7], [7, 8], [8, 8], [9, 8], [8, 9], [9, 9]])
k_means = K_Means(k = 2)                                # 分成2类
k_means.fit(x)

# 开始绘图
pyplot.figure(figsize = (10, 8), dpi = 120)
for i, center in enumerate(k_means.centers_):
    # 画出中心点
    pyplot.scatter(k_means.centers_[center][0], k_means.centers_[center][1],marker = '*',
s = 150, label = f"第{i}类中心")

for i, cat in enumerate(k_means.clf_):
    point = np.array(k_means.clf_[cat])
    pyplot.scatter(point[:, 0], point[:, 1], c = ('r' if cat == 0 else 'b'), label = f"第{i}
类")                                                    # 画出样本数据

predict = [[2, 3], [6, 9]]
for feature in predict:
    cat = k_means.predict(feature)
    pyplot.scatter(feature[0], feature[1], c = (
        'r' if cat == 0 else 'b'), marker = 'x',
              label = "待检测样本")                     # 画出预测数据

pyplot.legend(loc = "lower right", fontsize = 16)
pyplot.grid(True, alpha = 0.6)
pyplot.show()
```

运行结果：

```
第 1 次迭代
中心点：{0: array([0, 0]), 1: array([1, 0])}
-----------------------------------------------------------------
第 2 次迭代
中心点：{0: array([0. , 0.5]), 1: array([5.66666667, 5.33333333])}
-----------------------------------------------------------------
第 3 次迭代
中心点：{0: array([1.25 , 1.125]), 1: array([7.66666667, 7.33333333])}
```

聚类结果如图 5-13 所示。

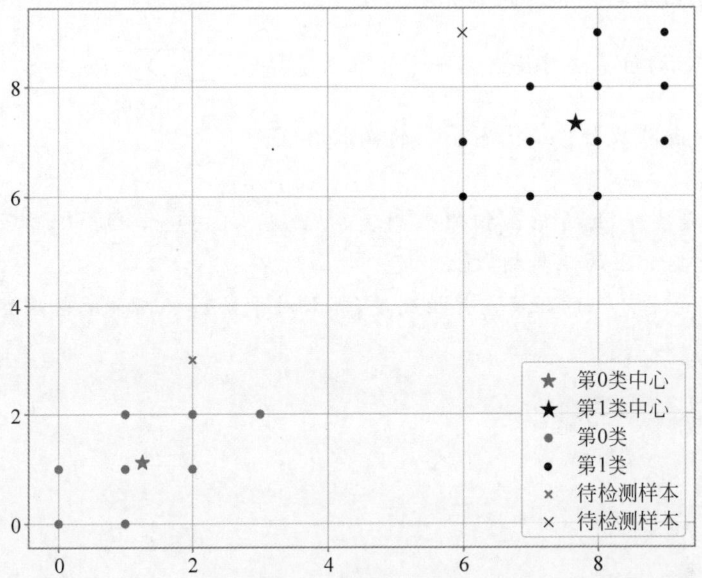

图 5-13 聚类结果

对获取的数据具有随机性的样本可采用 Bayes 理论进行分类，其前提是各类别总体的概率分布已知，要决策的分类的类别数一定。对于确定性的模式，如果类别已知(训练样本属性也已知)，则可以通过第 2 章介绍的方法进行分类。然而在实际应用中，不少情况下无法预先知道样本的标签，也就是说没有训练样本，因而只能从原先没有样本标签的样本集开始进行分类器设计，这就是通常说的无监督学习方法，这就是本章介绍的聚类分析方法。聚类分析无训练过程，训练与识别混合在一起完成。

习题及思考题

5.1 证明马哈拉诺比斯距离是平移不变的、非奇异线性变换不变的。

5.2 简述有监督学习方法和无监督学习方法的异同。

5.3 请聚类下列数据(其中(x,y)代表坐标)，将其分为三个簇。

$A_1(2,10)$，$A_2(2,5)$，$A_3(8,4)$，$B_1(5,8)$，$B_2(7,5)$，$B_3(6,4)$，$C_1(1,2)$，$C_2(4,9)$

其距离为欧氏(欧几里得)距离。起初假设 A_1、B_1、C_1 为每个簇的聚类中心。用 C 均值算法给出：在第一次循环后的三个簇中心和最终的三个簇中心。

5.4 ISODATA 算法较之于 C 均值算法的优势何在？

5.5 (1) 设有 $\boldsymbol{M}$ 类模式 $\omega_j, j=1,2,\cdots,M$，试证明总体离散度矩阵 $\boldsymbol{S}_t$ 是总的类内离散度矩阵 $\boldsymbol{S}_{\mathrm{w}}$ 与类间离散度矩阵 $\boldsymbol{S}_{\mathrm{b}}$ 之和，即 $\boldsymbol{S}_{\mathrm{t}}=\boldsymbol{S}_{\mathrm{w}}+\boldsymbol{S}_{\mathrm{b}}$。

(2) 设有二维样本：$\boldsymbol{x}_1=[-1,0]^T$，$\boldsymbol{x}_2=[0,-1]^T$，$\boldsymbol{x}_3=[0,0]^T$，$\boldsymbol{x}_4=[2,0]^T$ 和 $x_5=[0,2]^T$。试选用一种合适的方法进行一维特征提取 $\boldsymbol{y}_i=\boldsymbol{W}^{\mathrm{T}}\boldsymbol{x}_i$。要求求出变换矩阵 $\boldsymbol{W}$，并求出变换结果 $\boldsymbol{y}_i(i=1,2,3,4,5)$。

(3) 根据(2)特征提取后的一维特征，选用一种合适的聚类算法将这些样本分为两类，要求每类样本个数不少于两个，并写出聚类过程。

5.6 (1) 试给出 C 均值算法的算法流程。

(2) 试证明 C 均值算法可使误差平方和准则 $J^{(k)}=\sum_{j=1}^{c}\sum_{x_i\in\omega_j^{(k)}}(x_i-z_j^{(k)})^{\mathrm{T}}(x_i-z_j^{(k)})$ 最小。其中，k 是迭代次数；$z_j^{(k)}$ 是 $\omega_j^{(k)}$ 的样本均值。

5.7 证明：

(1) 如果 s 是类 x 上的距离相似性测度，$\forall x,y>0, s(x,y)>0$，那么对于 $\forall a>0$，$s(x,y)+a$ 也是类 x 上的距离相似性测度。

(2) 如果 d 是类 x 上的距离差异性测度，那么对于 $\forall a>0, d+a$ 也是类 x 上的距离差异性测度。

第 6 章 特征提取与选择

CHAPTER 6

模式识别的主要任务是设计分类器，将样本划分为相应的类别，获得好的分类性能。而前面章节讨论的分类器设计方法，都是认为样本的特征已经确定，各类样本都分布在由该特征所决定的空间内。因此，分类器设计问题是一个使用什么方法将已确定的特征空间合理划分的问题。分类器设计方法固然重要，但样本的特征选择与提取也是模式识别系统的一个关键性问题。好的特征可以使同类样本的分布更加紧密，不同类别样本则在该特征空间中更加容易分开，这就为分类器设计奠定了良好的基础。反之，如果不同类别的样本在该特征空间中混杂在一起，再好的设计方法也无法提高分类器的准确性。本章要讨论的就是给定训练样本集，如何设计特征空间的问题。

6.1 类别可分性判据

特征选择与提取的实质是对原始特征空间进行优化，这就需要对优化的结果进行评价。在实际应用中经常采用的评价方法是对分类系统的性能进行测试。最直接的测试指标当然是识别率，其他指标还有识别计算速度、存储容量等。本章讨论评价方法的目的在于找出对特征空间进行优化的具体算法。

对特征空间进行优化的任务是求出一组对分类最有效的特征，所谓有效是指在特征维数减少到同等水平时，其分类性能达到最优。因此需要设计出定量分析方法，判断所得到的特征或所选取的特征维数是否对分类最有利，这种用以定量检验分类性能的准则称为类别可分性判据。

一般来说，分类器最基本的性能评估是其分类的错误率，如果能用反映错误率大小的准则，在理论上是最合适的。但是，正如在前述章节讨论中提到的，对错误率的计算是极其复杂的，以至于很难构筑直接基于错误率的判据。为此，人们设法从另一些更直观的方法出发，设计出一些类别可分性判据的准则，用来检验不同的特征组合对分类性能好坏的影响，进而导出特征选择与特征提取的方法。通常，希望构造的可分性判据满足下列要求：

(1) 与误判概率有单调关系。

(2) 当模式的特征独立时，判据有可加性，即

$$J_{ij}(\boldsymbol{X}_1, \boldsymbol{X}_2, \cdots, \boldsymbol{X}_d) = \sum_{k=1}^{d} J_{ij}(\boldsymbol{X}_k)$$

(3) 判据具有距离的某些特性，即

$$\begin{cases} J_{ij} > 0, & i \neq j \\ J_{ij} = 0, & i = j \\ J_{ij} = J_{ji} \end{cases}$$

(4) 对特征数目是单调不减的，即

$$J_{ij}(x_1, x_2, \cdots, x_d) \leqslant J_{ij}(x_1, x_2, \cdots, x_d, x_{d+1})$$

在实际应用中，有些判据并不一定能同时满足上述四个条件，但并不影响其使用。

6.2 基于距离的可分性判据

基于距离的可分性判据的实质是 Fisher 准则的延伸，即同时考虑样本的类内聚集程度与类间的离散程度这两个因素。这种判据对特征空间优化的结果能够较好地体现类内密集、类间分离的目的，也就是说，一些不能体现类间分隔开的特征在对特征空间进行优化的过程中很可能被剔除了。

基于距离度量在几何上具有直观性，因为一般情况下同类样本在特征空间呈聚类状态，即从总体上说同类样本由于具有共性，因此类内样本间距离应比类间样本间距离小。Fisher 准则正是以使类间距离尽可能大同时又保持类内距离较小这一思想设计的。同样，在特征选择与特征提取中也使用类似的思想，称为基于距离的可分性判据。

第 17 集
微课视频

为了度量类内、类间的距离，也可用另一种描述方法，即描述样本的离散程度的方法。在讨论 Fisher 准则时曾用过以下两个描述离散度的矩阵。

(1) 类间离散度矩阵 $\boldsymbol{S}_{\mathrm{b}}$，即

$$\boldsymbol{S}_{\mathrm{b}} = (\bar{\boldsymbol{m}}_1 - \bar{\boldsymbol{m}}_2)(\bar{\boldsymbol{m}}_1 - \bar{\boldsymbol{m}}_2)^{\mathrm{T}} \tag{6-1}$$

式中，$\bar{\boldsymbol{m}}_i$ 表示第 i 类的均值向量。

(2) 类内离散度矩阵 $\boldsymbol{S}_{\mathrm{w}}$，有

$$\boldsymbol{S}_{\mathrm{w}} = \boldsymbol{S}_1 + \boldsymbol{S}_2 \tag{6-2}$$

式中，$\boldsymbol{S}_i = \sum\limits_{\boldsymbol{X} \in \boldsymbol{\Omega}_i} (\boldsymbol{X} - \bar{\boldsymbol{m}}_i)(\boldsymbol{X} - \bar{\boldsymbol{m}}_i)^{\mathrm{T}}, i = 1, 2$。

以上公式是针对两类别情况的，如果推广至 c 类情况，同时考虑各类的先验概率 P_i 不相等，则可将上列各式表示为

$$\boldsymbol{S}_{\mathrm{b}} = \sum_{i=1}^{c} P_i (\bar{\boldsymbol{m}}_i - \bar{\boldsymbol{m}})(\bar{\boldsymbol{m}}_i - \bar{\boldsymbol{m}})^{\mathrm{T}} \tag{6-3}$$

$$\boldsymbol{S}_{\mathrm{w}} = \sum_{i=1}^{c} \boldsymbol{P}_i \boldsymbol{E}_i [(\boldsymbol{X} - \bar{\boldsymbol{m}}_i)(\boldsymbol{X} - \bar{\boldsymbol{m}}_i)^{\mathrm{T}}] \tag{6-4}$$

式中，$\bar{\boldsymbol{m}}$ 为所有样本的总均值向量，E_i 表示第 i 类的期望。

利用式(6-3)与式(6-4)可以将基于距离的可分性判据表示如下几种形式。

1. 特征向量间平均距离的判据

$$J_1(\boldsymbol{X}) = \mathrm{tr}(\boldsymbol{S}_{\mathrm{w}} + \boldsymbol{S}_{\mathrm{b}}) \tag{6-5}$$

式中，tr(·)表示矩阵的迹。

式(6-5)实际上是从计算特征向量间总平均距离的公式推导得到的,该式可写成

$$J_d(\boldsymbol{X})=\frac{1}{2}\sum_{i=1}^{c}P_i\sum_{j=1}^{c}P_j\frac{1}{n_in_j}\sum_{k=1}^{n_i}\sum_{l=1}^{n_j}\delta(\boldsymbol{X}_k^{(i)},\boldsymbol{X}_l^{(j)}) \tag{6-6}$$

式中,P_i、P_j 分别表示各类的先验概率,n_i、n_j 分别是第 i 与 j 类的样本个数,$\delta(\boldsymbol{X}_k^{(i)},\boldsymbol{X}_l^{(j)})$ 表示第 i 类的第 k 个与 j 类第 l 个样本之间的距离度量。

在欧氏距离情况下有

$$\delta(\boldsymbol{X}_k^{(i)},\boldsymbol{X}_l^{(j)})=(\boldsymbol{X}_k^{(i)}-\boldsymbol{X}_l^{(j)})^{\mathrm{T}}(\boldsymbol{X}_k^{(i)}-\boldsymbol{X}_l^{(j)}) \tag{6-7}$$

分别用 $\bar{\boldsymbol{m}}_i$ 和 $\bar{\boldsymbol{m}}$ 表示第 i 类样本的均值向量与总体样本的均值向量,得

$$\bar{\boldsymbol{m}}_i=\frac{1}{n_i}\sum_{k=1}^{n_i}\boldsymbol{X}_k^{(i)} \tag{6-8}$$

$$\bar{\boldsymbol{m}}=\sum_{i=1}^{c}P_i\bar{\boldsymbol{m}}_i \tag{6-9}$$

将式(6-8)和式(6-9)代入式(6-6),得

$$J_d(\boldsymbol{X})=\sum_{i=1}^{c}P_i\left[\frac{1}{n_i}\sum_{k=1}^{n_i}(\boldsymbol{X}_k^{(i)}-\boldsymbol{m}_i)^{\mathrm{T}}(\boldsymbol{X}_k^{(i)}-\boldsymbol{m}_i)+(\boldsymbol{m}_i-\boldsymbol{m})^{\mathrm{T}}(\boldsymbol{m}_i-\boldsymbol{m})\right] \tag{6-10}$$

式(6-10)中 $(\boldsymbol{X}_k^{(i)}-\boldsymbol{m}_i)^{\mathrm{T}}(\boldsymbol{X}_k^{(i)}-\boldsymbol{m}_i)$ 为类内各特征向量之间的平方距离,$(\boldsymbol{m}_i-\boldsymbol{m})^{\mathrm{T}}(\boldsymbol{m}_i-\boldsymbol{m})$ 为第 i 类的均值向量与总体均值向量之间的平方距离,$(\boldsymbol{m}_i-\boldsymbol{m})^{\mathrm{T}}(\boldsymbol{m}_i-\boldsymbol{m})$ 可表示为

$$\sum_{i=1}^{c}P_i(\bar{\boldsymbol{m}}_i-\bar{\boldsymbol{m}})^{\mathrm{T}}(\bar{\boldsymbol{m}}_i-\bar{\boldsymbol{m}})=\frac{1}{2}\sum_{i=1}^{c}P_i\sum_{j=1}^{c}P_j(\bar{\boldsymbol{m}}_i-\bar{\boldsymbol{m}}_j)^{\mathrm{T}}(\bar{\boldsymbol{m}}_i-\bar{\boldsymbol{m}}_j) \tag{6-11}$$

显然,利用式(6-10)与式(6-11)就可得到式(6-5)。需指出的是,由式(6-6)推导的各式利用的是有限样本数据,因此得到的都是母体各量的估计值,而式(6-5)利用的是母体的离散度矩阵。

2. 类内类间距离的判据

判据 $J_1(\boldsymbol{X})$ 是建立在计算特征向量的总平均距离基础上的一种距离度量,直观上,我们希望变换后特征向量的类间离散度尽量大,类内离散度尽量小,因此还可以提出以下各种实用的判据。

$$J_2(\boldsymbol{X})=\mathrm{tr}(\boldsymbol{S}_{\mathrm{w}}^{-1}\boldsymbol{S}_{\mathrm{b}}) \tag{6-12}$$

$$J_3(\boldsymbol{X})=\ln\left[\frac{|\boldsymbol{S}_{\mathrm{b}}|}{|\boldsymbol{S}_{\mathrm{w}}|}\right] \tag{6-13}$$

$$J_4(\boldsymbol{X})=\frac{\mathrm{tr}(\boldsymbol{S}_{\mathrm{b}})}{\mathrm{tr}(\boldsymbol{S}_{\mathrm{w}})} \tag{6-14}$$

$$J_5(\boldsymbol{X})=\frac{|\boldsymbol{S}_{\mathrm{w}}+\boldsymbol{S}_{\mathrm{b}}|}{|\boldsymbol{S}_{\mathrm{w}}|} \tag{6-15}$$

式中,$|\cdot|$ 表示矩阵对应的行列式。

由上述判据的构造可知,当类模内模式比较密集,类间模式比较分散时,所得判据值也较大,分类就更加容易。

6.3 按概率距离判据的特征提取方法

6.2节依据样本在特征空间的分布距离，建立了特征提取的判据。这种判据具有思路直观、计算简便的优点，其缺点是没有考虑各类样本的概率分布。因此，当不同类样本中有部分在特征空间中交叠分布时，简单地按距离划分，无法表明判据与错误概率之间的联系。基于概率分布的可分性判据则依据如下观察到的现象。

如果我们不考虑各类的先验概率，或假设两类样本的先验概率相等，那么从两类条件概率分布可以看出，如果两类条件概率分布互不交叠，即对 $p(\boldsymbol{X}|\omega_2)\neq 0$ 处都有 $p(\boldsymbol{X}|\omega_1)=0$，如图 6-1(a)所示，则这两类就完全可分；另一种极端情况是对所有 $\boldsymbol{X}$ 都有 $p(\boldsymbol{X}|\omega_1)=p(\boldsymbol{X}|\omega_2)$，如图 6-1(b)所示，则这两类就完全不可分。

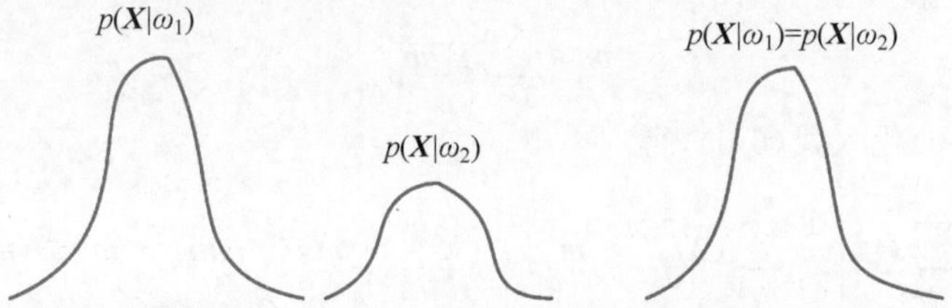

图 6-1 两类样本的条件概率密度分布

因此，人们设计出与概率分布交叠程度有关的距离度量方法，这些距离 J_p 有以下几个共同点。

(1) J_p 非负，即 $J_p\geqslant 0$。

(2) 当两类完全不交叠时，J_p 达到其最大值。

(3) 当两类分布密度相同时，$J_p=0$，这种函数的一般式可表示为

$$J=\int g\left[p(\boldsymbol{X}\mid\omega_1),p(\boldsymbol{X}\mid\omega_1),p_1,p_2\right] \tag{6-16}$$

下面讨论一些常用的概率距离度量。

1. 巴塔恰里亚距离和切诺夫界限

巴塔恰里亚(Bhattacharyya)距离的定义为

$$J_{\mathrm{B}}=-\ln\int\left[p(\boldsymbol{X}\mid\omega_1)p(\boldsymbol{X}\mid\omega_2)\right]^{1/2}\mathrm{d}\boldsymbol{X} \tag{6-17}$$

由式(6-17)可以看出，当 $p(\boldsymbol{X}|\omega_1)=p(\boldsymbol{X}|\omega_2)$对所有 $\boldsymbol{X}$ 值成立时，$J_{\mathrm{B}}=0$；而当两类的分布完全不交叠时，J_{B} 为无穷大。

切诺夫(Chernoff)界限的定义为

$$J_{\mathrm{C}}=-\ln\int\left[p^{S}(\boldsymbol{X}\mid\omega_1)p^{1-S}(\boldsymbol{X}\mid\omega_2)\right]\mathrm{d}\boldsymbol{X} \tag{6-18}$$

式中，S 是[0,1]区间的一个参数。

当 $S=0.5$ 时，式(6-18)变为式(6-17)，因此 J_{B} 是 J_{C} 的一个特例。

2. 散度

另一种常用的基于概率距离度量的判据是利用似然比或对数似然比。对两类问题，其

对数似然比为

$$l_{ij}=\ln\frac{p(\boldsymbol{X}\mid\omega_i)}{p(\boldsymbol{X}\mid\omega_j)} \tag{6-19}$$

如果对某个 $\boldsymbol{X}$, $p(\boldsymbol{X}|\omega_i)=p(\boldsymbol{X}|\omega_j)$,则 $l_{ij}=0$;反之,若两者差异越大,则 l_{ij} 的绝对值越大。式(6-19)只是对某一 $\boldsymbol{X}$ 值而言,为了对整个特征空间概率分布的差异程度做出评价,ω_i 类相对 ω_j 的可分性信息定义为

$$I_{ij}=E[l_{ij}(\boldsymbol{X})]=\int_{\boldsymbol{X}}p(\boldsymbol{X}\mid\omega_i)\ln\frac{p(\boldsymbol{X}\mid\omega_i)}{p(\boldsymbol{X}\mid\omega_j)}\mathrm{d}\boldsymbol{X} \tag{6-20}$$

ω_j 类相对 ω_i 的可分性信息定义为

$$I_{ji}=E[l_{ji}(\boldsymbol{X})]=\int_{\boldsymbol{X}}p(\boldsymbol{X}\mid\omega_j)\ln\frac{p(\boldsymbol{X}\mid\omega_j)}{p(\boldsymbol{X}\mid\omega_i)}\mathrm{d}\boldsymbol{X} \tag{6-21}$$

总的平均可分信息可表示为

$$J_{\mathrm{D}}=I_{ij}+I_{ji}=\int_{\boldsymbol{X}}[p(\boldsymbol{X}\mid\omega_i)-p(\boldsymbol{X}\mid\omega_j)]\ln\frac{p(\boldsymbol{X}\mid\omega_i)}{p(\boldsymbol{X}\mid\omega_j)}\mathrm{d}\boldsymbol{X} \tag{6-22}$$

J_{D} 被称为散度,从其数学构造上来看,式中被积函数概率密度之差和概率密度之比能反映出两个类样本分布的重叠程度,同时被积函数中两因式永远同号,故其乘积非负。有关散度的具体含义将结合正态分布的例子说明。

3. 正态分布时基于概率分布距离度量

显然,在一般情况下由于概率分布本身的复杂形式,以上这些基于概率分布的判据相当复杂。但当模式的概率分布具有某种特定参数形式,尤其是呈正态分布时,判据的表达式可以得到进一步简化。下面讨论两类别正态分布时散度判据的表达式。

设两类的概率密度函数为

$$p(\boldsymbol{X}\mid\omega_i)=\frac{1}{(2\pi)^{d/2}\,|\boldsymbol{\Sigma}_i|^{1/2}}\exp\left[-\frac{1}{2}(\boldsymbol{X}-\boldsymbol{\mu}_i)^{\mathrm{T}}\boldsymbol{\Sigma}_i^{-1}(\boldsymbol{X}-\boldsymbol{\mu}_i)\right] \tag{6-23}$$

$$p(\boldsymbol{X}\mid\omega_j)=\frac{1}{(2\pi)^{d/2}\,|\boldsymbol{\Sigma}_j|^{1/2}}\exp\left[-\frac{1}{2}(\boldsymbol{X}-\boldsymbol{\mu}_j)^{\mathrm{T}}\boldsymbol{\Sigma}_j^{-1}(\boldsymbol{X}-\boldsymbol{\mu}_j)\right] \tag{6-24}$$

两类样本的对数似然比为

$$l_{ij}=\frac{1}{2}\ln\left|\frac{\boldsymbol{\Sigma}_j}{\boldsymbol{\Sigma}_i}\right|-\frac{1}{2}(\boldsymbol{X}-\boldsymbol{\mu}_i)^{\mathrm{T}}\boldsymbol{\Sigma}_i^{-1}(\boldsymbol{X}-\boldsymbol{\mu}_i)+\frac{1}{2}(\boldsymbol{X}-\boldsymbol{\mu}_j)^{\mathrm{T}}\boldsymbol{\Sigma}_j^{-1}(\boldsymbol{X}-\boldsymbol{\mu}_j) \tag{6-25}$$

利用矩阵迹的性质 $\boldsymbol{A}^{\mathrm{T}}\boldsymbol{B}=\mathrm{tr}(\boldsymbol{B}\boldsymbol{A}^{\mathrm{T}})$,$\boldsymbol{A}$、$\boldsymbol{B}$ 表示向量,则式(6-25)可改写为

$$\begin{aligned}l_{ij}=&\frac{1}{2}\ln\left|\frac{\boldsymbol{\Sigma}_j}{\boldsymbol{\Sigma}_i}\right|-\frac{1}{2}\mathrm{tr}[\boldsymbol{\Sigma}_i^{-1}(\boldsymbol{X}-\boldsymbol{\mu}_i)(\boldsymbol{X}-\boldsymbol{\mu}_i)^{\mathrm{T}}]+\\&\frac{1}{2}\mathrm{tr}[\boldsymbol{\Sigma}_j^{-1}(\boldsymbol{X}-\boldsymbol{\mu}_j)(\boldsymbol{X}-\boldsymbol{\mu}_j)^{\mathrm{T}}]\end{aligned} \tag{6-26}$$

将其代入 I_{ij} 的计算公式,并简化得

$$I_{ij}=\frac{1}{2}\ln\left|\frac{\boldsymbol{\Sigma}_j}{\boldsymbol{\Sigma}_i}\right|-\frac{1}{2}\mathrm{tr}[\boldsymbol{\Sigma}_i(\boldsymbol{\Sigma}_j^{-1}-\boldsymbol{\Sigma}_i^{-1})]+\frac{1}{2}\mathrm{tr}[\boldsymbol{\Sigma}_j^{-1}(\boldsymbol{\mu}_i-\boldsymbol{\mu}_j)(\boldsymbol{\mu}_i-\boldsymbol{\mu}_j)^{\mathrm{T}}] \tag{6-27}$$

将式(6-27)代入式(6-22),得

$$J_{\mathrm{D}}=\frac{1}{2}\mathrm{tr}[\boldsymbol{\Sigma}_i^{-1}\boldsymbol{\Sigma}_j+\boldsymbol{\Sigma}_j^{-1}\boldsymbol{\Sigma}_i-2I]+\frac{1}{2}\mathrm{tr}[(\boldsymbol{\mu}_i-\boldsymbol{\mu}_j)^{\mathrm{T}}(\boldsymbol{\Sigma}_i^{-1}+\boldsymbol{\Sigma}_j^{-1})(\boldsymbol{\mu}_i-\boldsymbol{\mu}_j)] \tag{6-28}$$

显然，当$\boldsymbol{\Sigma}_i=\boldsymbol{\Sigma}_j=\boldsymbol{\Sigma}$ 时，则

$$J_{\mathrm{D}}=(\boldsymbol{\mu}_i-\boldsymbol{\mu}_j)^{\mathrm{T}}\boldsymbol{\Sigma}^{-1}(\boldsymbol{\mu}_i-\boldsymbol{\mu}_j) \tag{6-29}$$

上式为两个类心 Mahalanobis 距离的平方。在正态分布时，Bhattacharyya 距离 J_{B} 可表示为

$$J_{\mathrm{B}}=\frac{1}{8}(\boldsymbol{\mu}_i-\boldsymbol{\mu}_j)^{\mathrm{T}}\left[\frac{\boldsymbol{\Sigma}_i+\boldsymbol{\Sigma}_j}{2}\right](\boldsymbol{\mu}_i-\boldsymbol{\mu}_j)+\frac{1}{2}\ln\frac{\left|\frac{1}{2}(\boldsymbol{\Sigma}_i+\boldsymbol{\Sigma}_j)\right|}{[|\boldsymbol{\Sigma}_i||\boldsymbol{\Sigma}_j|]^{1/2}} \tag{6-30}$$

当$\boldsymbol{\Sigma}_i=\boldsymbol{\Sigma}_j=\boldsymbol{\Sigma}$ 时

$$J_{\mathrm{B}}=\frac{1}{8}(\boldsymbol{\mu}_i-\boldsymbol{\mu}_j)^{\mathrm{T}}\boldsymbol{\Sigma}^{-1}(\boldsymbol{\mu}_i-\boldsymbol{\mu}_j) \tag{6-31}$$

它与散度 J_{D} 的表达式只差一个常系数。

6.4 基于熵函数的可分性判据

概率距离可分性判据是依据类条件概率分布定义的判据准则。由贝叶斯准则可知，最佳分类器实际上是由后验概率决定的，因此这一节讨论基于后验概率分布的判据。如果对某些特征，各类后验概率都相等，即

$$P(\omega_i \mid \boldsymbol{X})=\frac{1}{c} \tag{6-32}$$

式中，c 为类别数，则样本的类别归属就无法确定，或者只能任意指定样本所属类别。此时误判率为

$$P_{\mathrm{e}}=1-\frac{1}{c}=\frac{c-1}{c} \tag{6-33}$$

这也就是错误率最大的情况。

考虑另一极端，假设能有一组特征可使

$$P(\omega_i \mid \boldsymbol{X})=1\text{，且 }P(\omega_j \mid \boldsymbol{X})=0,\ \forall j\neq i \tag{6-34}$$

显然，此时样本 $\boldsymbol{X}$ 肯定划分为类别 ω_i，而误判率为零。由此可看出，后验概率越集中，判断错误的概率就越小，反之，后验概率分布越平缓，即接近均匀分布，则分类错误概率就越大。因此，样本后验概率的集中程度可以作为类别可分性的一种判据，后验概率分布的集中程度可以用信息论中的熵进行定量描述。

从特征提取角度来看，特征越具有不确定性，用该特征进行分类越困难。因此，用具有最小不确定性的那些特征进行分类是最有利的，在信息论中用“熵”作为特征不确定性的度量，如果已知样本的后验概率为 $P(\omega_i|\boldsymbol{X})$，定义熵(Shannon)为

$$H_c^{(1)}=-\sum_{i=1}^{c}P(\omega_i \mid \boldsymbol{X})\mathrm{lb}P(\omega_i \mid \boldsymbol{X}) \tag{6-35}$$

另一常用的平方熵为

$$H_c^{(2)}=2\left[1-\sum_{i=1}^{c}P^2(\omega_i \mid \boldsymbol{X})\right] \tag{6-36}$$

这两者都有熵函数的性质：

(1) 熵为正且对称,即函数式内项的次序可以变换不影响熵的值,即

$$H_c(P_1,P_2,\cdots,P_c)=H_c(P_2,P_1,\cdots,P_c)=\cdots=H_c(P_c,\cdots,P_1)\geqslant 0$$

式中,$P_i=P(\omega_i|\boldsymbol{X})$。

(2) 若 $P(\omega_i|\boldsymbol{X})=1$,且 $P(\omega_j|\boldsymbol{X})=0(1\leqslant j\leqslant c,j\neq i)$,则 $H_c(P_1,P_2,\cdots,P_c)=0$。

(3) 对任意的概率分布 $P(\omega_i|\boldsymbol{X})\geqslant 0$,以及 $\sum_{i=1}^{c}P(\omega_i\mid\boldsymbol{X})=1$,则

$$H_c(P_1,P_2,\cdots,P_c)\leqslant H_c\left(\frac{1}{c},\frac{1}{c},\cdots,\frac{1}{c}\right)$$

因而这些函数都可作为各类别样本后验概率集中分布程度的定量指标,在熵函数取值较大的特征空间里,不同样类别的样本交叠的程度较大,因此熵函数的期望值可以表征类别的分离程度,可用来作为提取特征对类别可分性的度量指标。

6.5 基于 Karhunen-Loeve 变换的特征提取

6.5.1 Karhunen-Loeve 变换

前面几节介绍了几种类别可分性的判据,依据类别可分性判据可对样本进行特征提取,把样本从原始的数据空间变换到特征空间,从而取得更优的分类性能。本节介绍的卡南-洛伊夫(Karhunen-Loeve,K-L)变换是常用的一种特征提取方法,其思想是通过寻找一个特征空间,将样本从原始的数据空间投影到特征空间,并找到维数较少的组合特征,从而达到降维的目的。

第 18 集
微课视频

由此可见,即 K-L 变换下的最优特征提取是和降维紧密联系的。假设样本原始特征空间是 D 维的,不失一般性,可以认为 D 为无限大,并设原样本向量可用一组正交变换基 $\boldsymbol{u}_j$ 表示,即

$$\boldsymbol{X}=\sum_{j=1}^{\infty}C_j\boldsymbol{u}_j \tag{6-37}$$

现要求降维至 d 维,由于 $d<D$,也就是说 $d+1$ 维以上的成分在降维过程中被损失掉了。将保留下来的信息表示为

$$\hat{\boldsymbol{X}}=\sum_{j=1}^{d}C_j\boldsymbol{u}_j \tag{6-38}$$

则每个样本的损失可表示为 $\boldsymbol{X}$ 与 $\hat{\boldsymbol{X}}$ 之差。K-L 变换的目标是给定一个训练样本集,寻找一个正交变换使这种误差总体最小。这里强调的总体是指训练样本集中的所有样本,这是因为经 K-L 变换以后,训练样本集中的每个样本都有信息损失,而变换基的优劣是靠样本集的总体信息损失来衡量的。

那么,如何衡量样本集的整体信息损失的多少呢?最常用的指标是均方误差最小,或称均方误差的期望值最小。用 $\hat{\boldsymbol{X}}$ 表示 $\boldsymbol{X}$ 的近似值或估计量,希望在同样维数条件下,使向量 $\boldsymbol{X}$ 的估计量误差最小,也即所引起的均方误差为最小,可表示为

$$\varepsilon=E\left[(\boldsymbol{X}-\hat{\boldsymbol{X}})^{\mathrm{T}}(\boldsymbol{X}-\hat{\boldsymbol{X}})\right] \tag{6-39}$$

满足 ε 最小的 $\boldsymbol{u}_j$ 为最佳的是正交变换的基。由于 $\boldsymbol{u}_j$ 还需要满足正交归一这个条件,

因此这是一个求条件极值的问题,可以利用拉格朗日乘子法将条件极值转换成无条件极值的问题,然后再去求解。

事实上,K-L 变换的实质是任一样本 $\boldsymbol{X}$ 可以表示成一组正交基 u_j 的线性组合,设线性组合的系数为 C_j,则对任一正交基 $\boldsymbol{u}_j$ 对应的 C_j 值,可以通过 $\boldsymbol{X}$ 与 $\boldsymbol{u}_j$ 的点积来计算,即

$$C_j = \boldsymbol{u}_j^{\mathrm{T}} \boldsymbol{X} \tag{6-40}$$

如果要求获取一组系数 C_j,并将其表示成一个向量形式 $\boldsymbol{C}=(\boldsymbol{C}_1,\boldsymbol{C}_2,\cdots)^{\mathrm{T}}$,则可以通过下式计算:

$$\boldsymbol{C} = \begin{bmatrix} \boldsymbol{u}_1^{\mathrm{T}} \\ \boldsymbol{u}_2^{\mathrm{T}} \\ \vdots \\ \boldsymbol{u}_d^{\mathrm{T}} \end{bmatrix} \boldsymbol{X} = \boldsymbol{U}\boldsymbol{X} \tag{6-41}$$

这里 $\boldsymbol{U}$ 就是一个变换矩阵,其中每一行是某一个正交基向量的转置。由 $\boldsymbol{X}$ 计算 $\boldsymbol{C}$ 称为对 $\boldsymbol{X}$ 的分解,反过来,也可以用 $\boldsymbol{C}$ 重构 $\boldsymbol{X}$,重构的信号表示成 $\hat{\boldsymbol{X}}=(\boldsymbol{X}_1,\boldsymbol{X}_2,\cdots,\boldsymbol{X}_d)^{\mathrm{T}}$,则

$$\hat{\boldsymbol{X}} = \begin{bmatrix} \boldsymbol{X}_1 \\ \boldsymbol{X}_2 \\ \vdots \\ \boldsymbol{X}_d \end{bmatrix} = (\boldsymbol{u}_1,\boldsymbol{u}_2,\cdots,\boldsymbol{u}_d) \begin{bmatrix} \boldsymbol{C}_1 \\ \boldsymbol{C}_2 \\ \vdots \\ \boldsymbol{C}_d \end{bmatrix} = \boldsymbol{U}^{\mathrm{T}}\boldsymbol{C} \tag{6-42}$$

显然,$\hat{\boldsymbol{X}}$ 是原向量 $\boldsymbol{X}$ 的一个近似,要使 $\hat{\boldsymbol{X}}$ 与 $\boldsymbol{X}$ 的差异越小,则要用更多维数的正交基。将 $\boldsymbol{X}-\hat{\boldsymbol{X}}=\sum\limits_{j=d+1}^{\infty} C_j \boldsymbol{u}_j$ 代入式(6-39),可得

$$\varepsilon = E\left[\sum_{j=d+1}^{\infty} C_j \boldsymbol{u}_j^{\mathrm{T}} \sum_{i=d+1}^{\infty} C_i \boldsymbol{u}_i\right] = E\left[\sum_{j=d+1}^{\infty}\sum_{i=d+1}^{\infty} C_i C_j \boldsymbol{u}_j^{\mathrm{T}} \boldsymbol{u}_i\right] \tag{6-43}$$

由于 $\boldsymbol{u}_j(j=1,2,\cdots,\infty)$是正交归一坐标系,有

$$\boldsymbol{u}_j^{\mathrm{T}} \boldsymbol{u}_i = \begin{cases} 1, & j=i \\ 0, & j \neq i \end{cases} \tag{6-44}$$

所以有

$$\varepsilon = E\left[\sum_{j=d+1}^{\infty} C_j^2\right] \tag{6-45}$$

系数 C_j 可以利用正交坐标系的特性得到。如令某一基向量 $\boldsymbol{u}_j$ 与向量 $\boldsymbol{X}$ 做点积,则有

$$\boldsymbol{u}_j^{\mathrm{T}} \boldsymbol{X} = \boldsymbol{u}_j^{\mathrm{T}} \sum_{j=1}^{\infty} C_i \boldsymbol{u}_i \tag{6-46}$$

将式(6-40)代入式(6-45)得

$$\varepsilon = E\left[\sum_{j=d+1}^{\infty} \boldsymbol{u}_j^{\mathrm{T}} \boldsymbol{X}\boldsymbol{X}^{\mathrm{T}} \boldsymbol{u}_j\right] = \sum_{j=d+1}^{\infty} \boldsymbol{u}_j^{\mathrm{T}} E[\boldsymbol{X}\boldsymbol{X}^{\mathrm{T}}] \boldsymbol{u}_j \tag{6-47}$$

如令 $\Psi=E[\boldsymbol{X}\boldsymbol{X}^{\mathrm{T}}]$,则有

$$\varepsilon = \sum_{j=d+1}^{\infty} \boldsymbol{u}_j^{\mathrm{T}} \boldsymbol{\Psi} \boldsymbol{u}_j \tag{6-48}$$

欲使该均方误差 ε 为最小，就变成在正交变换的条件下，使 ε 达最小的问题，引入拉格朗日乘子法，有

$$g(\boldsymbol{u}_j) = \sum_{j=d+1}^{\infty} \boldsymbol{u}_j^{\mathrm{T}} \boldsymbol{\Psi} \boldsymbol{u}_j - \sum_{j=d+1}^{\infty} \lambda_j (\boldsymbol{u}_j^{\mathrm{T}} \boldsymbol{u}_j - 1) \tag{6-49}$$

对 $\boldsymbol{u}_j$ 求导数并令导数为零，得

$$(\boldsymbol{\Psi} - \lambda_j \boldsymbol{I}) \boldsymbol{u}_j = 0, \quad j = d+1, d+2, \cdots, \infty \tag{6-50}$$

可见，向量 $\boldsymbol{u}_j$ 应是 $\boldsymbol{\Psi}$ 矩阵的特征值 λ_j 的特征向量，而此时截断误差为 $\varepsilon = \sum_{j=d+1}^{\infty} \lambda_j$。如将 λ_j 按其大小顺序排列，即

$$\lambda_1 \geqslant \lambda_2 \geqslant \cdots \geqslant \lambda_d \geqslant \cdots$$

则取前 d 项特征值对应的特征向量组成变换矩阵 $\boldsymbol{U}$，实施变换 $\boldsymbol{UX}$ 即得 $\boldsymbol{X}$ 的特征向量，用 $\boldsymbol{U}$ 和特征向量重构样本向量，可使向量的均方误差为最小，满足上述条件的变换就是 K-L 变换。

6.5.2 使用 Karhunen-Loeve 变换进行特征提取

上面讨论 K-L 变换时得出 K-L 坐标系是由 $E[\boldsymbol{XX}^{\mathrm{T}}]$ 的特征值对应的特征向量产生的，因而 $E[\boldsymbol{XX}^{\mathrm{T}}]$ 被称为 K-L 坐标系的产生矩阵。事实上，如果使用不同的向量作为产生矩阵，会得到不同的 K-L 坐标系，从而满足不同的分类要求。由于没有类别标签的均值向量 $\boldsymbol{\mu}$ 通常没有实际意义，如果在产生矩阵中考虑类别的均值向量 $\boldsymbol{\mu}$，可用样本数据的协方差矩阵 $\boldsymbol{\Sigma}(\boldsymbol{X}-\boldsymbol{\mu})(\boldsymbol{X}-\boldsymbol{\mu})^{\mathrm{T}}$ 代替 $E[\boldsymbol{XX}^{\mathrm{T}}]$。如训练样本集合中各样本的类别已知（$\boldsymbol{X} \in \omega_i$），定义各类别协方差矩阵为 $\boldsymbol{\Sigma}_i = E[(\boldsymbol{X}-\boldsymbol{\mu}_i)(\boldsymbol{X}-\boldsymbol{\mu}_i)^{\mathrm{T}}]$，则可以用类内离散度矩阵 $\boldsymbol{S}_{\mathrm{w}}$ 作为产生矩阵 $\boldsymbol{S}_{\mathrm{w}} = \boldsymbol{\Sigma} P_i \boldsymbol{\Sigma}_i$，其意义是只按类内离散程度进行特征选取。下面讨论几种 K-L 变换的方法。

1. 利用类均值向量提取特征

在分类问题中，如果样本在类内越密集，同时在类间越分散，则分类越容易。在讨论采用欧氏距离度量进行特征提取时，曾提到一些判据就是从这一设计思想出发的，因此在采用 K-L 变换进行特征提取时，类内离散程度与类间离散程度要结合起来考虑。如何在 K-L 变换方法中同时兼顾类内和类间的离散程度呢？从前面的讨论知道，各类别的均值向量 $\boldsymbol{\mu}_i$ 包含重要的分类信息，但 $\boldsymbol{\mu}_i$ 的分类性能不仅取决于它们和总体均值向量相应分量之间距离平方和的大小，而且还和该分量的方差以及分量间的相关程度有关。因此一种可行的方法是，先把类内离散度矩阵 $\boldsymbol{S}_{\mathrm{w}}$ 作为产生矩阵，产生相应的 K-L 坐标系统，从而把包含在原向量中各分量的相关性消除，并得到在新坐标系中各分量离散的程度。然后对均值向量在这些坐标中分离的程度做出判断，决定在各坐标轴分量均值向量所能提供的相对可分性信息。为此可设判据为

$$J(\boldsymbol{X}_i) = \frac{\boldsymbol{\mu}_i^{\mathrm{T}} \boldsymbol{S}_{\mathrm{b}} \boldsymbol{\mu}_i}{\lambda_i} \tag{6-51}$$

式中，$\boldsymbol{X}_i=\boldsymbol{\mu}_i^{\mathrm{T}}\boldsymbol{X}$ 为在新坐标轴 v_i 上的分量，$\boldsymbol{S}_{\mathrm{b}}=\sum_{i=1}^{c}P(\omega_j)(\boldsymbol{\mu}_i-\boldsymbol{\mu})(\boldsymbol{\mu}_i-\boldsymbol{\mu})^{\mathrm{T}}$ 是类间离散度矩阵，$\boldsymbol{\mu}_i$ 和$\boldsymbol{\mu}$ 分别是类均值和总体均值，$P(\omega_j)$是各类先验概率。

实际上式(6-51)也可写为

$$J(\boldsymbol{X}_i)=\frac{\boldsymbol{\mu}_i^{\mathrm{T}}\boldsymbol{S}_{\mathrm{b}}\,\boldsymbol{\mu}_i}{\boldsymbol{\mu}_i^{\mathrm{T}}\boldsymbol{S}_{\mathrm{w}}\,\boldsymbol{\mu}_i} \tag{6-52}$$

可见 $J(\boldsymbol{X}_i)$是类间离散度与类内离散度在 v_i 这组坐标的分量之比，$J(\boldsymbol{X}_i)$越大，表明在新坐标系中该坐标轴包含越多的可分性信息。因此，为了降低特征空间的维数，可以将各分量按 $J(\boldsymbol{X}_i)$大小重新排列：

$$J(\boldsymbol{X}_1)\geqslant J(\boldsymbol{X}_2)\geqslant\cdots\geqslant J(\boldsymbol{X}_D)$$

并取与前面 d 个最大的 $J(\boldsymbol{X}_i)$值相对应的特征向量$\boldsymbol{\mu}_i\,(i=1,2,\cdots,d)$作为特征空间的基向量。

【例 6.1】 设有两类问题，其先验概率相等，即 $P(\omega_1)=P(\omega_2)=\frac{1}{2}$，样本均值向量分别为$\boldsymbol{\mu}_1=[4,2]^{\mathrm{T}}$ 和$\boldsymbol{\mu}_2=[-4,-2]^{\mathrm{T}}$，协方差矩阵分别是$\boldsymbol{\Sigma}_1=\begin{bmatrix}3&1\\1&3\end{bmatrix}$和$\boldsymbol{\Sigma}_2=\begin{bmatrix}4&2\\2&4\end{bmatrix}$。为了把维数从 2 压缩为 1，求 $\boldsymbol{S}_{\mathrm{w}}$ 的特征向量。

$$\boldsymbol{S}_{\mathrm{w}}=\frac{1}{2}\boldsymbol{\Sigma}_1+\frac{1}{2}\boldsymbol{\Sigma}_2=\begin{bmatrix}3.5&1.5\\1.5&3.5\end{bmatrix}$$

它的特征值矩阵和特征向量分别为

$$\boldsymbol{\Lambda}=\begin{bmatrix}5&0\\0&2\end{bmatrix},\quad \boldsymbol{U}=\begin{bmatrix}0.707&0.707\\0.707&-0.707\end{bmatrix}$$

并有

$$\boldsymbol{S}_{\mathrm{b}}=\begin{bmatrix}16&8\\8&4\end{bmatrix}$$

可计算得

$$J(\boldsymbol{X}_1)=3.6,\quad J(\boldsymbol{X}_2)=1$$

因此$\boldsymbol{\mu}_1=[0.707,0.707]^{\mathrm{T}}$ 作为一维特征空间的坐标轴，如图 6-2 所示。

2. 包含在类平均向量中判别信息的最优压缩

从上面所讨论的方法看出，为了兼顾类内离散度与类间离散度，包含在类均值向量内的分类信息并没有全部利用。换句话说，类平均向量的判别信息在 K-L 坐标系的各个分量中都有反映，并没有得到最优压缩。以图 6-2 为例，如仅从类均值向量所包含的分类判别信息全部被利用这一点出发，应选择包含这两均值向量连线方向在内的坐标系。但是简单地从类均值向量来确定特征子空间，虽然实现很容易，但一般不能满足各分量间互不相关的要求。有一种例外情况，如果类内离散度矩阵 $\boldsymbol{S}_{\mathrm{w}}$ 是一个单位矩阵，即它在特征空间中以超球体分布，就可做到既保持各分量的不相关性，同时又能充分利用包含在类均值向量内的差别信息。从这种特殊情况得到启发，产生了一种充分利用类均值向量所包含的判别信息的方法，如图 6-3 所示。具体来说，这种方法分成以下两步。

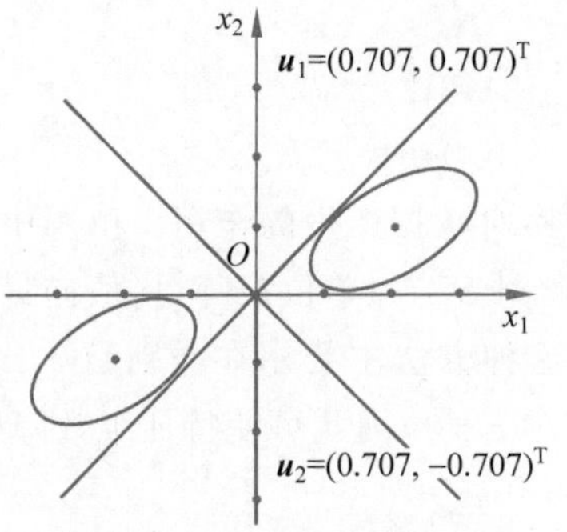

图 6-2　从类均值向量中提取判别信息的 K-L 变换示例

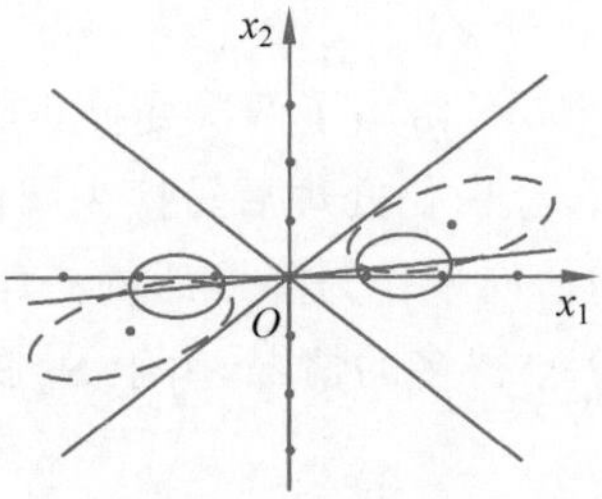

图 6-3　包括在类平均向量中判别信息的最优压缩

第一步：先用原坐标系中 $\boldsymbol{S}_{\mathrm{w}}$ 作为产生矩阵，实行 K-L 变换，将原有数据的相关性消除掉。所得到的 K-L 坐标系中的新 $\boldsymbol{S}'_{\mathrm{w}}$，是一个对角矩阵，其相应的 K-L 坐标系为 $\boldsymbol{U}$，由原 $\boldsymbol{S}_{\mathrm{w}}$ 特征值对应的特征向量组成。然后进一步实行变换，使该 $\boldsymbol{S}'_{\mathrm{w}}$ 矩阵变为单位矩阵。从原 $\boldsymbol{S}_{\mathrm{w}}$ 到单位矩阵 $\boldsymbol{I}$ 的变换为 $\boldsymbol{B}$，有

$$\boldsymbol{B}\boldsymbol{S}_{\mathrm{w}}\boldsymbol{B}=\boldsymbol{I} \tag{6-53}$$

式中，

$$\boldsymbol{B}=\boldsymbol{U}\boldsymbol{\Lambda}^{-1/2} \tag{6-54}$$

其中，$\boldsymbol{U}$ 为 $\boldsymbol{S}_{\mathrm{w}}$ 的特征向量矩阵，$\boldsymbol{\Lambda}$ 为特征值矩阵。经过 $\boldsymbol{B}$ 变换后的类间离散矩阵 $\boldsymbol{S}'_{\mathrm{b}}$ 应有

$$\boldsymbol{S}'_{\mathrm{b}}=\boldsymbol{B}\boldsymbol{S}_{\mathrm{b}}\boldsymbol{B}$$

第二步：以 $\boldsymbol{S}'_{\mathrm{b}}$ 作为产生矩阵，做第二次 K-L 变换，由于 $\boldsymbol{S}'_{\mathrm{b}}$ 的秩最多是 $c-1$，所以 $\boldsymbol{S}'_{\mathrm{b}}$ 最多只有 $c-1$ 个非零特征值。设共有 d 个非零特征值，$d\leqslant c-1$，则该 d 个非零特征值就可表示类均值向量所包含的全部信息。设这 d 个特征向量系统用 V' 表示，即

$$\boldsymbol{V}'=(v_1,v_2,\cdots,v_d)$$

从而整个变换 $\boldsymbol{W}$ 为

$$\boldsymbol{W}=\boldsymbol{U}\boldsymbol{\Lambda}^{-1/2}\boldsymbol{V}'$$

【例 6.2】　数据同例 6.1，求保持类均值向量中全部分类信息条件下压缩为一维特征空间的坐标轴。

【解】

$$\boldsymbol{B}=\boldsymbol{U}\boldsymbol{\Lambda}^{-1/2}=\begin{bmatrix}0.707 & 0.707\\0.707 & -0.707\end{bmatrix}\begin{bmatrix}0.447 & 0\\0 & 0.707\end{bmatrix}=\begin{bmatrix}0.316 & 0.5\\0.316 & -0.5\end{bmatrix}$$

并有

$$\boldsymbol{S}'_{\mathrm{b}}=\boldsymbol{B}\boldsymbol{S}_{\mathrm{b}}\boldsymbol{B}=\begin{bmatrix}3.6 & 1.897\\1.897 & 1\end{bmatrix}$$

$\boldsymbol{S}'_{\mathrm{b}}$ 的特征值矩阵为

$$\boldsymbol{\Lambda}=\begin{bmatrix}4.6 & 0\\0 & 0\end{bmatrix}$$

与非零的特征值对应的特征向量为

$$\boldsymbol{V}=\begin{bmatrix}0.884\\0.446\end{bmatrix}$$

所以

$$W = U\Lambda^{-1/2}V = \begin{bmatrix} 0.512 \\ 0.046 \end{bmatrix}$$

如图 6-3 所示，给出了两次变换步骤以及变换对数据产生的作用。由图中看出，样本原为椭圆形分布，经白化处理后转换为圆形分布，此时 S'_w 为单位矩阵，均值向量也随之变化，最后得到的均值向量作为降维后的一维坐标。这种方法主要用在类别数 c 比原 D 维特征向量的维数 D 小得多的情况，由于 S_b 的秩最多为 $c-1$，因此可使特征维数降至 c 维以下。

6.6 特征选择

在模式识别问题中，特征选择是指从样本的原始特征中选择部分特征，利用这部分特征进行分类器的设计。特征选择一方面可以改善系统的分类性能，提高系统的识别率，另一方面特征维数的减少也可以起到简化计算、降低系统开销的作用。

若样本原始特征维数为 D，特征选择的任务就是从 D 个特征中选取 d 个最优组合特征 ($d<D$)。要使 d 个组合特征"最优"需要设计一个标准，使得特征选择后样本的可分离性更好，显然前面讨论的可分离性判据都是可以利用的标准。另一个问题是找一个合适算法，根据判据准则在系统允许的时间内找出 d 个组合特征。事实上，如果采用简单搜索方法在实际系统中由于计算量太大而无法实现。例如，当 $D=100, d=10$ 时，所有可能的组合数为 10^{13}，而实际的模式识别系统中样本的原始特征维数 D 可能会更大，所以寻找一种可行的搜索算法是非常必要的。

6.6.1 次优搜索法

1. 单独最优的特征选择

单独最优法的基本思路是，计算各特征单独使用时的判据值并以递减排序，选取前 d 个分类效果最好的特征。但即使各特征是统计独立的，用这种方法选出的 d 个特征的组合也不一定是性能最优的，只有可分性判据 J 是可分的，即

$$J(X) = \sum_{i=1}^{D} X_i \quad 或 \quad J(X) = \prod_{i=1}^{D} X_i$$

这种方法才能选出一组最优特征。

2. 增添特征法

该方法也称为顺序前进法(SFS)，这是最简单的自下而上搜索方法，每次从未选入的特征中选择一个特征，使它与已选入的特征组合在一起时，J 值最大，直到选入特征数目达到指定的维数 d 为止。

设已选入了 k 个特征，记为 χ_k，把未选入的 $(n-k)$ 个特征 $X_i (i=1,2,\cdots,n-k)$ 逐一与已选入的特征 χ_k 组合计算 J 值，若

$$J(\chi_k + X_m) = \max J(\chi_k + X_i), \quad m=1,2,\cdots,n-k, i=1,2,\cdots,n-k$$

则 X_m 选入，下一步的特征组合为 $\chi_{k+1} = \chi_k + X_m$，该过程一直进行到 $k=d$ 为止。

该方法一般优于"单独最优的特征选择法"，其缺点是某一特征一旦选入，即使后边的特征中的某个组合更优，也无法把该特征剔除。

3. 剔减特征法

该方法也称为顺序后退法(SBS)。其思想是从全部特征开始,每次剔除一个特征,所剔除的特征使保留特征组合的 J 值最大。

设已剔除了 k 个特征,剩下的特征组记为 χ_k,将 χ_k 中的各特征 $\boldsymbol{X}_i(i=1,2,\cdots,n-k)$ 逐个剔除,并同时计算 $J(\chi_k-\boldsymbol{X}_i)$值,若

$$J(\chi_k-\boldsymbol{X}_m)=\max J(\chi_k-\boldsymbol{X}_i),\quad i=1,2,\cdots,n-k$$

则 $\boldsymbol{X}_m$ 应该剔除。$\chi_{k+1}=\chi_k-\boldsymbol{X}_m$,直到 $k=d$ 为止。该方法缺点是,某一特征一旦被剔除,即使后边的特征中的某个组合更优,也无法再把该特征补入。

4. 增 l 减 r 法($l-r$ 法)

为了克服前面增添特征法和剔减特征法中的一旦某特征选入或剔除就不能再选入或剔除的缺点,可在选择过程中加入局部回溯,例如在第 k 步可先用增添特征法,对已选入的 k 个特征再一个个地加入新的特征到 $k+l$ 个特征,然后用剔减特征法一个个地剔除 r 个特征,称这种方法为增 l 减 r 法($l-r$ 法)。

6.6.2 最优搜索法

分支定界法(BAB 算法):分支定界法是采用树结构来描述的一种全局最优搜索方法,称为搜索树或解树,解树的每个节点代表一种特征组合,因此所有可能的特征组合都包含在树结构中。搜索最优特征组合时选用自上而下、自右向左的搜索顺序,并先从结构简单的部分开始搜索。该方法采用分支定界策略和值左小右大的树结构,搜索时又充分利用了可分性判据的单调性,使得在实际上并不计算某些特征组合而又不影响全局寻优,所以这种特征选择方法搜索效率很高。

树的每个节点表示一种特征组合,树的每一级各节点表示从其父节点的特征组合中再去掉一个特征后的特征组合,其标号 k 表示去掉的特征是 $\boldsymbol{X}_k$。由于每一级只舍弃一个特征,因此整个搜索树除根节点的 0 级外,还需要 $n-d$ 级,即全树有 $n-d$ 级。以图 6-4 中 6 个特征中选 2 个特征为例,整个搜索树需 4 级,第 $n-d$ 级是叶节点,有 C_n^d 个叶节点,每个叶节点代表一种不同的 d 个特征的组合,表示特征组合的一个可能解。解树的结构如图 6-5 所示。

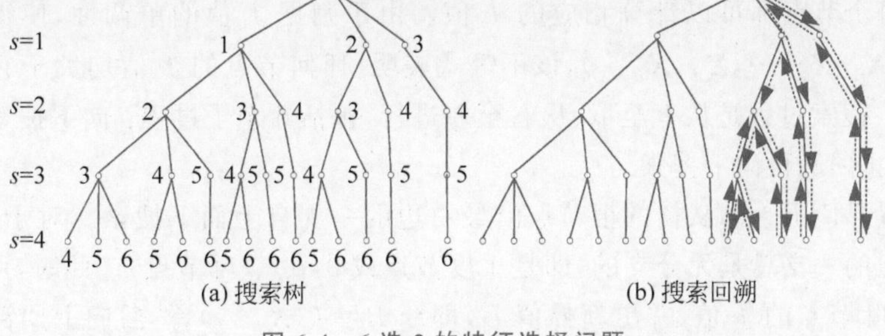

图 6-4 6 选 2 的特征选择问题

为了叙述方便,用 $\boldsymbol{X}_l$ 表示特征数目为 l 的特征集合。$\bar{\boldsymbol{X}}_s$ 表示舍弃 s 个特征后余下的特征集合。$\boldsymbol{\Psi}_s$ 表示第 s 级当前节点上用来作为下一级可舍弃特征的特征集合,r_s 表示集合中元素的数目,q_s 表示当前节点的子节点数。

由于从根节点要经历 $n-d$ 级才能到达叶节点,s 级某节点后继的每一个子节点分别舍

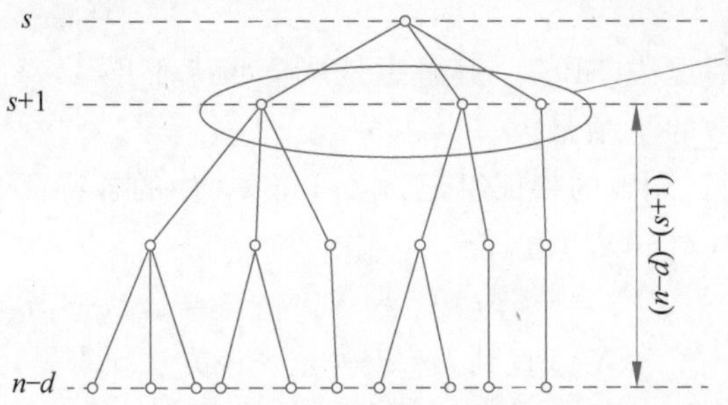

图 6-5　解树的结构

弃$\boldsymbol{\Psi}_s$ 中互不相同的一个特征，从而考虑在 $s+1$ 级可以舍弃的特征方案数（即其子节点数）q_s 时，必须使这一级舍弃了特征后的 $\bar{\boldsymbol{X}}_s$ 还剩$(n-d)-(s+1)$个特征。除了从树的纵的方向上一级丢弃一个特征外，实际上从树的横的方向上，一个分支也轮换丢弃一个特征，因此后继子节点数 $q_s=r_s-(n-d-s-1)$。例如图 6-4 中第 0 级的特征组合为$\boldsymbol{\Psi}_0$ $(\boldsymbol{X}_1,\boldsymbol{X}_2,\boldsymbol{X}_3,\boldsymbol{X}_4,\boldsymbol{X}_5,\boldsymbol{X}_6)$，对应于第 0 级的子节点数为 $q_s=6-(4-0-1)=3$，也就是在 $s=1$ 这一级上应有 3 个节点，从左到右分别舍弃特征 $\boldsymbol{X}_1$，$\boldsymbol{X}_2$，$\boldsymbol{X}_3$ 为 3 个节点包含的特征组合，如左节点$\boldsymbol{\Psi}_1=\{\boldsymbol{X}_2,\boldsymbol{X}_3,\boldsymbol{X}_4,\boldsymbol{X}_5,\boldsymbol{X}_6\}$，中间节点$\boldsymbol{\Psi}_1=\{\boldsymbol{X}_3,\boldsymbol{X}_4,\boldsymbol{X}_5,\boldsymbol{X}_6\}$，右边节点$\boldsymbol{\Psi}_1=\{\boldsymbol{X}_4,\boldsymbol{X}_5,\boldsymbol{X}_6\}$，各节点对应的特征组合如图 6-6 所示。

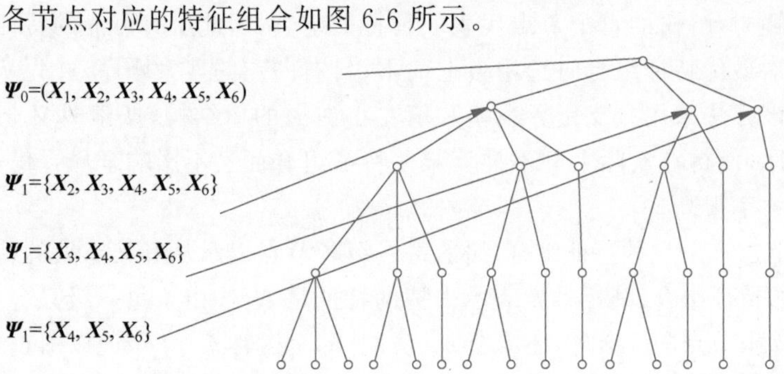

图 6-6　各节点对应的特征组合

最优搜索法的目的是，求出叶节点对应的所有可能的 d 个特征组合使得判据 J 的值最大。注意到每个节点都可以计算相应的 J 值。由于判据 J 值的单调性，使得 $J(\boldsymbol{X}_1,\boldsymbol{X}_2,\cdots,\boldsymbol{X}_d)\leqslant J(\boldsymbol{X}_1,\boldsymbol{X}_2,\cdots,\boldsymbol{X}_d,\boldsymbol{X}_{d+1})$，该不等式表明，任何节点的 J 值均大于它所属的各子节点的 J 值。搜索过程是从上至下、从右至左进行，包括几个子过程：向下搜索、更新界值、向上回溯、停止回溯再向下搜索。

开始时置界值 $B=0$，从树的根节点沿最右边的一支自上而下搜索。对于一个节点，它的子树最右边的一支总是无分支的，即是 1 度节点或 0 节点（叶节点）。此时，可直接到达叶节点，计算该叶节点的 J 值，并更新界值 B，即令 $B=J(\bar{\boldsymbol{X}}_{n-d})$，然后向上回溯。回溯到有分支的那个节点则停止回溯转入向下搜索。例如回溯到 $q_{s-1}>1$ 的那个节点，则转入 s 深度的左边的最近的那个节点，使该节点成为当前节点，按前面的方法沿它最右边的子树继续搜索。在搜索过程中先要判断一下该节点的 J 值是否比 B 值大，若不大于 B 值，该节点以下的各子节点 J 值均不会比 B 大，故不需对该子树继续进行搜索。如果搜索到叶节点，且该叶节点代表的特征的可分性判据 J 值大于 B，则更新界值，即 $B=J$，否则不更新界值。

显然到达叶节点后，要向上回溯。重复上述过程，一直进行到 J 值不大于当前界值 B 为止。而对应的最大界值 B 的叶节点对应的 d 个特征组合就是所求的最优的选择。

该算法的高效性能原因在于如下三方面。

(1) 在构造搜索树时，同一父节点的各子节点为根的各子树右边的边要比左边的少，即树的结构右边比左边简单。

(2) 在同一级中按最小的 J 值从左到右挑选舍弃的特征，即节点的 J 值是左小右大，而搜索过程是从右至左进行的。

(3) 因 J 的单调性，树上某节点如 A 的可分性判据值 $J_A \leqslant B$，则 A 的子树上各节点的 J 值都不会大于 B，因此该子树各节点都可以不去搜索。

从(1)、(2)和(3)可知，有很多的特征组合不需计算仍能求得全局最优解。

6.7 Python 示例

下面以 scikit-learn 自带的手写数字图像为例，给出主成分分析(PCA)降维对手写数字图像进行特征提取的 Python 代码。这个手写数字图像数据集包括 1797 张 8×8 的灰度图像，每幅图像都带有一个整数标记。

第 19 集
微课视频

第 20 集
微课视频

```
import numpy as np
from sklearn import datasets
# Standard scientific Python imports
import matplotlib.pyplot as plt

# The digits dataset
digits = datasets.load_digits()

n_samples = len(digits.images)
data = digits.images.reshape((n_samples, -1))

print("shape of data: {0}".format(data.shape))
```

运行结果：

```
shape of data: (1797, 64)

from sklearn.decomposition import PCA

pca = PCA(n_components=2)
X = pca.fit_transform(data)

#Percentage of variance explained by each of the selected components.
print("方差的比重:", pca.explained_variance_ratio_)
#The singular values corresponding to each of the selected components.
print("特征值:", pca.singular_values_)
```

运行结果：

```
方差的比重: [0.14890594 0.13618771]
特征值: [567.0065665 542.25185421]

# 给出变换后的二维特征
```

```
prop_cycle = plt.rcParams['axes.prop_cycle']
colors = prop_cycle.by_key()['color']

plt.figure(figsize = (8,8),dpi = 60)

y = digits.target
for i in range(10):
    plt.scatter(X[y == i,0], X[y == i,1],s = 50,c = colors[i],
                marker = 'o',alpha = 0.5, label = i)

plt.legend(loc = 'upper left')
plt.show()
```

本章重点讨论了特征变换和特征选择，在模式识别系统中，对待识别样本和训练样本都必须进行各种度量，从而得到了一个原始的特征空间。但是对于分类问题而言，这个特征空间并不一定是最好的，这就需要选择更优的特征空间，将样本的特征降维到这一特征空间，从而提高分类性能。为了降低维数，需要利用训练样本对原特征空间进行改造，这就是特征的组合优化。本章的重点是掌握基于距离分离判据的方法，以及 K-L 变换在特征降维中的应用。本章通过 K-L 变换讨论了正交变换、向量点积、矩阵特征值分解以及利用变换构造参数模型等一系列问题，这些在模式识别领域中都有广泛的应用。

习题及思考题

6.1 研究模式识别中事物的描述方法主要靠什么？

6.2 设原特征空间表示成 $\boldsymbol{X}=(\boldsymbol{X}_1,\boldsymbol{X}_2,\boldsymbol{X}_3)^{\mathrm{T}}$ 即一个三维空间。现在在 $\boldsymbol{X}$ 空间基础上得到一个二维的特征空间 $\boldsymbol{Y}:(\boldsymbol{Y}_1,\boldsymbol{Y}_2)^{\mathrm{T}}$。请问 $\begin{cases}\boldsymbol{Y}_1=\boldsymbol{X}_1\\ \boldsymbol{Y}_2=\boldsymbol{X}_3\end{cases}$ 属于特征选择还是组合优化？请问 $\begin{cases}\boldsymbol{Y}_1=\boldsymbol{X}_1+\boldsymbol{X}_2\\ \boldsymbol{Y}_2=\boldsymbol{X}_2-\boldsymbol{X}_3\end{cases}$ 属于特征选择还是组合优化？

6.3 设有 $\boldsymbol{M}$ 类模式 $\omega_i(i=1,2,\cdots,M)$。试证明总体散布矩阵 $\boldsymbol{S}_{\mathrm{t}}$ 是总类内散布矩阵 $\boldsymbol{S}_{\mathrm{b}}$ 与类间散布矩阵 $\boldsymbol{S}_{\mathrm{w}}$ 之和，即 $\boldsymbol{S}_{\mathrm{t}}=\boldsymbol{S}_{\mathrm{b}}+\boldsymbol{S}_{\mathrm{w}}$。

6.4 下面哪个矩阵可以用在二维空间线性变换中。并保持马哈拉诺比斯距离的特性？请解释原因。

$$\boldsymbol{A}=\begin{pmatrix}2 & 1\\ -1 & 1\end{pmatrix}\quad \boldsymbol{B}=\begin{pmatrix}2 & 1\\ 1 & 1\end{pmatrix}\quad \boldsymbol{C}=\begin{pmatrix}1 & 0.5\\ 0.5 & -1\end{pmatrix}$$

6.5 令 $\boldsymbol{X}_i(i=1,2,3)$，且 $P(\boldsymbol{X}_i=1|\omega_1)=\alpha_i$，$P(\boldsymbol{X}_i=1|\omega_2)=\beta_i$，两类的先验概率相等，且 α_i、β_i 满足以下条件：(1)$\alpha_1<\beta_1$，$\forall i$。(2)$\beta_1-\alpha_1>\beta_2-\alpha_2>\beta_3-\alpha_3$。试证明各特征分别使用时的错误概率 $e(\boldsymbol{X}_i)$ 满足 $e(\boldsymbol{X}_1)<e(\boldsymbol{X}_2)<e(\boldsymbol{X}_3)$。

6.6 已知以下两类模式

$$\omega_1:\{(0,0,0)^{\mathrm{T}},(1,0,0)^{\mathrm{T}},(1,0,1)^{\mathrm{T}},(1,1,0)^{\mathrm{T}}\}$$

$$\omega_2:\{(0,0,1)^{\mathrm{T}},(0,1,0)^{\mathrm{T}},(0,1,1)^{\mathrm{T}},(1,1,1)^{\mathrm{T}}\}$$

试用 K-L 变换分别把特征空间维数降到 $d=2$ 和 $d=1$。并用图画出样本在该特征空间中的位置。

6.7 给定先验概率相等的两类，其均值向量分别为 $\boldsymbol{\mu}_1=(1,3,-1)^{\mathrm{T}}$ 和 $\boldsymbol{\mu}_2=(-1,-1,1)^{\mathrm{T}}$，协方差矩阵为

$$\boldsymbol{\Sigma}_1=\begin{bmatrix}4&1&0\\1&4&0\\0&0&1\end{bmatrix},\quad \boldsymbol{\Sigma}_2=\begin{bmatrix}2&1&0\\1&2&0\\0&0&1\end{bmatrix}$$

求用 J_2 判据的最优特征提取。

第 7 章

CHAPTER 7

模糊模式识别

1965 年,美国著名控制论专家 Zadeh 提出模糊集(Fuzzy Set)概念,创立了模糊集理论,开创了研究不确定性问题的理论方法。近年来,模糊理论与技术得到了迅猛发展,以模糊集理论为基础的应用学科已在工业、农业、医学、军事、计算机科学、信息科学、管理科学、系统科学、工程技术等学科领域中发挥着非常重要的作用,同时也带来了巨大的经济效益。由于目前人类对模式识别过程的机理仍然不是很清楚,客观事物的特征也存在不同程度的模糊性,使得经典的模式识别方法在实际应用中有很大的局限性,模糊模式识别在这一背景下应运而生。模糊模式识别以模糊数学为理论基础,能对模糊事物进行识别和判断。用模糊技术来设计模式识别系统,可简化识别系统的结构,更准确地模拟人脑的思维过程,从而对客观事物进行更为有效的分类与识别。模糊模式识别是对传统模式识别方法的补充。

7.1 模糊数学的基础知识

模糊模式识别的理论基础是模糊数学,模糊数学又称为"模糊集理论",是在 Cantor 的经典集合理论基础上发展起来的一个数学分支。为了更好理解模糊模式识别的方法,在介绍模糊模式识别之前,我们先介绍模糊数学中的一些重要概念。

7.1.1 集合及其特征函数

集合是数学中的一个基本概念,也是近代数学的理论基础。在具体的模式识别系统中,常常将研究的对象抽象成数学表达,并将其限定在一定的范围内,这个范围被称为"论域",论域中包含的对象称为元素,在此基础上定义出集合的概念。

1. 集合

在经典集合理论中,集合是指具有某种共同属性的事物的全体,即论域 E 中具有性质 P 的元素组成的总体称为集合,记为

$$A = \{x \mid P(x)\} \tag{7-1}$$

式中,$P(x)$表示元素 x 具有性质 P。

2. 集合的运算

设定义在论域 U 中的集合 A 与 B,则集合的常用运算包括以下内容。

(1) A 与 B 的交集,记为 $A \cap B$。

(2) A 与 B 的并集,记为 $A\cup B$。

(3) A 的补集,记为 $\overline{A}$。

3. 特征函数

对于论域 U 上的集合 A 和元素 x,如有以下函数:

$$C_A(x)=\begin{cases}1, & x\in A\\0, & x\notin A\end{cases} \tag{7-2}$$

则称 $C_A(x)$为集合 A 的特征函数。在论域 U 上,特征函数与集合具有一一对应关系,任一集合 A 都有唯一的特征函数 $C_A(x)$,任一特征函数 $C_A(x)$都唯一确定一个集合 A。由特征函数的定义可以看出,特征函数表达了元素 x 对集合 A 的隶属程度,集合 A 是由特征函数等于 1 的所有元素构成的。

7.1.2 模糊集合

1. 概念的模糊性

传统集合理论中,元素对集合的归属是确定的,一个元素或者属于一个集合,或者不属于一个集合。但在现实生活中,人们习惯使用一些含义确定但又不准确的表述,如用好与差来表述成绩、用高与矮表述身高、用年轻与年老表述年龄等,这些概念集合具有一个共同的特性——模糊性。

2. 隶属度函数

如果一个集合的特征函数 $C_A(x)$不是{0,1}二值取值,而是在闭区间[0,1]中取值,则 $C_A(x)$是表示一个对象 x 隶属于集合 A 的程度的函数,称为隶属度函数,通常记为 $\mu_A(x)$,定义为

$$\mu_A(x)=\begin{cases}1, & x\in A\\0<\mu_A(x)<1, & x\text{ 在一定程度上属于 }A\\0, & x\notin A\end{cases} \tag{7-3}$$

$\mu_A(x)=1$ 表示元素 x 完全属于集合 A,而 $\mu_A(x)=0$ 表示元素 x 完全不属于集合 A,$0<\mu_A(x)<1$ 表示 x 属于集合 A 的可能性。因此,定义在样本空间的隶属度函数就定义了一个模糊集合 A,或者叫定义在样本空间上的一个模糊子集 A。对有限个元素$\{x_1,x_2,\cdots,x_n\}$,模糊集合 A 可以表示为

$$A=\{\mu_A(x_i),x_i\} \tag{7-4}$$

由上述定义可知,模糊集合 A 可以由隶属度函数 $\mu_A(x)$完全刻画。$\mu_A(x)$越大,表明元素 x 隶属于集合 A 的可能性越大;反之,$\mu_A(x)$越接近于 0,元素 x 隶属于集合 A 的可能性越小。尽管隶属度和概率都是用一个 0~1 的实数来表达,但是二者有本质区别。隶属度表达的是某个命题具有某个概念的程度,这种程度是确定的,不包含任何的随机性,例如"今天天气热的程度是 0.8",表达的是一个确切的气温值,而这个温度值在 0.8 的程度上可以算"热"。概率表达的是某个命题具有某个概念的可能性,命题对这个概念的取值仍旧是二值的,"属于"或者"不属于",只是是否"属于"具有随机性,例如"今天天气热的概率是 0.8",表达的是"热"或者"不热"这两个明确的概念,而"热"的情形发生的概率为 0.8。

对于$\{x_1,x_2,\cdots,x_n\}$中 A 的隶属度大于 0 的样本集合称为 A 的支持集,可表示为

$$S(A)=\{x_i,\mu_A(x_i)>0\} \tag{7-5}$$

支持集中的元素称为模糊集 A 中的支持点，或者称为模糊集 A 的元素。可见看出，传统的确定集合是模糊集的特例，模糊集可以看成确定集合的一般化。

3. 隶属度函数的确定方法

在模糊模式识别中，隶属函数的确定也是需要重点考虑的问题。由于模糊概念是客观模糊现象的主观反映，因此隶属度函数的形成是人为的心理过程，人的主观因素的影响使隶属度函数的确定具有复杂性。虽然隶属度函数的确定是模糊数学中的难点，但目前也已经有十几种确定隶属度函数的方法，如专家评分法、二元对比排序法等。

(1) 专家评分法。专家评分法主要是依据专家经验给出隶属度的具体值。这种方法适用于论域元素离散而有限的情况。其缺点是难免引入个人的主观成分，但当难以用其他方法实现的应用来说，仍是一种可选的办法。

(2) 模糊统计法。模糊统计法利用模糊统计的方法确定隶属函数，这是一种在实际应用中使用广泛的方法，该方法的主要思路如下。

每次试验，对元素 x_0 是否属于集合 A 做出一个确定的判断，有

$$x_0 \text{ 对 } A \text{ 的隶属频率} = \frac{\text{“}x_0 \in A\text{”的次数}}{n}$$

随着 n 的增大，隶属频率呈现稳定性，所在的稳定值即隶属度，有

$$\mu_A(x_0) = \lim_{n \to \infty} \frac{\text{“}x_0 \in A\text{”的次数}}{n}$$

(3) 二元对比排序法。比较两个元素相应隶属度的大小，然后排序，再用数学手段得其隶属度函数。

(4) 推理法。设计者根据不同的应用场景，应用相关领域知识，设计出隶属度函数。

从隶属度函数的形式上来看，其一般来源于对概念模糊程度的统计调查和专家经验总结，通常 $\mu_A(x)$ 可定义为元素 x 的单值函数，常见的隶属度函数如下。

① 三角形。三角形隶属度函数定义为

$$\mu_A(x) = \begin{cases} 0, & x \leqslant a \\ \dfrac{x-a}{b-a}, & a \leqslant x \leqslant b \\ \dfrac{c-x}{c-b}, & b \leqslant x \leqslant c \\ 0, & c \leqslant x \end{cases} \tag{7-6}$$

式中，参数 a 和 c 确定了三角形的“脚”，而参数 b 确定三角形的“峰”。其波形如图 7-1 所示。

② 梯形。梯形隶属度函数定义为

$$\mu_A(x) = \begin{cases} 0, & x \leqslant a \\ \dfrac{x-a}{b-a}, & a \leqslant x \leqslant b \\ 1, & b \leqslant x \leqslant c \\ \dfrac{c-x}{c-b}, & c \leqslant x \leqslant d \\ 0, & x \geqslant d \end{cases} \tag{7-7}$$

式中，参数 a 和 d 确定梯形的"脚"，而参数 b 和 c 确定梯形的"肩膀"。其波形如图 7-2 所示。

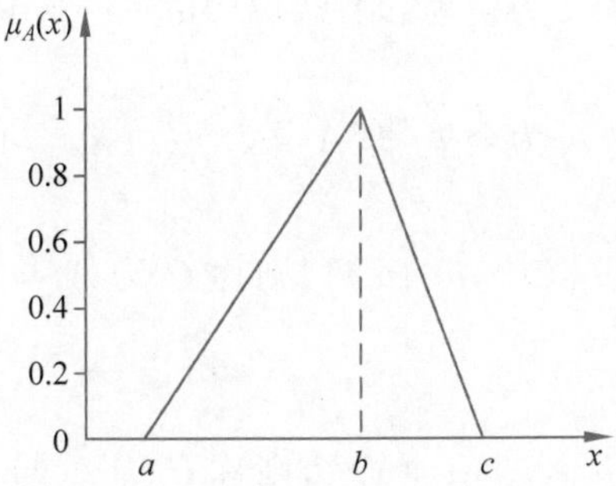

图 7-1　三角形隶属度函数的波形图

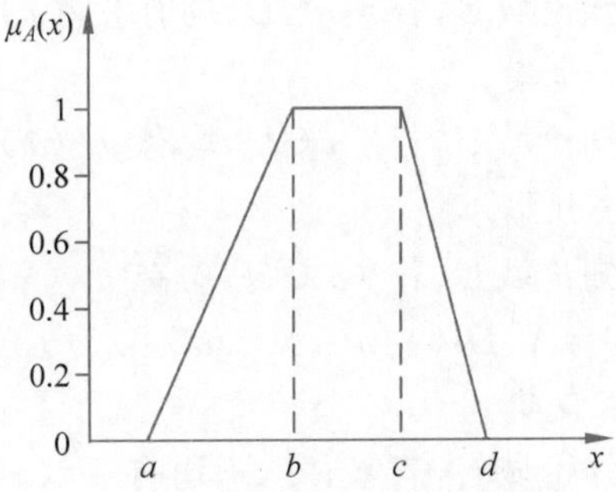

图 7-2　梯形隶属度函数的波形图

③ 高斯形。高斯形隶属度函数定义为

$$\mu_A(x) = e^{-\frac{(x-c)^2}{2\sigma^2}} \tag{7-8}$$

式中，参数 σ 通常为正，参数 c 用于确定曲线的中心。其波形如图 7-3 所示。

④ 柯西形。柯西形隶属度函数定义为

$$\mu_A(x) = \frac{1}{1+\left(\frac{x-c}{a}\right)^b} \tag{7-9}$$

其波形如图 7-4 所示。

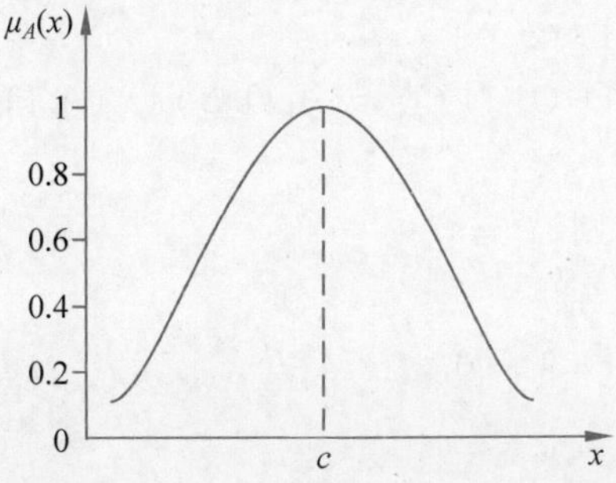

图 7-3　高斯形隶属度函数的波形图

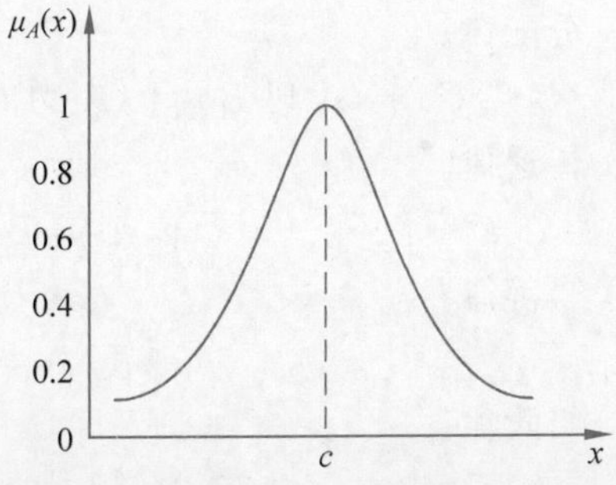

图 7-4　柯西形隶属度函数的波形图

4. 模糊集合的基本运算

模糊集合是确定集合的一般化，与确定集合要一样，模糊集也可以定义集合运算，此时逐点对隶属度函数做相应的运算，得到新的隶属函数。

(1) 相等。

已知论域 U，若 $\forall x \in U$，均有 $\mu_A(x) = \mu_B(x)$，则称 A 与 B 是相等的，即 $A = B \Leftrightarrow \mu_A(x) = \mu_B(x)$。

(2) 包含。

已知论域 U，若 $\forall x \in U$，均有 $\mu_A(x) \leqslant \mu_B(x)$，则称 B 包含 A，即 $A \subseteq B \Leftrightarrow \mu_A(x) \leqslant \mu_B(x)$。

(3) 补集。

已知论域 U，若 $\forall x \in U$，均有 $\mu_{\bar{A}}(x) = 1 - \mu_A(x)$，则称 $\bar{A}$ 为 A 的补集，即 $\bar{A} \Leftrightarrow \mu_{\bar{A}}(X) =$

$1-\mu_A(X)$。

(4) 空集。

已知论域U,若$\forall x\in U$,均有$\mu_A(x)=0$,则称A为空集,即$A=\phi\Leftrightarrow\mu_A(x)=0$。

(5) 全集。

已知论域U,若$\forall x\in U$,均有$\mu_{\bar{A}}(x)=1$,则称A为全集,即$A=\Omega\Leftrightarrow\mu_A(X)=1$。

(6) 并集。

已知论域U,若$\forall x\in U$,均有$\mu_C(x)=\max[\mu_A(x),\mu_B(x)]$,则称$C$为$A$与$B$的并集,即$C=A\cup B\Leftrightarrow\mu_C(x)=\max[\mu_A(x),\mu_B(x)]$。

(7) 交集。

已知论域U,若$\forall x\in U$,均有$\mu_C(x)=\min[\mu_A(x),\mu_B(x)]$,则称$C$为$A$与$B$的交集,即$C=A\cap B\Leftrightarrow\mu_C(x)=\min[\mu_A(x),\mu_B(x)]$。

在上述运算的定义下,容易证明模糊集的运算有如下基本性质。

(1) 自反律。

$$A\subseteq A$$

(2) 反对称律。

$$若\ A\subseteq B,B\subseteq A,则\ A=B$$

(3) 交换律。

$$A\cup B=B\cup A,\quad A\cap B=B\cap A$$

(4) 结合律。

$$(A\cup B)\cup C=A\cup(B\cup C),\quad (A\cap B)\cap C=A\cap(B\cap C)$$

(5) 分配律。

$$A\cup(B\cap C)=(A\cup B)\cap(A\cup C),\quad A\cap(B\cup C)=(A\cap B)\cup(A\cap C)$$

(6) 传递律。

$$若\ A\subseteq B,B\subseteq C,则\ A\subseteq C$$

(7) 幂等律。

$$A\cup A=A,\quad A\cap A=A$$

(8) 吸收律。

$$(A\cap B)\cup A=A,\quad (A\cup B)\cap A=A$$

(9) 对偶律。

$$\overline{A\cup B}=\bar{A}\cap\bar{B},\quad \overline{A\cap B}=\bar{A}\cup\bar{B}$$

(10) 对合律。

$$\bar{\bar{A}}=A$$

(11) 定常律。

$$A\cup\Omega=\Omega,\quad A\cap\Omega=A$$

$$A\cup\phi=A,\quad A\cap\phi=\phi$$

【例 7.1】 已知模糊集$A=\{(0.8,a)\}$,给出该模糊集的几种运算。

由已知条件和模糊集的运算规定和性质,有

$$\bar{A}=\{(0.2,a)\}$$

$$A\cup\bar{A}=\{(0.8\cup 0.2,a)\}=\{(0.8,a)\}$$

$$A \cap \overline{A} = \{(0.8 \cap 0.2, a)\} = \{(0.2, a)\}$$

7.1.3 模糊集合的 λ 水平截集

截集是联系普通集合与模糊集合的桥梁，它们使模糊集合论中的问题转换为普通集合论的问题来解。设给定模糊集合 A 和论域 U，对任意 $\lambda \in [0,1]$，称普通集合 $A_\lambda = \{x \mid x \in E, \mu_A(x) \geqslant \lambda\}$ 为 A 的 λ 水平截集。模糊子集本身没有确定边界，其 λ 水平截集有确定边界，并且不再是模糊集合，而是一个确定集合。

【例 7.2】 年龄的取值集合为

$$U = \{50, 45, 40, 35, 30, 25\}$$

模糊集“年轻”可表示为

$$A = 0/50 + 0.1/45 + 0.3/40 + 0.5/35 + 0.9/30 + 1/25$$

A 的不同的水平截集为

$$\lambda = 0,\quad A_0 = \{50,\ 45,\ 40,\ 35,\ 30,\ 25\}$$

$$\lambda = 0.1,\quad A_{0.1} = \{45,\ 40,\ 35,\ 30,\ 25\}$$

$$\lambda = 0.2,\quad A_{0.2} = \{40,\ 35,\ 30,\ 25\}$$

$$\lambda = 0.3,\quad A_{0.3} = \{40,\ 35,\ 30,\ 25\}$$

$$\lambda = 0.5,\quad A_{0.5} = \{35,\ 30,\ 25\}$$

$$\lambda = 0.7,\quad A_{0.7} = \{30,\ 25\}$$

$$\lambda = 0.9,\quad A_{0.9} = \{30,\ 25\}$$

$$\lambda = 1,\quad A_1 = \{25\}$$

λ 水平截集有以下性质。

(1) $(A \cup B)_\lambda = A_\lambda \cup B_\lambda$。

(2) $(A \cap B)_\lambda = A_\lambda \cap B_\lambda$。

(3) 若 $\lambda, \mu \in [0,1]$，且 $\lambda \leqslant \mu$，则 $A_\lambda \supseteq A_\mu$。

【例 7.3】 已知 $A = \{(0.5, a), (0.8, b)\}$，$B = \{(0.9, a), (0.2, b)\}$，则

$$(A \cup B) = \{(0.5 \cup 0.9, a), (0.8 \cup 0.2, b)\} = \{(0.9, a), (0.8, b)\}$$

$$(A \cup B)_{0.5} = \{a, b\}$$

$$A_{0.5} = \{a, b\},\ B_{0.5} = \{a\}，有\ A_{0.5} \cup B_{0.5} = \{a, b\}$$

所以有

$$(A \cup B)_{0.5} = A_{0.5} \cup B_{0.5}$$

$$(A \cap B) = \{(0.5 \cap 0.9, a), (0.8 \cap 0.2, b)\} = \{(0.5, a), (0.2, b)\}$$

$$(A \cap B)_{0.3} = \{a\}$$

$$A_{0.3} = \{a, b\},\ B_{0.3} = \{a\}，有\ A_{0.3} \cap B_{0.3} = \{a\}$$

所以有

$$(A \cap B)_{0.3} = A_{0.3} \cap B_{0.3}$$

7.1.4 模糊关系及模糊矩阵

在模糊模式识别系统中，对象与类别之间的关系不宜用“属于”或“不属于”做完全肯定

或否定的回答，这需要对经典数学上的关系概念进行推广，据此引入模糊关系。下面给出与模糊关系相关的一些定义。

1. 集合的笛卡儿积

设$U=\{x\}$，$V=\{y\}$为两个集合，则定义它们的笛卡儿积为

$$U\times V=\{(x,y)\mid x\in U,y\in V\} \tag{7-10}$$

(x,y)是U，V元素间的有序对，为一种无约束有顺序的组合。例如：

$$U=\{x,y\},V=\{1,2,3\}$$
$$U\times V=\{(x,1),(x,2),(x,3),(y,1),(y,2),(y,3)\}$$
$$V\times U=\{(1,x),(2,x),(3,x),(1,y),(2,y),(3,y)\}$$

由此可见，笛卡儿积的运算并不满足交换律。

2. 关系及其表示

设$U=\{x\}$，$V=\{y\}$为两个集合，若R为笛卡儿积$U\times V$的一个子集，则称其为$U\times V$中的一个关系，关系R代表了对笛卡儿积集合中元素的一种选择约束，所有关系R的有序对(x,y)构成了一个R集，即

$$R=\{(x,y)\mid x\in U,y\in V,xRy\} \tag{7-11}$$

矩阵表示是常用的关系的表示方法。例如对有限集合$U=\{x_1,x_2,x_3,x_4\}$，$V=\{y_1,y_2,y_3,y_4\}$，则$U\times V$上的关系，可以用矩阵表示为

$$\begin{array}{c} \\ y_1\\ y_2\\ y_3\\ y_4\end{array}\begin{array}{c} \begin{matrix} x_1 & x_2 & x_3 & x_4\end{matrix}\\ \begin{bmatrix} 1 & 0 & 1 & 0\\ 0 & 1 & 0 & 1\\ 1 & 1 & 0 & 1\\ 1 & 0 & 0 & 1\end{bmatrix}\end{array}$$

又如$U=\{$张三，李四，王五$\}$，$V=\{$数学，英语，政治$\}$，则关系R(选课)可表示为

$$\begin{array}{c} \\ \text{数学}\\ \text{英语}\\ \text{政治}\end{array}\begin{array}{c} \begin{matrix} \text{张三} & \text{李四} & \text{王五}\end{matrix}\\ \begin{bmatrix} 1 & 0 & 1\\ 1 & 1 & 0\\ 0 & 1 & 1\end{bmatrix}\end{array}$$

3. 模糊关系

如关系R是$U\times V$的一个模糊子集，则称R为$U\times V$的一个模糊关系，其隶属度函数记为$\mu_R(x,y)$，表示x，y具有关系R的程度。

对于有限论域$U=\{x_1,x_2,\cdots,x_m\}$，$V=\{y_1,y_2,\cdots,y_n\}$，则$U\times V$的模糊关系$\boldsymbol{R}$可用一个$m\times n$的矩阵表示

$$\boldsymbol{R}=\begin{bmatrix} \mu_R(x_1,y_1) & \mu_R(x_2,y_1) & \cdots & \mu_R(x_m,y_1)\\ \mu_R(x_1,y_2) & \mu_R(x_2,y_2) & \cdots & \mu_R(x_m,y_2)\\ \vdots & \vdots & & \vdots\\ \mu_R(x_1,y_n) & \mu_R(x_2,y_n) & \cdots & \mu_R(x_m,y_n)\end{bmatrix} \tag{7-12}$$

该矩阵称为模糊矩阵。

【例 7.4】 如果拟以身高和体重作为指标进行体检，用 U 表示身高，V 表示体重，且 $U=\{1.4,1.5,1.6,1.7,1.8\}$（单位为 m），$V=\{40,50,60,70,80\}$（单位为 kg）。

模糊关系“合乎标准”见表 7-1。

表 7-1 身高与体重的模糊关系“合乎标准”

U/m	V/kg				
	40	50	60	70	80
1.4	1	0.8	0.2	0	0
1.5	0.8	1	0.8	0.2	0
1.6	0.2	0.8	1	0.8	0.2
1.7	0	0.2	0.8	1	0.8
1.8	0	0	0.2	0.8	1

也可记为

$$\boldsymbol{R}=\begin{bmatrix} 1 & 0.8 & 0.2 & 0 & 0 \\ 0.8 & 1 & 0.8 & 0.2 & 0 \\ 0.2 & 0.8 & 1 & 0.8 & 0.2 \\ 0 & 0.2 & 0.8 & 1 & 0.8 \\ 0 & 0 & 0.2 & 0.8 & 1 \end{bmatrix}$$

7.2 模糊模式识别方法

第 21 集
微课视频

模糊模式识别运用模糊数学理论和方法去解决模式分类问题。其基本思路是将模式类别看成模糊集，将模式对象看成模糊集的元素，然后采用特征提取或特征变换的方法提取对象的模糊特征，进而建立模糊集的隶属度函数，最后运用模糊数学的有关原理方法进行分类识别。

7.2.1 最大隶属度识别法

1. 形式一

设 $A_1,A_2,\cdots,A_n$ 是 U 中的 n 个模糊子集，且对每一 A_i 均有隶属度函数 $\mu_i(x)$，x_0 为 U 中的任一元素，若有隶属度函数

$$\mu_i(x_0)=\max[\mu_1(x_0),\mu_2(x_0),\cdots,\mu_n(x_0)] \tag{7-13}$$

则 $x_0\in A_i$。

若已确定了隶属度函数 $\mu(x)$，把隶属度函数作为判别函数使用即可，因此该法的关键是确定隶属度函数。在此情形下，论域 U 中的每一个元素，代表了样本的一种取值情况，而集合 A_i 代表了不同的类别。

【例 7.5】 体型判断这一分类问题中，设样本体型指标为一维特征向量，分别有 6 种取值，取值域为 $U=\{5,10,15,20,25,30\}$，三种体型类别用模糊子集可以定义为

“偏胖”$=0/5+0.2/10+0.4/15+0.6/20+0.8/25+1/30$

“标准”$=0.4/5+0.6/10+0.8/15+1/20+0.6/25+0.4/30$

“偏瘦”$=1/5+0.8/10+0.6/15+0.4/20+0.2/25+0/30$

如果某人的体型指标为 15，则根据最大隶属度原则，可分到"标准"这一类。

2. 形式二

设 A 是 U 中的一个模糊子集，$x_1, x_2, \cdots, x_n$ 为 U 中的 n 个元素，若 A 的隶属度函数中有

$$\mu_i(x_k) = \max[\mu_1(x_0), \mu_2(x_0), \cdots, \mu_n(x_0)] \tag{7-14}$$

则 A 属于 x_k 对应的类别。这里 U 中的每一个元素对应了一个类别，A 代表一个样本，其隶属度函数代表了这个样本属于不同类别的程度。该方法不仅能得到样本的分类结果，还可以得到样本与各个类别的相似程度排序。

【例 7.6】 设 U 为 5 种空中飞行目标的集合，U={直升机，大型飞机，战斗机，飞鸟，气球}，根据对一个飞行物体的运动特征检测，得到其模糊子集表达为

A =0.7/ 直升机 + 0.3/ 大型飞机 + 0.1/ 战斗机 + 0.4/ 飞鸟 + 0.8/ 气球

根据最大隶属度原则，可判断该飞行物体为"气球"。

7.2.2 择近原则识别法

1. 贴近度

贴近度是两个模糊子集间互相靠近的程度，可以将其引入模式识别。设 A、B 为 U 上的两个模糊子集，它们之间的贴近度定义为

$$\sigma(A, B) = \frac{\sum\limits_{x \in U} (\mu_A(x) \wedge \mu_B(x))}{\sum\limits_{x \in U} (\mu_A(x) \vee \mu_B(x))} \tag{7-15}$$

第 22 集
微课视频

式中，符号 $\wedge$ 表示最小，符号 $\vee$ 表示最大。

理想的贴近度应当具备以下性质。

(1) $\sigma(A, A) = 1$。

(2) $\sigma(A, B) = \sigma(B, A) \geqslant 0$。

(3) 若对任意的 $x \in U$，有 $\mu_A(x) \leqslant \mu_B(x) \leqslant \mu_C(x)$ 或 $\mu_A(x) \geqslant \mu_B(x) \geqslant \mu_C(x)$，则 $\sigma(A, C) \leqslant \sigma(B, C)$。

2. 择近原则识别法

设 U 上有 n 个模糊子集 $A_1, A_2, \cdots, A_n$ 及另一模糊子集 B，若贴近度

$$\sigma(B, A_i) = \max_{1 \leqslant j \leqslant n} \sigma(B, A_j) \tag{7-16}$$

则称 B 与 A_i 最贴近，则 B 属于 A_i 类。在该方法中样本和类都用模糊子集来表示，取值范围 U 中的每个元素代表了一个特征维度。

【例 7.7】 某气象台对于当日气象条件的晨练指数预报分为三级，是用模糊集的方式，依据气温、风力、污染程度三个指标来决定的，具体隶属度关系见表 7-2。

表 7-2 晨练指数指标隶属度关系

晨练指数级别	对"标准气温"的隶属度	对"标准风力"的隶属度	对"有污染"的隶属度
适宜晨练	0.7	0.9	0.2
可以晨练	0.5	0.6	0.6
不适宜晨练	0.4	0.5	0.8

设某天的气象条件用模糊集合来表达为

$$B=0.8/\text{标准气温}+0.7/\text{标准风力}+0.5/\text{有污染}$$

问该天的晨练指数应该预报为哪一级？

【解】 用 α 来代表“标准气温”，β 代表“标准风力”，γ 代表“有污染”，则该天的气象条件可表示为

$$B=0.8/\alpha+0.7/\beta+0.5/\gamma$$

用 A_1 表示“适宜晨练”，A_2 表示“可以晨练”，A_3 表示“不适宜晨练”，则各晨练指数级别可表示为

$$A_1=0.7/\alpha+0.9/\beta+0.2/\gamma$$

$$A_2=0.5/\alpha+0.6/\beta+0.6/\gamma$$

$$A_3=0.4/\alpha+0.5/\beta+0.8/\gamma$$

分别求 B 和 A_1、A_2、A_3 的贴近度，因为 B 和 A_2 的贴近度最大，根据择近识别原则 $B\in A_2$，所以该天的晨练指数应该预报为“可以晨练”。

7.2.3 基于模糊等价关系的聚类方法

1. 等价关系

设 R 是 $U=\{x_1,x_2,\cdots,x_n\}$ 上一个关系，若满足以下性质，则称 R 是 U 上一个等价关系。

(1) 自反性：$(x,x)\in R$。

(2) 对称性：若 $(x_i,x_j)\in R$，则有 $(x_j,x_i)\in R$。

(3) 传递性：若 $(x_i,x_j)\in R$ 和 $(x_j,x_k)\in R$，则有 $(x_i,x_k)\in R$。

第 23 集
微课视频

等价关系定义了“等价”的概念，即当 U 上有一个等价关系 R 时，并不是 U 中所有元素都有等价关系，而是 U 中的元素可以按等价关系分成若干类。

2. 模糊等价关系

设 R 是 $U=\{x_1,x_2,\cdots,x_n\}$ 上一个模糊关系，若满足以下性质，则称 R 是 U 上一个模糊等价关系。

(1) 自反性：$\mu_R(x,x)=1$。

(2) 对称性：$\mu_R(x_i,x_j)=\mu_R(x_j,x_i)$。

(3) 传递性：对于任意 $x_j\in U$，有 $\mu_R(x_i,x_k)\geqslant\bigvee\limits_{k=1}^{n}(\mu_R(x_i,x_j)\wedge\mu_R(x_j,x_k))$。

模糊等价关系具有传递闭包性，R 的传递闭包记为 $t(R)$。不具有传递性的模糊关系称为模糊相似关系，可通过求 $R,R^2,R^4,R^8,\cdots,R^{2i},\cdots$ 来获得一个逼近模糊等价关系的模糊关系。若第一次出现 $R^k\circ R^k=R^k$，那么 R^k 就是传递闭包 $t(R)$。

3. 等价关系定理

若 R 是 U 上的一个模糊等价关系，则对任意阈值 $\lambda(0\leqslant\lambda\leqslant1)$，水平截集 R 也是 U 上的一个等价关系。

4. 基于模糊等价关系的聚类

利用等价关系定理，已知样本集 U 上的模糊等价关系 R，则可通过 R 的不同 λ 水平截集得到多种等价类划分，也就实现了样本集在不同隶属度要求下的聚类。

【例 7.8】 设$U=\{x_1,x_2,x_3,x_4,x_5\}$,有一个模糊等价关系 R 为

$$\boldsymbol{R}=\begin{array}{c} \begin{array}{ccccc} x_1 & x_2 & x_3 & x_4 & x_5 \end{array} \\ \begin{bmatrix} 1 & 0.4 & 0.8 & 0.5 & 0.5 \\ 0.4 & 1 & 0.4 & 0.4 & 0.4 \\ 0.8 & 0.4 & 1 & 0.5 & 0.5 \\ 0.5 & 0.4 & 0.5 & 1 & 0.6 \\ 0.5 & 0.4 & 0.5 & 0.6 & 1 \end{bmatrix} \end{array} \begin{array}{c} x_1 \\ x_2 \\ x_3 \\ x_4 \\ x_5 \end{array}$$

取$\lambda=0.4$,得到水平截集为

$$\boldsymbol{R}_{0.4}=\begin{bmatrix} 1 & 1 & 1 & 1 & 1 \\ 1 & 1 & 1 & 1 & 1 \\ 1 & 1 & 1 & 1 & 1 \\ 1 & 1 & 1 & 1 & 1 \\ 1 & 1 & 1 & 1 & 1 \end{bmatrix}$$,此时所有样本等价,属于一类;

取$\lambda=0.5$,得到水平截集为

$$\boldsymbol{R}_{0.5}=\begin{bmatrix} 1 & 0 & 1 & 1 & 1 \\ 0 & 1 & 0 & 0 & 0 \\ 1 & 0 & 1 & 1 & 1 \\ 1 & 0 & 1 & 1 & 1 \\ 1 & 0 & 1 & 1 & 1 \end{bmatrix}$$,此时聚成两类,$\{x_1,x_3,x_4,x_5\}$和$\{x_2\}$;

取$\lambda=0.6$,得到水平截集为

$$\boldsymbol{R}_{0.6}=\begin{bmatrix} 1 & 0 & 1 & 0 & 0 \\ 0 & 1 & 0 & 0 & 0 \\ 1 & 0 & 1 & 0 & 0 \\ 0 & 0 & 0 & 1 & 1 \\ 0 & 0 & 0 & 1 & 1 \end{bmatrix}$$,此时聚成三类,$\{x_1,x_3\}$、$\{x_4,x_5\}$和$\{x_2\}$;

取$\lambda=0.8$,得到水平截集为

$$\boldsymbol{R}_{0.8}=\begin{bmatrix} 1 & 0 & 1 & 0 & 0 \\ 0 & 1 & 0 & 0 & 0 \\ 1 & 0 & 1 & 0 & 0 \\ 0 & 0 & 0 & 1 & 0 \\ 0 & 0 & 0 & 0 & 1 \end{bmatrix}$$,此时聚成四类,$\{x_1,x_3\}$、$\{x_4\}$、$\{x_5\}$和$\{x_2\}$;

取$\lambda=1$,得到水平截集为

$$\boldsymbol{R}_{1}=\begin{bmatrix} 1 & 0 & 0 & 0 & 0 \\ 0 & 1 & 0 & 0 & 0 \\ 0 & 0 & 1 & 0 & 0 \\ 0 & 0 & 0 & 1 & 0 \\ 0 & 0 & 0 & 0 & 1 \end{bmatrix}$$,此时聚成五类,每个样本自成一类。

7.2.4 模糊 C 均值聚类

模糊 C 均值聚类(Fussy C-means,FCM)最早由 Dunn 提出,后由 Bezkek 于 1981 年进行了扩展和总结,它推广了精确 C 均值聚类算法,引入模糊集作为分类结果,得到了非常广泛的应用。

在 C 均值聚类算法中,每一次迭代的聚类结果可以用 k 行 n 列的矩阵 $\boldsymbol{U}$ 来表示:

$$\boldsymbol{U}=k\left\{\overbrace{\begin{bmatrix} 1 & 0 & 0 & \cdots & 0 \\ 0 & 0 & 1 & \cdots & 1 \\ \vdots & \vdots & \vdots & & \vdots \\ 0 & 1 & 0 & \cdots & 0 \end{bmatrix}}^{n}\right.$$

式中,n 表示整个样本集中的样本个数;k 表示类别数;μ_{ij} 的值表示第 j 个样本是否属于第 i 类,属于则 $\mu_{ij}=1$,否则 $\mu_{ij}=0$。

如果采用模糊集合的概念,在每次迭代中某个样本不是确定地属于某一个类,而是在不同程度上属于不同的类。此时每个类别均是一个模糊子集,而分类矩阵 $\boldsymbol{U}$ 可以表示为

$$\boldsymbol{U}=k\left\{\overbrace{\begin{bmatrix} u_{11} & u_{12} & u_{13} & \cdots & u_{1n} \\ u_{21} & u_{22} & u_{23} & \cdots & u_{2n} \\ \vdots & \vdots & \vdots & & \vdots \\ u_{k1} & u_{k2} & u_{k3} & \cdots & u_{kn} \end{bmatrix}}^{n}\right.$$

第 24 集
微课视频

式中,$\mu_{ij}\in[0,1]$,是第 j 个样本对第 i 类的隶属度;显然有 $\sum\limits_{i=1}^{k}\mu_{ij}=1$,表示每个样本属于各类的隶属度之和为 1;$\sum\limits_{j=1}^{n}\mu_{ij}>1$,表示每个类别都不为空集。

C 均值聚类算法的准则函数是误差平方和,即

$$J_k=\sum_{i=1}^{k}\sum_{j=1}^{n}\mu_{ij}\parallel x_j-m_i\parallel^2 \tag{7-17}$$

模糊 C 均值聚类算法采用类似的误差平方和准则函数,但加入了模糊度的控制权重 $m\in[1,\infty)$,即

$$J_m=\sum_{i=1}^{k}\sum_{j=1}^{n}\mu_{ij}^{m}\parallel x_j-m_i\parallel^2 \tag{7-18}$$

算法的迭代过程,就是使准则函数 J_m 能逐步逼近其极值。J_m 是一个有约束的准则函数,其约束条件为 $\sum\limits_{i=1}^{k}\mu_{ij}=1$ 和 $\sum\limits_{j=1}^{n}\mu_{ij}>1$。运用拉格朗日乘数法,可化为无约束的准则函数:

$$F=\sum_{i=1}^{k}\sum_{j=1}^{n}\mu_{ij}^{m}\parallel x_j-m_i\parallel^2-\sum_{j=1}^{n}\lambda_i\Big(\sum_{i=1}^{k}\mu_{ij}-1\Big) \tag{7-19}$$

上式取极值的必要条件是

$$\partial F/\partial\mu_{ij}=m\mu_{ij}^{m-1}\parallel x_j-m_i\parallel^2-\lambda_j=0$$

$$\partial F/\partial \lambda_i = -\left(\sum_{i=1}^{k}\mu_{ij} - 1\right) = 0 \tag{7-20}$$

可解得

$$\mu_{ij} = \frac{(1/\| x_i - m_i \|^2)^{1/m-1}}{\sum_{k=1}^{c}(1/\| x_i - m_k \|^2)^{1/m-1}}, \quad i=1,2,\cdots,n; j=1,2,\cdots,c \tag{7-21}$$

对于新的聚类中心,也应当使准则函数取得极值,即

$$\partial F/\partial m_i = 0 \tag{7-22}$$

可解得

$$m_i(t) = \frac{\sum_{j=1}^{n}\mu_{ij}^{m}x_j}{\sum_{j=1}^{n}\mu_{ij}^{m}} \tag{7-23}$$

模糊 C 均值聚类的算法流程如下。

(1) 设定类别数 k、模糊度控制权重 m 和误差限值 ε,随机产生初始分类矩阵 $\boldsymbol{U}(0)$,迭代次数 $t=0$,计算各类的初始聚类中心 $m_i(0)$:

$$m_i(0) = \frac{\sum_{j=1}^{n}\mu_{ij}^{m}x_j}{\sum_{j=1}^{n}\mu_{ij}^{m}} \tag{7-24}$$

(2) 按照以下规则计算新的分类矩阵 $\boldsymbol{U}(t+1)$,获得新的模糊聚类结果:

$$\mu_{ij}(t+1) = \frac{(1/\| x_i - m_i(t+1) \|^2)^{1/m-1}}{\sum_{k=1}^{c}(1/\| x_i - m_k(t+1) \|^2)^{1/m-1}} \tag{7-25}$$

(3) 计算新的聚类中心 $m_i(t+1)$:

$$m_i(t+1) = \frac{\sum_{j=1}^{n}\mu_{ij}^{m}(t+1)x_j}{\sum_{j=1}^{n}\mu_{ij}^{m}(t+1)} \tag{7-26}$$

(4) 计算分类误差 $E=\sum_{i=1}^{k}\| m_i(t+1) - m_i(t) \|$,若 $E<\varepsilon$,则结束迭代;否则 $t=t+1$,返回步骤(2)进行下一次聚类迭代。

模糊 C 均值聚类最终得到的是一个模糊分类矩阵,如需要得到确定的聚类结果,就要进行去模糊化,可以采用最大隶属度原则将一个样本分配到隶属度最大的类别中去。在模糊 C 均值聚类算法中,模糊度控制权重 m 表达了对于每次聚类结果的模糊程度的要求,μ_{ij}^{m} 的物理意义是隶属度的语义增强("非常"的概念)。m 的取值对聚类结果的影响有许多研究,目前尚无定论。通常取 1.5~2.5 比较有效,常取 $m=2$;当 $m=1$ 时,FCM 也就退化成硬聚类算法(HCM)。

7.3 Python 示例

下面以 scikit-learn 自带的 iris 数据集为例，给出模糊 C 均值聚类算法的 Python 代码。这里只使用了 iris 数据中的前二维的特征。

```
import numpy as np
from copy import deepcopy
from sklearn.datasets import load_iris
import matplotlib.pyplot as plt

np.random.seed(0)

# 初始化隶属度矩阵 U,列和为 1
def init_fuzzy_matrix(C, n_sample):
    """
    param n_sample: 样本数量
    param C: 聚类数量
    """
    fuzzy_matrix = np.random.randint(1, 10, size=(C, n_sample))

    column_sum = np.sum(fuzzy_matrix, axis=0)
    # 使得每列之和为 1
    fuzzy_matrix = fuzzy_matrix/column_sum

    return fuzzy_matrix

# 计算聚类中心
def cluster_centers(X, fuzzy_matrix, m):
    """
    param X: 数据集的特征集
    param fuzzy_matrix: 隶属度矩阵
    param m: 加权指数
    """
    molecular = np.dot(fuzzy_matrix ** m, X)
    denominator = np.sum(fuzzy_matrix ** m, axis=1)
    c = molecular/(denominator.reshape(-1, 1))

    return c

# 更新隶属度矩阵
def update_fuzzy_matrix(X, c, m=2):
    """
    param X: 数据集的特征集
    param c:聚类中心矩阵
    param m: 加权指数
    """
    # 指数
    exponential = 1.0/(m-1)
    C, _ = c.shape
    n_sample, _ = X.shape
```

```
    # 两个与隶属度矩阵一样大小的临时矩阵
    temp_matrix = np.ones((C, n_sample))
    fuzzy_matrix = np.ones_like(temp_matrix)

    # 遍历样本
    for i, x in enumerate(X):
        single_matrix = np.sum((c - x) ** 2, axis = 1)
        temp_matrix[:, i] = single_matrix.reshape(-1, 1).ravel()

    for row in range(C):
        for column in range(n_sample):
            fuzzy_matrix[row, column] = 1.0 / \
                np.sum(temp_matrix[row, column]/temp_matrix[:, column])

    return fuzzy_matrix ** exponential

# 训练
def fuzzy_k_means(X, C, epsilon = 0.1, m = 2):
    """
    param X: 数据集的特征集
    param C:聚类中心数量
    param epsilon: 训练终止条件
    param iter_num: 迭代次数设定
    param m: 加权指数
    """
    n_sample, _ = X.shape

    # 初始化隶属度矩阵
    fuzzy_matrix = init_fuzzy_matrix(n_sample = n_sample, C = C)
    print("隶属度矩阵初始化完成:shape = ", fuzzy_matrix.shape)

    while True:
        # 先记录一下隶属度矩阵,用于判定终止条件,需要深拷贝
        remember_fuzzy_matrix = deepcopy(fuzzy_matrix)
        # 计算聚类中心
        c = cluster_centers(X = X, fuzzy_matrix = fuzzy_matrix, m = m)
        # 更新隶属度矩阵
        fuzzy_matrix = update_fuzzy_matrix(X = X, c = c, m = m)
        # 判断终止条件
        if np.max(fuzzy_matrix - remember_fuzzy_matrix) < epsilon:
            print("满足条件,返回新的聚类中心和新的隶属度矩阵")
            return (c, fuzzy_matrix)

X, y = load_iris(return_X_y = True)

# 只取两个特征,便于可视化
X = X[:, :2]
print("数据集的 shape", X.shape)
# 分类数
C = 3
# 获取训练结果
c, fuzzy_matrix = fuzzy_k_means(X = X, C = C, epsilon = 0.1, m = 2)
```

```
# 根据隶属度矩阵,将每列的最大值设为1,其余设为0
classification_matrix = (fuzzy_matrix == fuzzy_matrix.max(
    axis = 0, keepdims = 0)).astype(float)

y_lable = deepcopy(y)

# 根据判定结果划分类,确定每行中元素为1的索引号,在y_label中进行标签的更改
for row in range(C):
    print(f"分为第{row}类的样本索引值为")
    class_index = np.where(classification_matrix[row] == 1)
    print(class_index)
    for index in class_index:
        y_lable[index] = row
```

程序运行结果如下及图7-5所示。

```
数据集的 shape (150, 2)
隶属度矩阵初始化完成:shape = (3, 150)
满足条件,返回新的聚类中心和新的隶属度矩阵
分为第0类的样本索引值为
(array([ 50, 51, 52, 54, 56, 58, 65, 74, 75, 76, 77, 86, 100, 102, 103, 104, 105, 107, 108,
109, 110, 111, 112, 115, 116, 117,118, 120, 122, 123, 124, 125, 128, 129, 130, 131, 132, 133,
135, 136, 137, 139, 140, 141, 143, 144, 145, 147, 148], dtype = int64),)
分为第1类的样本索引值为
(array([ 0, 1, 2, 3, 4, 5, 6, 7, 8, 9, 10, 11, 12, 13, 14, 15, 16, 17, 18, 19, 20, 21, 22, 23,
24, 25, 26, 27, 28, 29, 30, 31, 32, 33, 34, 35, 36, 37, 38, 39, 40, 41, 42, 43, 44, 45, 46, 47,
48, 49], dtype = int64),)
分为第2类的样本索引值为
(array([ 53, 55, 57, 59, 60, 61, 62, 63, 64, 66, 67, 68, 69, 70, 71, 72, 73, 78, 79, 80, 81, 82,
83, 84, 85, 87, 88, 89, 90, 91, 92, 93, 94, 95, 96, 97, 98, 99, 101, 106, 113, 114, 119, 121,
126, 127, 134, 138, 142, 146, 149], dtype = int64),)
```

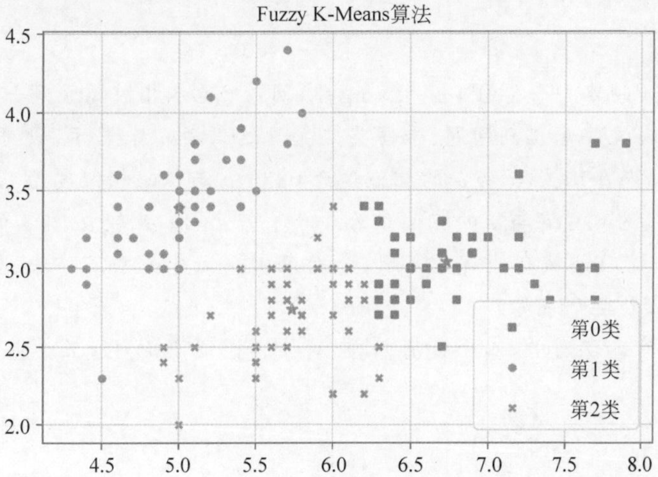

图7-5 程序运行结果

目前,人类对模式识别过程的机理仍然不是很清楚。对具体事物的识别主要是心理现象,对抽象事物的识别主要是思维现象。一个人对于具体事物的认识涉及人与客观事物在

人类感官中所引起的刺激之间的关系。当一个人感受到一个模式时，他把此感觉与他从自己过去的经验中得来的一般概念或线索结合起来，并做出归纳性的推理判断。由于客观事物的特征存在不同程度的模糊性，使得经典的识别方法越来越不适应客观实际的要求，模糊识别正是为了满足这一要求而产生的。模糊模式识别是对传统模式识别方法的补充，能对模糊事物进行识别和判断。它的理论基础是模糊数学。模糊模式识别就是在模式识别中引入模糊数学方法，用模糊技术来设计机器识别系统，因而可简化识别系统的结构，更广泛、更深入地模拟人脑的思维过程，从而对客观事物进行更为有效的分类与识别。

习题及思考题

7.1 设 $X=\{x_1,x_2,x_3\}$，$Y=\{y_1,y_2,y_3,y_4\}$，给出 X 到 Y 的模糊关系如下：

$$\boldsymbol{R}_1=\begin{bmatrix}0 & 0.1 & 0 & 0.4\\ 0.5 & 1 & 0 & 0.7\\ 0.8 & 0.9 & 0.9 & 1\end{bmatrix},\quad \boldsymbol{R}_2=\begin{bmatrix}0.1 & 0 & 0.2 & 0.5\\ 0 & 1 & 0.1 & 1\\ 0.9 & 0.4 & 0.7 & 1\end{bmatrix},$$

$$\boldsymbol{R}_3=\begin{bmatrix}0.5 & 0 & 0.2 & 0\\ 0 & 1 & 0.1 & 0.2\\ 0.9 & 0.4 & 0 & 1\end{bmatrix}$$

求 $\boldsymbol{R}_1\cap\boldsymbol{R}_2$，$(\boldsymbol{R}_1\cup\boldsymbol{R}_3)\cup\boldsymbol{R}_2$ 及 (x_3,y_2)、(x_1,y_4) 的隶属度。

7.2 水质按 COD 含量(mg/L)分级，论域 $U=[0,10]$，且 A_1(一级水)、A_2(二级水)均是 U 上的模糊集，且有

$$A_1(x)=\begin{cases}1, & x\geqslant 7\\ \dfrac{x-5}{2}, & 5<x<7\\ 0, & x\leqslant 5\end{cases},\quad A_2(x)=\begin{cases}\dfrac{-(x-7)}{2}, & 5\leqslant x<7\\ \dfrac{x-3}{2}, & 3<x<5\\ 0, & x\leqslant 3 \text{ 或 } x\geqslant 7\end{cases}$$

经抽样检查，甲地水中含 COD 值 5.5mg/L，问：甲地水相对属于哪一级水？

7.3 一手写英文字母识别问题，手写英文字母这里用 α 来表示，设可能字母是 a、b、c 中的某一个。若 a 与 b 比较，a 与 α 的相似度为 0.32，b 与 α 的相似度为 0.46；若 b 与 c 比较，b 与 α 的相似度为 0.4，c 与 α 的相似度为 0.64；若 a 与 c 比较，a 与 α 的相似度为 0.54，c 与 α 的相似度为 0.46。试查阅有关文献，分别用模糊优先关系定序法、相对比较法、对比平均法确定 α 更应是哪个字母。

7.4 在小麦亲本识别中，以小麦百粒重(单位：g)为论域 U，五个基本类型是如下模糊集。

早熟：$A_1=\exp\left[-\left(\dfrac{x-3.7}{0.3}\right)^2\right]$；

高肥丰产：$A_2=\exp\left[-\left(\dfrac{x-3.9}{0.3}\right)^2\right]$；

矮秆：$A_3=\exp\left[-\left(\dfrac{x-2.9}{0.3}\right)^2\right]$；

中肥丰产：$A_4=\exp\left[-\left(\frac{x-3.7}{0.2}\right)^2\right]$；

大粒：$A_5=\exp\left[-\left(\frac{x-5.6}{0.3}\right)^2\right]$。

(1) 现测得一个小麦品种的百粒重为 $x=4.6\text{g}$。试判定 x 代表的品种属于哪个亲本。

(2) 现有一种不知品种的小麦亲本

$$B=\exp\left[-\left(\frac{x-3.43}{0.28}\right)^2\right]$$

按择近原则判断它属于哪个类型。

7.5　设论域 $U=\{x_1,x_2,x_3,x_4,x_5,x_6\}$ 上标准模型库为

$A_1=(1,0.8,0.5,0.4,0,0.1)$，　$A_2=(0.5,0.1,0.8,1,0.6,0)$，

$A_3=(0,1,0.2,0.7,0.5,0.8)$，　$A_4=(0.4,0.1,0.9,0.6,0.5,0)$，

$A_5=(0.8,0.2,0,0.5,1,0.7)$，　$A_6=(0.5,0.7,0.8,0,0.5,1)$

现给定一个待识别的模糊集 $B=(0.7,0.2,0.1,0.4,1,0.8)$，试用贴近度

$$\sigma(A,B)=\frac{\sum_{i=1}^{n}[A(x_i)\wedge B(x_i)]}{\sum_{i=1}^{n}[A(x_i)\vee B(x_i)]}$$

判别 B 与模型库中的哪个模型最贴近。

第 8 章

CHAPTER 8

神经网络在模式识别中的应用

模式识别系统除了进行对信息的分析和处理外，另一个重要的功能是对人类感知能力的模仿，也就是获取类似于人类所具有的智能识别和判断能力。而人类的智能活动的物质基础是大脑的神经系统，如果能够模拟人类大脑神经系统的工作机理，并将其应用到模式识别系统中，其识别效果可能会优于传统的模式识别方法。人工神经网络和近年来兴起的深度学习的研究正是在这方面所进行的探索。

8.1 人工神经网络的基础知识

第 25 集 微课视频

第 26 集 微课视频

8.1.1 人工神经网络的发展历史

从 20 世纪 40 年代到 21 世纪，神经网络的研究经历了几起几落的发展过程。1943 年，心理学家 McCulloch 和数学家 Pitts 提出了形式神经元的数学模型，也称为 MP 模型，标志着人工神经网络研究的开始。1949 年，心理学家 Hebb 在突触联系强度可变设想的基础上提出了神经元学习的准则，这一学习准则至今对神经网络理论有重要的影响。到 20 世纪 50 年代末，Rosenblatt 提出了感知器模型，引起了人们对人工神经网络研究的广泛兴趣。感知器模型已初步具备了学习、并行处理和分布存储的特征，从系统角度确立了人工神经网络的研究基础。但在 1969 年，Minsky 等指出了感知器的局限性，例如感知器对“异或”这样简单的非线性问题都无法求解，使人工神经网络的研究陷入了低潮。进入 20 世纪 80 年代，得益于分布式处理的神经网络的研究成果，对神经网络的研究又开始复兴。1982 年，Hopfield 引入了网络能量函数的概念，提出了一种神经网络的动力学模型，可以用于联想记忆和优化计算。1986 年，Rumelhart 等提出了多层感知器模型，克服了感知器模型的局限性，成为目前使用最为广泛的网络模型。20 世纪 90 年代，支持向量机提出后，支持向量机与神经网络性能的优劣也成为研究的热点。2006 年，Hinton 又提出了神经网络的深度学习算法，使神经网络的性能大幅度提高，重新掀起了神经网络研究的热潮。

8.1.2 生物神经元

一个典型的神经元主要由细胞体、树突和轴突三部分组成，其结构如图 8-1 所示。细胞体是神经元的中心，负责对信号进行接收和处理；树突是神经元的生物信号输入端，与其他神经元相连；轴突是从细胞体伸展出一根长的神经纤维，它是神经元的信号输出端，连接到其他神经元的树突上。神经元有两种状态：兴奋和抑制。平时，神经元都处于抑制状态，轴突没有输入；当神经元的树突输入信号达到一定程度，超过某个阈值时，神经元由抑制状态转为兴奋状态，同时轴突向其他神经元发出信号。

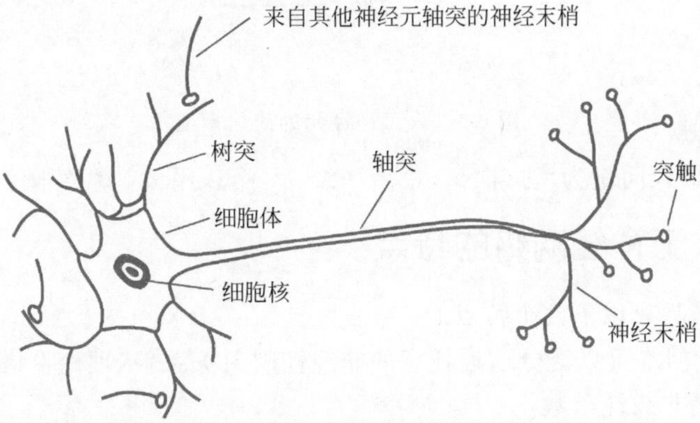

图 8-1 神经元的结构

8.1.3 人工神经元

人工神经网络的基本节点是人工神经元，其工作原理是仿照生物神经元提出的，一个简化的人工神经元结构如图 8-2 所示。神经元可以有 N 个输入 $x_1, x_2, \cdots, x_N$，每个输入端与神经元之间有一定的连接权值 $w_1, w_2, \cdots, w_N$，神经元总的输入为对每个输入的加权求和，同时减去阈值 θ，即

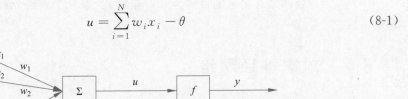

$$u = \sum_{i=1}^{N} w_i x_i - \theta \tag{8-1}$$

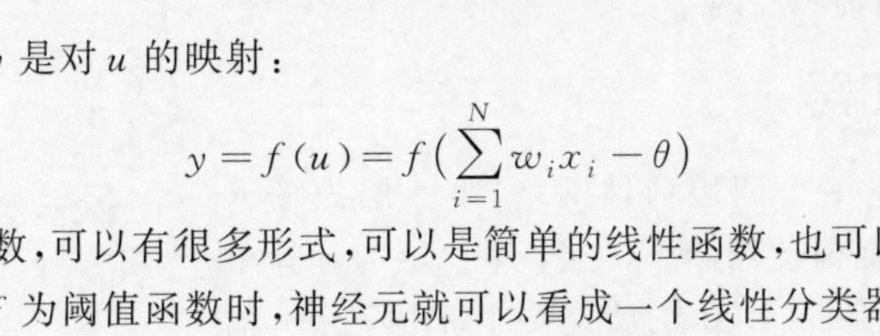

图 8-2 人工神经元结构

神经元的输出 y 是对 u 的映射：

$$y = f(u) = f\left(\sum_{i=1}^{N} w_i x_i - \theta\right) \tag{8-2}$$

其中，f 称为激励函数，可以有很多形式，可以是简单的线性函数，也可以是具有任意阶导数的非线性函数。当 f 为阈值函数时，神经元就可以看成一个线性分类器。

$$f(x) = \begin{cases} 1, & x > 0 \\ 0, & x \leqslant 0 \end{cases} \tag{8-3}$$

当取 f 为 Sigmoid 函数时，神经元完成的是非线性映射：

$$f(x) = \frac{1}{1 + \mathrm{e}^{-x}} \tag{8-4}$$

一个神经元的结构可以简化为如图 8-3 所示的形式。

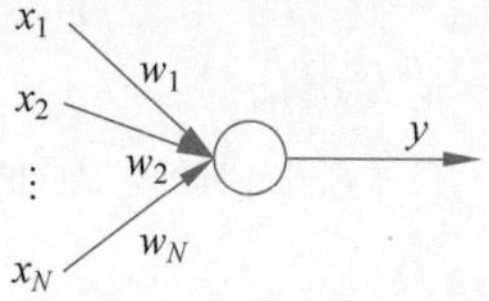

图 8-3　人工神经元的简化模型

在图 8-3 中，输入向量为增广向量，最后一维 $x_N=1$，用 w_N 代替阈值 θ。

8.1.4　人工神经网络的特点

人工神经网络具有以下几个特点。

(1) 人工神经网络可以充分逼近任意的非线性映射关系，从理论上讲，三层前馈网络可以逼近任意的多元非线性函数。

(2) 人工神经网络采用并行处理方式，使快速大量运算成为可能，有效地提高了运算效率。

(3) 人工神经网络具有联想记忆功能。在训练阶段，网络能够对输入端的模式信息进行记忆，并以网络权值的形式储存。在执行阶段，即使输入端的信息不完整，网络也可以经过处理，在输出端恢复出完整而准确的信息。

(4) 人工神经网络有很强的自学习能力，系统可以在学习过程中自我完善。人工神经网络的这一特性，在预测领域有特别重要的意义。

(5) 人工神经网络有很强的鲁棒性和容错性，少数几个神经元的损坏并不能破坏整个网络系统。

第 27 集
微课视频

8.2　前馈神经网络

前馈神经网络的神经元呈分级排列，每个神经元只接收前一级的输入，并输出到下一级，网络没有反馈。前馈神经网络的第一级为输入层，最后一级为输出层，输入层与输出层之间的各级称为隐藏层。一个网络可以只包含一个隐藏层，也可以包含多个隐藏层。感知器就是一种常见的前馈神经网络。

8.2.1　感知器

感知器实际上是一个两层前馈网络，第一层为输入层，只是将输入的特征值传输给下一层；第二层为计算单元，将结果输出。如图 8-4 所示的就是一个 n 输入、M 输出的单层感知器。

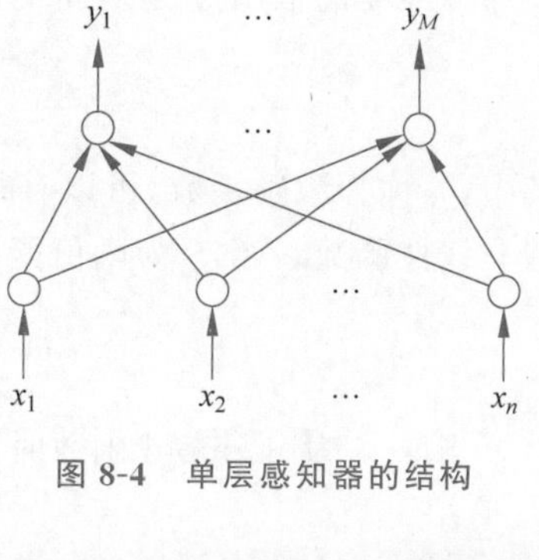

图 8-4　单层感知器的结构

当感知器应用到模式识别系统时，其网络结构可以由输入模式和输入类别来决定。设输入模式为 n 维特征向量 $\boldsymbol{X}=[x_1,x_2,\cdots,x_n]$，则感知器的输入层应有 n 个神经元。若输入类别有 m 个，则输出层应包含 m 个神经元。输入层的第 i 个神经元与输出层的

第 j 个神经元的连接权值为 w_{ij}，则第 j 个神经元的输出为

$$y_j = f\left(\sum_{i=1}^{n} w_{ij} x_i - \theta_j\right) \tag{8-5}$$

式中，θ_j 为第 j 个神经元的偏置。

如果把 θ_j 也看成一个权值，并令 $w_{0j} = -\theta_j$，则式(8-5)可以写成更简洁的形式：

$$y_j = f\left(\sum_{i=0}^{n} w_{ij} x_i\right) \tag{8-6}$$

对于分类问题，可定义如下判别规则：

$$y_j = \begin{cases} +1 & \Leftrightarrow \quad \boldsymbol{X} \in \omega_j \\ -1 & \Leftrightarrow \quad \boldsymbol{X} \notin \omega_j \end{cases} \tag{8-7}$$

感知器的学习算法同前面介绍的类似，只不过现在的输出可能不只是 0 和 1。设某一个训练样本的理想输出为$(y_1,\cdots,y_M)$，而实际输出为$(\tilde{y}_1,\cdots,\tilde{y}_M)$，则权值可按如下公式进行修正：

$$w_{ij}(t+1) = w_{ij}(t) + \eta(y_i - \tilde{y}_i)x_i \tag{8-8}$$

式中，t 表示当前迭代次数，η 为学习步长。

η 的取值对权值的收敛性影响很大，若 η 太小，收敛速度则会很慢；若 η 太大，算法可能会出现振荡。

单个神经元可以实现两类问题的线性分类，多个感知器则可以实现多类别问题的线性分类。例如图 8-4 中的网络，当 $M=4$ 时就可以实现四类问题的分类，训练时，第 1 类的训练样本理想输出为(1,0,0,0)，第 2 类的理想输出为(0,1,0,0)，第 3 类为(0,0,1,0)，第 4 类为(0,0,0,1)。也就是每个神经元输出为 1 代表某一类别。这样的网络实际上是有拒识区域的分类，当待识别样本输入后，输出全部为 0 或有不止一个输出为 1，则应该拒识。

第 28 集
微课视频

如果对于四个类别问题，用两个计算单元进行编码输出时，则可以做到无拒识。也就是说，第 1 类训练样本的理想输出为(0,0)，第 2 类为(0,1)，第 3 类为(1,0)，第 4 类为(1,1)。

8.2.2 多层感知器

单层感知器只能解决线性可分的问题，多层感知器可以打破这一局限性，实现输入和输出之间的非线性映射。如图 8-5 所示的是 n 个输入、M 个输出、若干个隐元的四层感知器。其中第 1 层称为输入层，第 2、第 3 层称为隐藏层，第 4 层称为输出层。在多层感知器网络中，隐藏层的个数可以是一个，也可以是多个，隐藏层神经元的输出函数通常是 Sigmoid 函数。

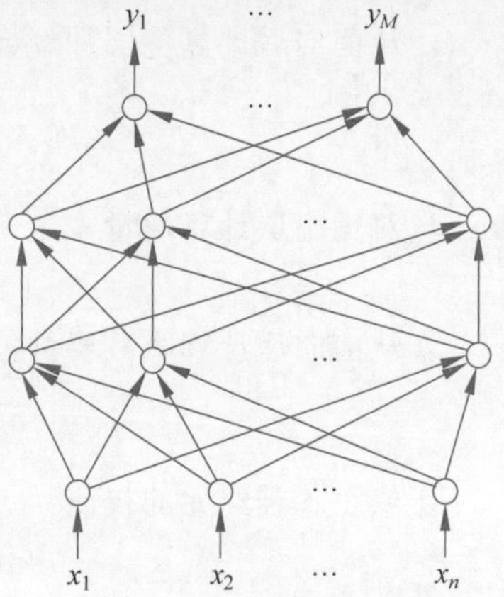

图 8-5 多层感知器的结构

在感知器算法中，实际上是在利用理想输出与实际输出之间的误差作为增量来修正权值。然而在多层感知器中，只能直接计算出输出层的误差，中间层由于不直接与外界连接，因此无法直接计算其误差，这是多层感知器学习的主要困难。解决这一问题的方法是反向传播(Back-Propagation，BP)算法，因此多层感知器网络也称为 BP 网络。BP 算法的思想是从后向前反向逐层传播输

出层的误差,以间接计算隐藏层的误差。算法可以分为两个阶段:第一阶段是一个正向过程,输入信息从输入层经隐藏层逐层计算每个神经元的输出值;第二阶段是一个反向传播过程,输出层的误差逐层向前传播,算出隐藏层每个神经元的误差,并用误差修正权值。

从图 8-5 的网络结构中可以看出,多层感知器的神经元层级之间采用全连接的方式,上层神经元的输出作为输入推送给下一层的所有神经元。若某一层的第 j 个神经元的输出为 O_j,它与上一层第 i 个神经元的连接权值为 w_{ij},与下一层第 k 个神经元的连接权值为 w_{jk},则第 j 个神经元的输入为

$$\mathrm{net}_j = \sum_{i=1} w_{ij} O_i \tag{8-9}$$

式中,O_i 为上一层第 i 个神经元的输出,输出 O_j 为

$$O_j = f(\mathrm{net}_j) = f(\sum_{i=1} w_{ij} O_{i=1}) \tag{8-10}$$

设当前样本的理想输出为 y_j,与实际输出 $\hat{y}_j = O_j$ 的误差为

$$E = \frac{1}{2} \sum_{i=1} (y_j - \hat{y}_j)^2 \tag{8-11}$$

权值 w_{ij} 对误差的影响为

$$\frac{\partial E}{\partial w_{ij}} = \frac{\partial E}{\partial \mathrm{net}_j} \frac{\partial \mathrm{net}_j}{\partial w_{ij}} = \delta_j O_i \tag{8-12}$$

式中,δ_j 为局部梯度。

若节点 j 为输出单元,则 $O_j = \hat{y}_j$,有

$$\delta_j = \frac{\partial E}{\partial \mathrm{net}_j} = \frac{\partial E}{\partial \hat{y}_j} \frac{\partial \hat{y}_j}{\partial \mathrm{net}_j} = -(y_j - \hat{y}_j) f'(\mathrm{net}_j) \tag{8-13}$$

若节点 j 不为输出单元,则

$$\delta_j = \frac{\partial E}{\partial \mathrm{net}_j} = \frac{\partial E}{\partial O_j} \frac{\partial O_j}{\partial \mathrm{net}_j} = \frac{\partial E}{\partial O_j} f'(\mathrm{net}_j) \tag{8-14}$$

下面给出 BP 算法的具体步骤:

(1) 选定所有神经元权系数的初始值;

(2) 重复下述过程直到收敛为止。

① 从前向后计算各层神经元的实际输出:

$$u_j = \sum_{i=1} w_{ij}(t) \tilde{y}_i, \quad \tilde{y}_j = \frac{1}{1 + \mathrm{e}^{-u_i}} \tag{8-15}$$

② 对输出层计算增量 δ_j:

$$\delta_j = (y_j - \tilde{y}_j) \tilde{y}_j (1 - \tilde{y}_j) \tag{8-16}$$

③ 从前向后计算隐藏层神经元的增量 δ_j:

$$\delta_j = \tilde{y}_j (1 - \tilde{y}_j) \sum_{k=1} w_{jk}(t) \delta_k \tag{8-17}$$

④ 修正各神经元的权值:

$$w_{ij}(t+1) = w_{ij}(t) + \eta \delta_j \tilde{y}_i \tag{8-18}$$

多层感知器网络的识别过程就相当于一个正向过程,输入信息从输入层经隐藏层逐层计算各单元的输出值,直到计算出输出层的输出为止。

BP 算法的缺点是：对初始值的依赖性比较强，容易收敛到局部最小点，算法的收敛速度较慢。BP 算法的改进主要有两种途径：一种是采用启发式学习方法；另一种是采用更有效的优化算法，如采用动量法降低网络对误差曲面局部细节的敏感性，能有效地抑制网络陷于局部极小。

8.3 自组织特征映射网络

生物神经学的研究发现，人的大脑皮层中神经网络的功能是分区的，每个区域完成各自的功能。记忆也是一样，一个特定区域记忆一类特殊的事务，另一个区域记忆另外一些事务。同时在记忆的过程中，相近的神经元之间共同兴奋，而对较远的神经元则存在侧向抑制的现象。

8.3.1 自组织神经网络结构

自组织神经网络是由 Kohonen 提出的，一般称为自组织特征映射(Self-Organizing Feature Mapping，SOM 或 SOFM)网络，也称为 Kohonen 网络。SOM 网络是一个两层网络，包括输入层和竞争层，输入层的神经元个数等于特征的维数 N，竞争层包含 $M=m\times m$ 个神经元，组成一个方阵。输入层和竞争层之间是全互联的，竞争层的神经元之间训练时存在侧向抑制，识别时没有任何连接。自组织神经网络的结构如图 8-6 所示。

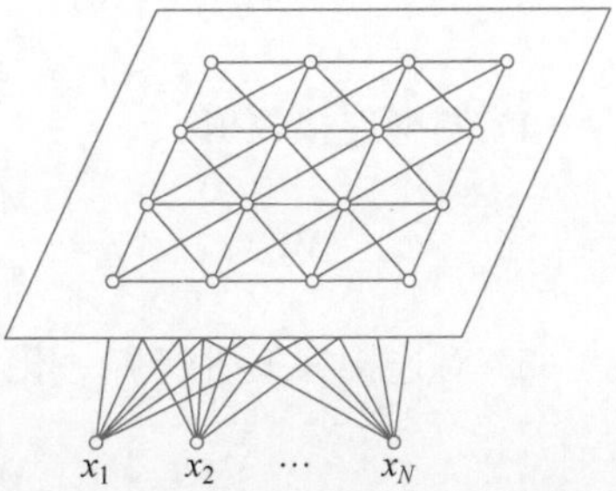

图 8-6 自组织神经网络的结构

8.3.2 自组织神经网络的识别过程

在 SOM 网络训练好之后，希望用输出层中的某个区域对应某一类模式，当输入一个待识别模式时，计算输入特征向量与网络中每个神经元权值之间的距离，以距离最小者作为获胜神经元，也就是兴奋程度最大的神经元，然后根据这个神经元所在的区域确定待识模式的类别。

输入特征与神经元权值之间距离的计算可以采用多种形式，常用的有欧氏距离和向量点积。采用欧氏距离时以最小值确定获胜神经元，采用向量点积时则以最大值确定获胜神经元。令输入特征向量为 $\boldsymbol{X}=(x_1,x_2,\cdots,x_N)^{\mathrm{T}}$，第 j 个神经元的权值为 $\boldsymbol{W}_j=(w_{j1},w_{j2},\cdots,w_{jN})^{\mathrm{T}}$，则欧氏距离为

$$d_j=\|\boldsymbol{X}-\boldsymbol{W}_j\|=\left[\sum_{i=1}^{N}(x_i-w_{ji})^2\right]^{\frac{1}{2}} \tag{8-19}$$

向量点积为

$$d_j=\boldsymbol{W}_j^{\mathrm{T}}\boldsymbol{X}=\sum_{i=1}^{N}w_{ij}x_i \tag{8-20}$$

8.3.3 自组织神经网络的学习过程

SOM 网络的学习也是一个迭代的算法，在第 t 次迭代中要有一个以获胜神经元为中心

的邻域 $N_g(t)$，在这个邻域内的神经元权值得到增强，邻域之外的神经元受到抑制或不增强。邻域的形状可以选择方形、圆形或多边形。

下面给出网络训练算法。

(1) 初始化，随机赋值所有竞争层神经元的权值 $\{w_{ij}\}$，并且将每个神经元的权值向量归一化单位长度，也就是 $\|\boldsymbol{W}_j\|=1$，确定初始的邻域 $N_g(0)$，以及学习次数 T 和初始学习速率 $0<\eta(0)<1$。

(2) 输入训练样本，并进行归一化：$\boldsymbol{X}=\dfrac{\boldsymbol{X}}{\|\boldsymbol{X}\|}$。

(3) 计算训练样本 $\boldsymbol{X}$ 与每一个神经元之间的距离，并确定获胜神经元 g：

$$d_j=\boldsymbol{W}_j^{\mathrm{T}}(t)\boldsymbol{X}=\sum_{i=1}^{N}w_{ij}(t)x_i \tag{8-21}$$

$$d_g=\min_j\{d_j\} \tag{8-22}$$

(4) 调整连接权值：

$$\boldsymbol{W}_j(t+1)=\begin{cases}\boldsymbol{W}_j(t)+\eta(t)[\boldsymbol{X}-\boldsymbol{W}_j(t)], & j\in N_g(t)\\ \boldsymbol{W}_j(t), & j\notin N_g(t)\end{cases} \tag{8-23}$$

(5) 对连接权值进行归一化：

$$\boldsymbol{W}_j(t+1)=\frac{\boldsymbol{W}_j(t+1)}{\|\boldsymbol{W}_j(t+1)\|} \tag{8-24}$$

(6) 重复(2)～(5)的过程，将全部训练样本训练一遍。

(7) 进行下一次迭代，$t=t+1$，更新 $\eta(t)$ 和 $N_g(t)$，$\eta(t)$ 应该越来越小，最后变为 0，$N_g(t)$ 的区域也应该越来越小，最后只包含一个获胜神经元。

(8) 重复(2)～(7)的过程，直到 $t=T$ 为止。

SOM 网络最大的特点是，可以对没有类别标签的样本进行学习，也就是可以进行聚类分析，因为经过多次迭代学习之后，相近的样本激活的获胜神经元在空间中分布的区域相近，可以将这个区域确定为一个类别。

8.4 径向基函数(RBF)神经网络

径向基函数(Radial Basis Function，RBF)神经网络是由 Moody 和 Darken 在 20 世纪 80 年代末提出的一种神经网络。由于它模拟了人脑中局部调整、相互覆盖接收域的神经网络结构，因此，RBF 神经网络是一种局部逼近网络。它能够以任意精度逼近任意连续函数，特别适合于解决分类与回归问题。RBF 神经网络有两种模型：正规化网络 RN 和广义网络 GN。正规化网络适用于解决函数逼近方面的问题，而广义网络适用于解决分类问题。

8.4.1 RBF 神经网络结构

RBF 神经网络的结构与多层前向网络类似，它是一种三层前向网络，其结构如图 8-7 所示，网络第一层为输入层，由信号源节点组成；第二层为隐藏层；第三层为输出层，它对输入模式的作用做出响应。该网络将径向基函数作为隐单元的“基”构成隐藏层空间，将输入向量直接映射到隐藏层空间。因此，当 RBF 的中心点确定以后，这种映射关系也就确定了。而隐藏层空间到输出空间的映射是线性的，即网络的输出是隐单元输出的线性加权和。从总体上看，输入到输出的映射是非线性的，而隐藏层空间到输出空间的映射是线性的，从而可以大大加快学习速度并避免局部极小问题。

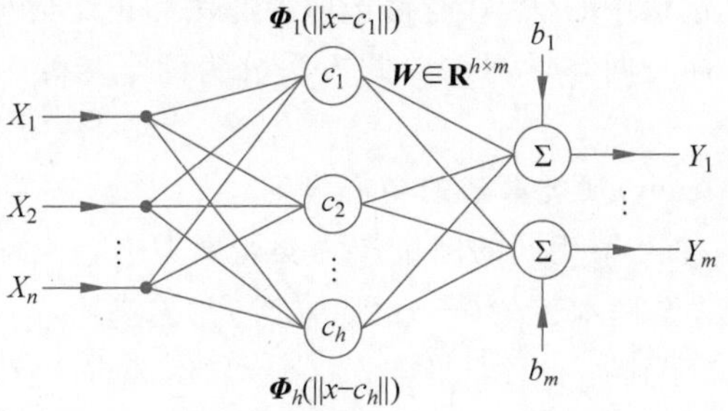

图 8-7　径向基函数神经网络的结构

8.4.2　径向基函数

所谓径向基函数，就是某种沿径向对称的标量函数。通常定义为空间内任一点 x 到某一中心 c 之间欧氏距离的单调函数，而且当神经元的输入离该中心点越远，神经元的激活程度就越低，隐节点的这一特性常被称为"局部特性"。

径向基函数 Φ_i 可以取以下多种形式。

(1) 高斯(Gaussian)函数：

$$\Phi_i(t)=\mathrm{e}^{-\frac{t^2}{\sigma^2}} \tag{8-25}$$

(2) Reflected Sigmoid 函数：

$$\Phi_i(t)=\frac{1}{1+\mathrm{e}^{\frac{t^2}{\sigma^2}}} \tag{8-26}$$

(3) 逆畸变校正(Multiquadric)函数：

$$\Phi_i(t)=\frac{1}{(t^2+\sigma^2)^{\alpha}} \tag{8-27}$$

式中，σ 为该基函数的方差，也称其为扩展常数或宽度。显然，σ 越小，即径向基函数的宽度越小，基函数就越具有选择性。

当基函数为高斯函数时，其网络输出为

$$y_j=\sum_{i=1}^{h}\omega_{ij}\exp\left(-\frac{1}{2\sigma^2}\parallel x_p-c_i\parallel^2\right) \tag{8-28}$$

其中，x_p 为第 p 个输入样本，h 为隐藏层节点数。

8.4.3　RBF 神经网络的学习过程

RBF 神经网络学习的参数有 3 个：基函数的中心 c_i、方差 σ_i 及隐藏层到输出层的权值 w_{ij}。当采用正规化 RBF 神经网络结构时，隐节点数即样本数，基函数的数据中心即样本本身，参数设计只需考虑扩展常数和输出节点的权值。而当采用广义 RBF 神经网络结构时，RBF 神经网络的学习算法应该解决的问题包括：确定网络隐节点数、确定各径向基函数的数据中心及扩展常数，以及修正输出权值。

根据径向基函数中心选取方法的不同，RBF 神经网络有多种学习方法，如梯度下降法、自组织选取中心法、随机选取中心法、有监督选取中心法和正交最小二乘法等。下面将介绍自组织选取中心的 RBF 神经网络学习法。此方法分为两个步骤：无监督的自组织学习阶段和有监督学习阶段。

1. 基于 C 均值(C-Means)聚类算法的中心学习

(1) 初始化：选取 h 个互不相同的向量作为初始聚类中心 $c_i(i=1,2,\cdots,h)$。

(2) 计算输入空间 N 个样本 $X_k(k=1,2,\cdots,N)$ 与聚类中心点 c_i 的欧氏距离 $\|X_k-t_i(n)\|$，并将每个样本分配到各个聚类集合 $\vartheta_p(p=1,2,\cdots,P)(P=h)$ 中。

(3) 更新聚类中心：计算各个聚类集合 ϑ_p 中训练样本的平均值，即新的聚类中心 c_i，当新的聚类中心不再发生变化时，所求得的 c_i 即 RBF 神经网络最终的基函数中心，否则返回(2)，进入下一轮的中心求解。

2. 求解方差 $\boldsymbol{\sigma}_i$

第 29 集 微课视频

当 RBF 神经网络的基函数为高斯函数时，方差 σ_i 可由式(8-29)求得

$$\sigma_i=\frac{c_{\max}}{\sqrt{2h}},\quad i=1,2,\cdots,h \tag{8-29}$$

3. 最小二乘法计算隐藏层和输出层之间的权值

第 30 集 微课视频

$$\omega=\exp\left(\frac{h}{c_{\max}^2}\|x_p-c_i\|^2\right),\quad p=1,2,\cdots,P,i=1,2,\cdots,h \tag{8-30}$$

径向基神经网络可以和概率密度函数的非参数方法联系起来，有研究表明，径向基神经网络在一定意义上等同于先用非参数方法估计出样本的概率密度，然后再进行分类。

第 31 集 微课视频

8.5 Python 示例

【例 8.1】 BP 网络学习异或(XOR)问题。

第 32 集 微课视频

XOR 问题是一个线性不可分的问题，因此感知器不能解决异或问题，而 BP 神经网络由于引入隐藏层，具备较强的非线性分类能力，可以用来解决异或问题。

Python 程序如下：

```
import numpy as np

class NeuralNetwork():
    def __init__(self):
        np.random.seed(0)
        self.weights1 = 2 * np.random.random((2, 2)) - 1
        np.random.seed(1)
        self.weights2 = 2 * np.random.random((2, 1)) - 1

    # sigmoid 激活函数
    def sigmoid(self, x):
        return 1 / (1 + np.exp(-x))
```

```
    # sigmoid 函数的导函数
    def dsigmoid(self, x):
        return x * (1 - x)

    # 前向传播
    def activation(self, inputs,weights):
        return self.sigmoid(np.dot(inputs, weights))

    # 神经网络
    def train(self, training_set_inputs, training_set_outputs, number_of_training,lr = 0.2):
        for iteration in range(number_of_training):
            # 训练集导入神经网络
            in_hide = np.dot(training_set_inputs, self.weights1)
            out_hide = self.sigmoid(in_hide)
            in_output = np.dot(out_hide, self.weights2)
            output = self.sigmoid(in_output)
            # 第二层权重的计算
            d_weight2 = np.dot(out_hide.T, (training_set_outputs - output) * self.dsigmoid
(output))
            d_weight1 = np.dot(training_set_inputs.T, np.dot((training_set_outputs -
output) * self.dsigmoid(output),self.weights2.T) * self.dsigmoid(out_hide))
            self.weights2 += lr * d_weight2
            self.weights1 += lr * d_weight1

nn = NeuralNetwork()
print("训练前的权重 1:")
print(nn.weights1)
print("训练前的权重 2:")
print(nn.weights2)

# 训练集,四个样本
X = np.array([ [0, 0],
               [1, 0],
               [0, 1],
               [1, 1]])
y = np.array([[0, 1, 1, 0]]).T

# 训练神经网络,学习率默认 0.2
num = 100000
nn.train(X, y, num)

print("训练后的权重 1:")
print(nn.weights1)
print("训练后的权重 2:")
print(nn.weights2)
# 测试
for i,x in enumerate(X):
    y_pred = nn.activation(nn.activation(x,nn.weights1),nn.weights2)
    print(f"样本:{x}\t 预测值为: {y_pred}\t 真实值为: {float(y[i])}")
```

运行结果如下:

```
训练前的权重 1:
[[0.09762701 0.43037873]
 [0.20552675 0.08976637]]
```

```
训练前的权重 2:
[[-0.16595599]
 [ 0.44064899]]
训练后的权重 1:
[[0.94064478 8.03615726]
 [0.94064494 8.03627251]]
训练后的权重 2:
[[-38.4568068 ]
 [ 30.67419499]]
样本:[0 0]  预测值为:[0.02001008]  真实值为:0.0
样本:[1 0]  预测值为:[0.952799]     真实值为:1.0
样本:[0 1]  预测值为:[0.952799]  真实值为:1.0
样本:[1 1]  预测值为:[0.0631473] 真实值为:0.0
```

【例 8.2】 用 BP 网络进行 MNIST 手写数字图像的分类。

```
import warnings

import matplotlib.pyplot as plt
from sklearn.datasets import fetch_openml
from sklearn.exceptions import ConvergenceWarning

# Load data from https://www.openml.org/d/554 (下载速度过慢)
# X, y = fetch_openml('mnist_784', version=1, return_X_y=True)
import numpy as np
from tqdm import trange
# 直接从硬盘上加载已经下载好的数据
data_path = "D:/Data"
loaded = np.load(f'{data_path}/mnist/mnist_train.npz')
train_data = loaded['data']
print("train set: ", train_data.shape)

loaded = np.load(f'{data_path}/mnist/mnist_test.npz')
test_data = loaded['data']
print("test set:", test_data.shape)

X_train, y_train = train_data[:,1:], train_data[:,0].astype(dtype=np.int32)
print("X_train = ", X_train.shape, "y_train = ", y_train.shape)
X_test, y_test = test_data[:,1:], test_data[:,0].astype(dtype=np.int32)
print("X_train = ", X_test.shape, "y_train = ", y_test.shape)

X_train = X_train / 255.
X_test = X_test / 255.
```

加载数据的运行结果：

```
train set: (60000, 785)
test set: (10000, 785)
X_train = (60000, 784)  y_train = (60000,)
X_train = (10000, 784)  y_train = (10000,)
```

```
from sklearn.neural_network import MLPClassifier

mlp = MLPClassifier(hidden_layer_sizes=(50,), max_iter=10, alpha=1e-4, solver='sgd',
verbose=10, random_state=1,
```

```
        learning_rate_init = .1)

with warnings.catch_warnings():
    warnings.filterwarnings("ignore", category = ConvergenceWarning, module = "sklearn")
    mlp.fit(X_train, y_train)

print("训练集 score: %f" % mlp.score(X_train, y_train))
print("测试集 score: %f" % mlp.score(X_test, y_test))
```

训练和测试的运行结果：

```
Iteration 1, loss = 0.32009978
Iteration 2, loss = 0.15347534
Iteration 3, loss = 0.11544755
Iteration 4, loss = 0.09279764
Iteration 5, loss = 0.07889367
Iteration 6, loss = 0.07170497
Iteration 7, loss = 0.06282111
Iteration 8, loss = 0.05530788
Iteration 9, loss = 0.04960484
Iteration 10, loss = 0.04645355
训练集 score: 0.986800
测试集 score: 0.970000
```

人工神经网络是当前模式识别领域中最重要的一类方法。相对于其他方法而言，人工神经网络有较强的容错性和自学习能力，可以实现特征空间较复杂的划分，适合于高速并行处理，因而受到模式识别领域和工程领域的普遍重视。本章介绍了人工神经网络的发展历史和特点，着重介绍了前馈神经网络、自组织神经网络、径向基神经网络的基本理论和训练方法。同时，给出了用 BP 神经网络解决异或问题的实例和 Python 代码。

习题及思考题

8.1 已知以下样本分为两类。

ω_1 类：$\boldsymbol{X}_1=(5,1)$，$\boldsymbol{X}_2=(7,3)$，$\boldsymbol{X}_3=(3,2)$，$\boldsymbol{X}_4=(5,4)$；

ω_2 类：$\boldsymbol{X}_5=(0,0)$，$\boldsymbol{X}_6=(-1,-3)$，$\boldsymbol{X}_7=(-2,3)$，$\boldsymbol{X}_8=(-3,0)$。

(1) 判断两类样本是否线性可分。

(2) 试确定一直线，并使该线与两类样本重心连线相垂直。

(3) 设计一单节点感知器，如用上述直线方程作为其分类判决方程 net=0，写出感知器的权值与阈值。

(4) 用上述感知器对以下 3 个样本进行分类 $\boldsymbol{X}=(4,2)$，$\boldsymbol{X}=(0,5)$，$\boldsymbol{X}=(36/13,0)$。

8.2 写出 BP 神经网络正向传播和误差反向传播的公式，并说明 BP 神经网络的优缺点。

8.3 已知非线性函数

$$y=20+x_1^2-10\cos(2\pi x_1)+x_2^2-10\cos(2\pi x_2)$$

试随机产生 400 个 x_1、x_2，并代入上式求出 y。利用上述 400 个样本训练一径向基函数神经网络，再随机产生 500 个 x_1、x_2 对训练好的网络进行测试，试写出

MATLAB 代码。

8.4 设某一机器发动机的故障特征可以由 $P=(P_1,P_2,\cdots,P_8)$ 表征，如果已获取故障样本如表 8-1 所示，试使用 SOM 网络进行故障诊断，并写出 MATLAB 代码。

表 8-1 故障样本

故障	P_1	P_2	P_3	P_4	P_5	P_6	P_7	P_8
故障 1	0.9325	1.0000	1.0000	−0.4526	0.3895	1.0000	1.0000	1.0000
故障 2	0.4571	0.2854	−0.9024	0.9121	0.0841	1.0000	−0.2871	0.5647
故障 3	0.5134	0.9413	0.9711	−0.4187	0.2855	0.8546	0.9478	0.9512
故障 4	0.1545	0.1564	−0.5000	−0.6571	0.3333	0.6667	0.3333	−0.5000
故障 5	0.1765	0.7648	0.1259	0.6472	0.0563	0.1726	0.5151	0.4212
故障 6	0.6744	0.4541	0.8454	1.0000	0.8614	−0.6714	0.6279	−0.6785
故障 7	0.4647	0.5710	0.0712	−0.7845	0.2871	0.8915	0.6553	0.5152
故障 8	0.6818	1.0000	0.6350	0.8426	−0.6815	0.1574	1.0000	0.7782

第9章 典型深度学习模型及应用

CHAPTER 9

9.1 深度学习

2006年Hinton等提出了深度学习模型，引入了一种有效训练多层神经网络的方法，特别是通过提出深度信念网络和非监督贪心逐层预训练算法，解决了深层神经网络训练中的梯度消失和优化难题，开启了深度学习在学术界和工业界的浪潮，使得在图像识别、语音识别和其他领域的人工智能技术研究取得了突破性的进展。

2012年是深度学习技术发展的一个重要里程碑时期。Google Brain项目在这一年通过大规模分布式计算平台展示了深度神经网络的强大能力，使用16000个CPU核心训练出的DNN模型在图像识别等领域取得了突破性进展，例如能够从无标注YouTube视频中自主“学习”到猫脸的特征，这一事件引起了广泛的关注，也标志着深度学习技术开始进入工业界和学术界的主流视野。同时，微软公司也在深度学习领域取得重大成果，其在中国天津展示的全自动同声传译系统，利用深度学习技术提升了机器翻译的质量和实时性，这不仅体现了深度学习在自然语言处理领域的潜力，还预示着未来智能服务、跨语言交流等方面的重大变革。百度作为中国领先的高科技公司，同样不断加大在深度学习等人工智能核心技术上的投入，尤其是在自动驾驶、搜索引擎优化、语音识别、计算机视觉等多个业务场景上广泛应用了深度学习技术，并且在技术研发、人才培养以及产学研合作方面均取得了显著成就，推动了中国人工智能产业的发展与进步。

9.1.1 深度学习介绍

1. 深度学习的基本原理

深度学习是机器学习研究中的一个新领域，其动机在于建立模拟人脑进行分析学习的神经网络，模仿人脑的机制来解释数据。深度学习的概念源于人工神经网络，它通过组合低层特征形成更加抽象的高层表示属性的类别或特征，从而发现数据的分布式特征表示。其实质是通过构建具有多个隐藏层的机器学习模型和海量的训练数据，学习出更有用的特征，最终达到提升分类或预测准确性的目的。

深度学习的思想就是堆叠多个层，也就是将上一层的输出作为下一层的输入，通过这种方式，实现对输入信息的分级表达。

假设有一个系统S，它有n层($S_1,S_2,\cdots,S_n$)，输入是I，输出是O。如果输出O等于输

入 I,即输入 I 经过这个系统变化之后没有任何的信息损失,保持了不变,这意味着输入 I 经过每一层 S_i 都没有任何的信息损失,即在任何一层 S_i,它都是原有信息的另外一种表示。

在深度学习中,需要自动地学习特征。假设有一输入数据集 I,设计一个有 n 层的系统 S,通过调整系统中各参数,使它的输出 O 仍然是输入 I,那么就可以自动获取得到输入 I 的一系列层次特征,即($S_1, S_2, \cdots, S_n$)。

2. 深度学习的训练过程

在网络的训练中,如果对所有层同时训练,时间复杂度太高;但若每次只训练一层,偏差会逐层传递,导致严重欠拟合。因此将训练过程分为以下两步:

(1) 自下而上的非监督学习。用无标定数据训练第一层,学习得到第一层的参数,再逐层向上训练。在学习得到第 $n-1$ 层参数后,将 $n-1$ 层的输出作为第 n 层的输入,训练第 n 层,由此分别得到各层的参数。这是一个进行特征学习的无监督训练过程。

(2) 自顶向下的监督学习。通过带标签的数据来训练网络,将得到的误差自顶向下传输,以对整个多层模型的参数进行调优,使原始表示 x 向上生成的高级表示 r 和该高级表示 r 向下生成的 x' 尽可能一致。这是一个有监督训练过程。

3. 深度学习模型

典型的深度学习模型有受限玻尔兹曼机(Restricted Boltzmann Machine,RBM)、深度置信网络(Deep Belief Networks,DBN)、卷积神经网络(Convolutional Neural Networks,CNN)模型等。下面对其中典型模型进行描述。

9.1.2 受限玻尔兹曼机

RBM 是一种生成随机神经网络,主要用于特征提取和降维。整个网络为一个二部图,包含两层:可见层和隐藏层,层内各节点相互独立,层间各节点两两互连,且所有节点都是随机二值变量节点。RBM 模型结构如图 9-1 所示。

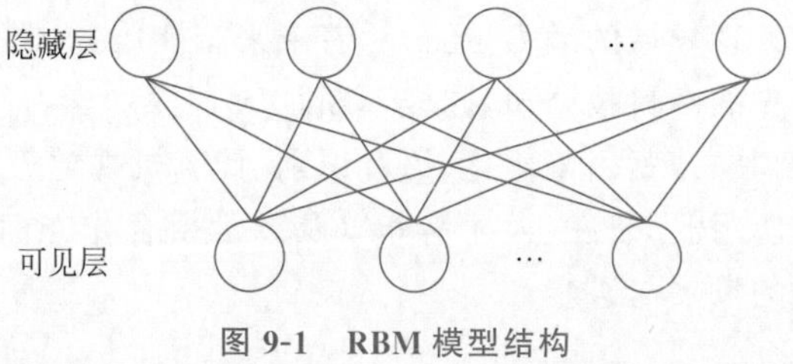

图 9-1 RBM 模型结构

RBM 是一种基于能量的模型,其联合组态的能量定义为

$$E_\theta(v,h) = -\sum_i \sum_j h_j w_{ij} v_i - \sum_i a_i v_i - \sum_j b_j h_j \tag{9-1}$$

其中,θ 是 RBM 的参数 $\{w, a, b\}$,w_{ij} 为可见单元 v_i 和隐单元 h_j 之间边的权重,a 和 b 分别为可见单元和隐单元的偏置。

基于能量函数,由玻尔兹曼(Boltzmann)分布可以确定状态(v,h)的联合概率:

$$P_\theta(v,h) = \frac{1}{Z(\theta)} \mathrm{e}^{-E_\theta(v,h)} \tag{9-2}$$

式中,$Z(\theta) = \sum_k \sum_v \mathrm{e}^{-E_\theta(v,h)}$,为归一化因子。

希望最大化观测数据的似然函数为 $P_\theta(v)$，它对应 $P_\theta(v,h)$ 的边缘分布，也称为似然函数，具体为

$$P_\theta(v)=\frac{1}{Z(\theta)}\sum_h \mathrm{e}^{-E_\theta(v,h)} \tag{9-3}$$

类似地，有

$$P_\theta(h)=\frac{1}{Z(\theta)}\sum_v \mathrm{e}^{-E_\theta(v,h)} \tag{9-4}$$

由于 RBM 的结构存在层间有连接、层内无连接的特点，当给定可见单元的状态时，各隐单元的激活状态之间是条件独立的。此时，第 j 个隐单元的激活概率为

$$P_\theta(h_j=1\mid v)=\sigma\left(b_j+\sum_i v_i w_{ij}\right) \tag{9-5}$$

式中，$\sigma(x)=\dfrac{1}{1+\mathrm{e}^{-x}}$ 为 Sigmoid 函数。

由于 RBM 的结构是对称的，当给定隐单元的状态时，各可见单元的激活状态之间也是条件独立的，即第 i 个可见单元的激活概率为

$$P_\theta(v_i=1\mid h)=\sigma\left(a_i+\sum_j w_{ij}h_j\right) \tag{9-6}$$

各层内单元之间是条件独立的，因此

$$P_\theta(h\mid v)=\prod_j P(h_j\mid v)P_\theta(v\mid h)=\prod_i P(v_i\mid h) \tag{9-7}$$

训练 RBM 的目标就是最大化如下对数似然函数：

$$L(\theta)=\ln P(v) \tag{9-8}$$

最大化对数似然函数的方法是梯度上升法。对样本 V，对数似然函数关于 θ 的梯度为

$$\frac{\partial L(\theta)}{\partial\theta}=-\sum_h P(h\mid V)\frac{\partial E(V,h)}{\partial\theta}+\sum_h P(v,h)\frac{\partial E(V,h)}{\partial\theta} \tag{9-9}$$

由于 θ 是 RBM 的参数 $\{w,a,b\}$，简化得

$$\begin{aligned}
\frac{\partial L(\theta)}{\partial w_j}&=P(h_j=1\mid V)V_i-\sum_v P(v)P(h_j=1\mid v)v_i\\
\frac{\partial L(\theta)}{\partial a_i}&=V_i-\sum_v P(v)v_i\\
\frac{\partial L(\theta)}{\partial b_j}&=P(h_j=1\mid V)-\sum_v P(v)P(h_j=1\mid v)
\end{aligned} \tag{9-10}$$

对式(9-10)，利用对比散度算法来得到对数似然函数关于参数 θ 梯度的近似。此算法根据可见单元的可见向量 v^1 得到隐单元隐藏向量 h^1 的状态，然后通过 h^1 来重构可见向量 v^2，再根据 v^2 生成新的隐藏向量 h^2，通过各单元的变化来调节网络。按式(9-11)更新各个参数：

$$\begin{aligned}
\Delta w_j&\leftarrow\varepsilon\left[P(h_j=1\mid v^1)v_i^1-P(h_j=1\mid v^2)v_i^2\right]\\
\Delta a_j&\leftarrow\varepsilon(v_i^1-v_i^2)\\
\Delta b_j&\leftarrow\varepsilon\left[P(h_j=1\mid v^1)-P(h_j=1\mid v^2)\right]
\end{aligned} \tag{9-11}$$

式中，ε 为学习率。

9.1.3 深度置信网络

在靠近可见层的部分使用贝叶斯信念网络(Bayes Belief Network,BBN),而在最远离可见层的部分使用 9.1.2 节介绍的 RBM 就得到了 DBN 模型,它由 Hinton 等于 2006 年提出。这是一个概率生成模型,其生成模型旨在建立一个观察数据和数据标签之间的联合分布。一个典型的 DBN 模型结构如图 9-2 所示。

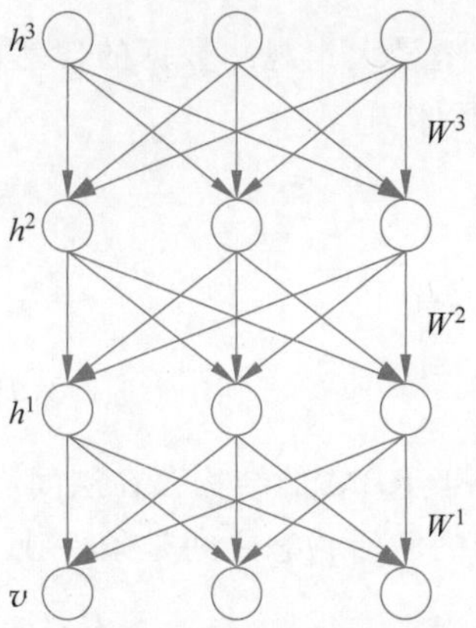

图 9-2 DBN 模型结构

一个有 l 个隐藏层的典型的 DBN,可以用联合概率分布表示输入向量 v 和隐藏向量 h 的关系

$$P(v,h^1,h^2\cdots h^l)=P(v\mid h^1)P(h^1\mid h^2)\cdots P(h^{l-2}\mid h^{l-1})P(h^{l-1}\mid h^l) \quad (9\text{-}12)$$

DBN 学习的过程就是学习联合概率分布的过程,而联合概率分布的学习是机器学习中的产生式学习方式。

对于深度的机器学习,由于参数变量很多,因此合适的训练算法直接决定了学习器的性能。由于 BP 算法不适合有很多隐藏层的学习结构,且经常会陷入局部最优解,不能到达全局最优解。因此,Hinton 等提出了贪婪无监督训练算法,其基本思想是:将 DBN 网络分层,使第 1 层(即输入层)与第 2 层构成一个典型的 RBM,根据无监督学习调节网络参数,使 RBM 达到能量平衡。然后,将第 2 层与第 3 层构成一个新的 RBM,把第 1 层的输出作为新的 RBM 的输入,继续调节参数,使当前 RBM 结构达到能量平衡。如此进行直到最后一层,当完成无监督逐层训练学习后,再以原始外界输入和目标输出对整个网络进行有监督学习,以最大似然函数为目标,精调网络各层参数。

贪婪无监督训练算法实现步骤如下:

(1) 以 v 为外界输入,训练第 1 个 RBM,使其达到能量平衡;

(2) 用第 1 层学习到的联合分布,作为第 2 层 RBM 的输入,继续训练;

(3) 重复第(2)步,直到最后一层;

(4) 以最大似然函数为目标函数,精调网络参数,使网络达到最优。

9.1.4 卷积神经网络

20 世纪 60 年代,Hubel 和 Wiesel 在研究猫脑皮层时,发现了一种独特的神经网络结构,可以有效降低反馈神经网络的复杂性,进而提出了卷积神经网络(CNN),它利用空间相对关系减少参数数目以提高训练性能。现在,卷积神经网络已经发展成为一种高效的图像识别方法,CNN 的基本结构如图 9-3 所示。

CNN 是一种非全连接的神经网络结构,包含两种结构层:卷积层和子采样层。卷积层由多个特征平面构成,完成抽取特征的任务。在网络中,每一个计算层由多个特征映射组成,每个特征映射都以特征平面的形式存在,平面中的神经元在约束下共享相同的权值集。在卷积层中,前一层的特征平面与一个可学习的核进行卷积,卷积结果经过激活函数后的输出形成这一层的神经元,从而构成该层特征平面。根据卷积的数学定义:

$$(f*g)=\int f(u)g(x-u)\mathrm{d}u$$

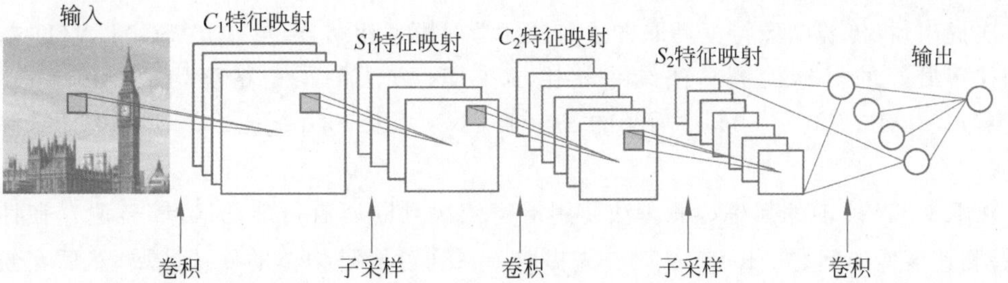

图 9-3　CNN 的基本结构

或
$$f(n) * g(n) = \sum_{m=-\infty}^{\infty} f(m) g(n-m) \tag{9-13}$$

网络的卷积层应用了卷积的离散表示。卷积层的计算式为

$$X_j^l = f\left(\sum_{i \in M_j^l} X_i^{l-1} * K_{ij}^l + B_j^l\right) \tag{9-14}$$

式中，f 为激活函数，l 为网络当前所在层，K 为卷积核，M_j^l 为 $l-1$ 层中特征映射 i 的索引向量，B_j^l 为第 l 层的第 j 个单元的偏置。

图像经过一层卷积，就由原始空间被影射到特征空间，在特征空间中进行图像的重构。卷积层的输出为图像在特征空间中重构的坐标，作为其后子采样层的输入。卷积层的每个特征平面都对应了子采样层的 1 个特征平面，子采样层特征平面上的每个神经元都从其接收域中接收数据，对其进行处理以实现局部平均和子抽样，使特征映射的输出对平移等变换的敏感度下降。

卷积神经网络执行的是有监督训练，在开始训练前，用一些不同的小随机数对网络的所有权值进行初始化。

训练分为以下两个阶段。

(1) 向前传播阶段。从样本集中取一个样本 X，将其输入网络。在此过程中，信息从输入层经过逐级变换，传送到输出层。计算相应的实际输出：

$$O_{\mathrm{p}} = F_n(\cdots(F_2(F_1(XW_1)W_2)\cdots)W_n) \tag{9-15}$$

(2) 向后传播阶段。此阶段也称误差传播阶段，首先计算实际输出 O_{p} 与相应的理想输出 Y_{p} 的差异：

$$E_{\mathrm{p}} = \frac{1}{2}\sum_j (Y_{\mathrm{p}j} - O_{\mathrm{p}j})^2 \tag{9-16}$$

然后按极小化误差的方法反向传播调整权值矩阵。

卷积神经网络相对于其他神经网络的一个优势是：它的特征检测层通过训练数据来进行学习，避免了显式的特征提取，隐式地从训练数据中学习特征，而且同一特征映射面上的神经元权值相同，网络可以并行学习。同时，权值共享降低了网络的复杂性，尤其是多维向量的图像可以直接输入网络的这一特点降低了特征提取和分类过程中数据重建的复杂度。

9.2　R-CNN 系列原理及方法

9.2.1　R-CNN 原理及方法

R-CNN 是在目标检测中应用深度学习的典型方法。该方法由 Ross Girshick 在 2013

年首次提出，将传统图像特征提取方法与深度学习模型相结合，与在 PASCAL VOC 数据集上的往年最好的目标检测算法结果相比，R-CNN 方法的平均精度均值（mean Average Precision，mAP）提高了 30%。后续的 Fast R-CNN 以及 Faster R-CNN 均是基于该算法的改进。

在 R-CNN 之前的目标检测算法使用滑窗依次判断所有可能的区域，普遍存在计算量大、检测速度慢的问题。R-CNN 则首先提取一系列可能是物体的候选区域，然后在候选区域上自动提取特征。传统目标检测算法针对特定区域提取人工设定的各类特征（直方图、Haar、HOG），而 R-CNN 使用训练后的深度神经网络对特定区域进行特征提取。R-CNN 的缺点是候选框没有共享神经网络，因而结构复杂、参数较多。

R-CNN 算法主要包括四个主要的功能模块：候选区域生成；使用深度神经网络提取候选区特征；使用 SVM 分类器分类特征；使用回归器修正候选框位置。

1）基于选择性搜索（Selective Search）的候选区域生成

候选区域生成是近年来目标检测领域中一种对非特定目标进行区域分割的算法，这类方法能够针对非特定目标的区域进行预先分割，获得多个可能包含目标的区域，较传统滑窗算法有计算量小的优点。

Hosang 在 2015 年提出的 Selective Search 方法具备较好的普适性，在多个目标检测算法中得到了广泛的应用。R-CNN 算法也采用 Selective Search 方法来提取图像中的非类别目标区域，具体分为以下三步：首先使用基于 Felzenszwalb 提出的图像区域分割算法对图像进行初步分割，分割为多个小的区域；然后基于一定的规则对多个区域进行合并；最后输出候选区域。

该算法包括如下几个基础概念：

最小生成树（Minimum Spanning Tree，MST）：一个有 n 个结点的连通图的生成树是原图的极小连通子图，且包含原图中的所有 n 个结点，并且有保持图连通的最少的边。

区域内间距：即区域对应 MST（最小生成树）中权重最大的边的权重值。

区域间间距：即在所有分别属于两个区域且有边连接的点对中，寻找权重最小的那对（若两个区域内的点没有边相连，则定义间距为正无穷大）。

区域分割算法如下：

(1) 计算每一个像素点与其 8 邻域或 4 邻域的不相似度，通常利用像素灰度值差的绝对值作为不相似度；

(2) 将边按照不相似度升序排列得到 $e_1, e_2, \cdots, e_n$；

(3) 选择 e_i；

(4) 对当前选择的边 e_i（v_i 和 v_j 不属于一个区域）进行合并判断；

(5) 如果不相似度小于二者内部不相似度，则更新阈值以及类标号，否则保持不变；

(6) 如果 $i<n$，则按照排好的顺序，选择下一条边转到(4)，否则结束。

通过该方法将图像分割成多个小区域。

由于该小区域面积较小，算法第(2)步则采用区域合并方法将相似的区域进行合并。区域合并需要考虑到不同区域的不变性，因此在区域合并中提取的特征均有一定的不变性，其合并规则采用基于图像特征的相似性度量方法。

颜色相似度：针对每个区域分别在颜色三通道中进行直方图计算，并进行 L1 归一化，获得相应的概率直方图，采用每个颜色通道用 25 个分量进行颜色统计，形成一个 75 维的颜色直方图。针对区域 r_i，$C_i=\{C_i^1,C_i^2,\cdots,C_i^n\}$，$n=75$；同理，针对区域 r_j，可以算得 C_j。对区域 r_i、r_j 进行计算可以获得两个区域的相似度：

$$S_{\text{color}}(r_i,r_j)=\sum_{k=1}^{n}\min(C_i^k,C_j^k) \tag{9-17}$$

如果区域 r_i、r_j 满足合并规则，就可以获得新的区域 r_t。

纹理相似度：对彩色图像的每个通道的 8 个方向使用高斯差分，每个方向生成一个 10 维的直方图，最后将每个方向以及每个通道的直方图合并成一个 240 维的纹理直方图。区域 r_i、r_j 分别生成相应的纹理直方图为 T_i、T_j。使用纹理相似度函数计算两个区域的纹理相似度：

$$S_{\text{texture}}(r_i,r_j)=\sum_{k=1}^{n}\min(T_i^k,T_j^k) \tag{9-18}$$

尺寸相似度：为防止区域在合并过程中出现某个区域不断地将其他小区域合并，最终合并成为一个区域，因此采用尺寸相似度来确保尺寸类似的区域进行合并。其计算法方法如下：对区域 r_i、r_j，其区域相似度为

$$S_{\text{size}}(r_i,r_j)=1-\frac{\text{Size}(r_i)+\text{Size}(r_j)}{\text{Size}(I)} \tag{9-19}$$

$\text{Size}(r_i)$、$\text{Size}(r_j)$、$\text{Size}(I)$分别表示区域 r_i、r_j、整幅图像像素总数。

填充相似度：为防止区域合并中出现空洞现象，尽量优先合并两个靠近的区域。对区域 r_i、r_j，其填充相似度为

$$\text{Fill}(r_i,r_j)=1-\frac{\text{Size}(BB_{ij})-\text{Size}(r_i)-\text{Size}(r_j)}{\text{Size}(I)} \tag{9-20}$$

其中 $\text{Size}(BB_{ij})$为区域 r_i、r_j 的最小外部矩形框。

区域合并中，两个区域 r_i、r_j 的相似度为上述四种相似度的合并计算：

$$S(r_i,r_j)=a_1S_{\text{color}}(r_i,r_j)+a_2S_{\text{texture}}(r_i,r_j)+a_3S_{\text{size}}(r_i,r_j)+a_4\text{Fill}(r_i,r_j) \tag{9-21}$$

其中，a_1、a_2、a_3、a_4 分别为 4 种相似度计算结果的权重，通过上述计算步骤，实现对区域的合并，最终输出一定数量的分割区域。

2）基于 AlexNet 深度学习网络的特征提取

Selective Search 算法分割出的多个子区域需要通过特征提取算法提取该子区域的图像特征，从而为该区域所属类别进行分类。R-CNN 算法采用 AlexNet 深度学习网络来实现子区域特征提取。AlexNet 是由 Alex Krizhevsky、Hinton 等在 2012 年提出的一种典型的深度学习网络模型，该网络模型如图 9-4 所示。

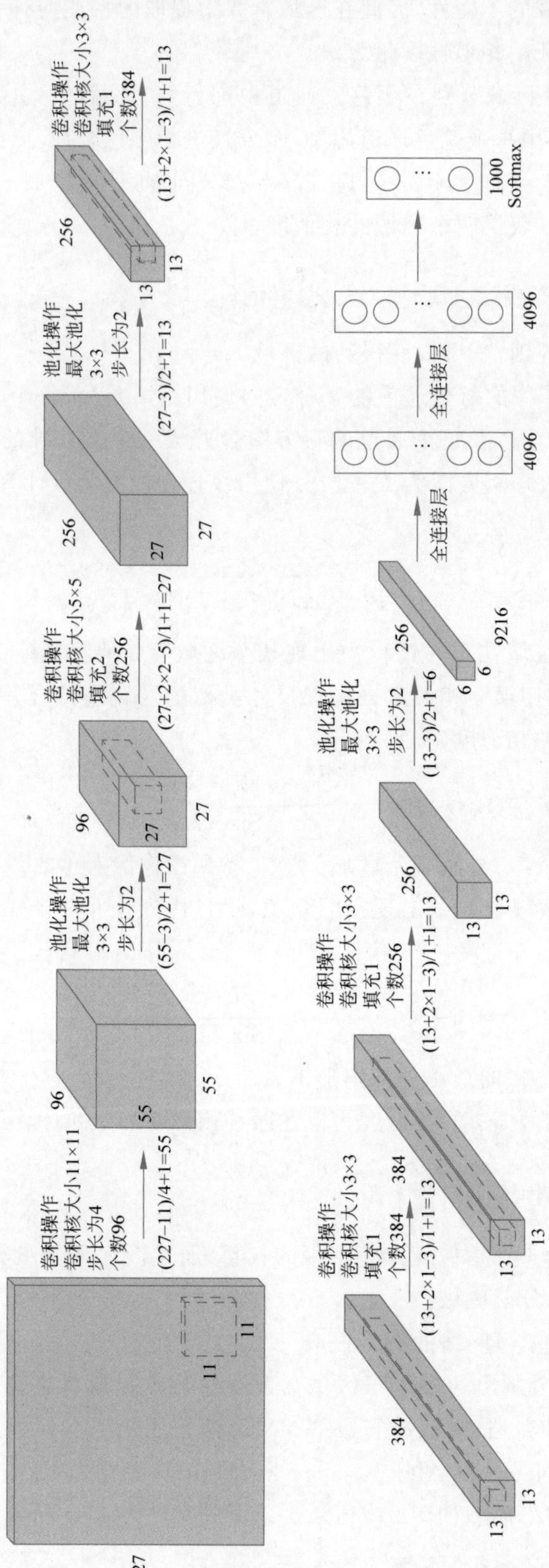

图 9-4 AlexNet 的网络模型

AlexNet 具有一些优秀的特点，使其在特征提取上具有一定的优势。网络中的激活函数使用 ReLU 替代 Tanh 或 Sigmoid 加快训练速度，以解决网络较深时的梯度弥散问题；为降低过拟合的风险，训练时使用 Dropout 随机忽略一部分神经元；使用重叠最大池化(Overlapping Max Pooling)，避免平均池化时的模糊化效果，并让步长比池化核的尺寸小，提升特征丰富性；使用 LRN 对局部神经元的活动创建竞争机制，使得其中响应比较大的值变得相对更大，并抑制其他反馈较小的神经元，增强了模型泛化能力；为确保推理过程的泛化能力，使用数据扩充(Data Augmentation)方法来增强对干扰的容忍度，例如采用了随机裁剪图像区域、水平翻转、光照变换等方法。

AlexNet 的典型网络结构如表 9-1 所示。

表 9-1 AlexNet 的典型网络结构

序号	模型层次	输入数据尺寸	滤波器数量	滤波器尺寸
1	输入层	227×227×3		
2	卷积层	227×227×3	96	11×11
3	最大池化层	55×55×96	96	3×3
4	卷积层	27×27×96	256	5×5
5	最大池化层	27×27×256	256	3×3
6	卷积层	13×13×256	384	3×3
7	卷积层	13×13×384	384	3×3
8	卷积层	13×13×384	256	3×3
9	最大池化层	13×13×256	256	3×3
10	全连接层	4096		
11	全连接层	4096		
12	全连接层	1000		

在 R-CNN 算法中使用深度神经网络提取候选区特征时，应依据 ImageNet 图像库，在对全连接层和输出层结构进行修改的基础上，对该网络进行微调(fine tuning)训练。

最终在提取特征的部分则将输出层丢弃，仅保留全连接层前 2 层的输出结果，作为该区域的特征，此时该区域特征的维数为 4096 维。

3) 目标分类及区域选择

每个子区域分割后，通过 AlexNet 提取后的特征，采用 SVM 对其进行分类。在目标分类后，存在一个典型的问题就是区域重叠。非极大值抑制的算法(Non-Maximum Suppression，NMS)为解决该问题提供了一个方案。

非极大值抑制的算法用到一个基础概念交并比(Intersection over Union，IoU)，IoU 计算的是“预测的边框”和“真实的边框”的交叠率，即它们的交集和并集的比值。如果两个边框完全重叠，即比值为 1。其计算公式为

$$\mathrm{IoU}(A,B)=\frac{I(A,B)}{U(A,B)} \tag{9-22}$$

其中，两个区域 Box$A$、Box$B$ 的并集为 $U(A,B)$，交集为 $I(A,B)$。

基于 IoU 的概念，非极大值抑制算法步骤如下：

(1) 依据 SVM 分类结果，将每类对象的区域信息放入列表中；

(2) 针对该列表，依据其中区域的置信度从高到低进行排序；

(3) 选择置信度最高的区域 Box1,依次计算 Box1 与列表中其他区域 IoU;

(4) IoU 与设定的阈值 T 进行对比,若某个区域 Box$i$ 与 Box1 的 IoU 大于该阈值,则 Box$i$ 被认为是 Box1 的"邻域",将 Box$i$ 从列表中删除,并入到 Box1 中;

(5) 重复(3)~(4),直至列表为空,至此完成了某类对象的遍历;

(6) 重复(2)~(5),完成所有类的合并,并输出相应的最终结果。

4) 使用回归器修正候选框位置

上述模块通过推理过程,基于候选框区域可以判定所属的类别。其存在的问题在于候选框与真实的目标框之间存在一定的偏差。如图 9-5 所示,图中人为标注的理想区域,该区域可以表示为 G(Ground-truth),候选框经过推理计算后,其实际检测区域为 P(Region Proposal),G 与 P 之间存在一定的位置偏差,其包括位置的偏差以及尺寸的偏差。如果能够将这个偏差通过一定的方法计算出来将有助于进一步提高检测目标的平均精度(Average Precision)。

图 9-5 目标检测框示意图

为在候选框 P 与真实目标框 G 之间寻找其变换关系,可以将该变换关系用 $d_x(P)$(x 方向的平移函数)、$d_y(P)$(y 方向的平移函数)、$d_w(P)$(图像宽度的缩放函数)、$d_h(P)$(图像高度的缩放函数)来表示。由此可以定义候选框 P 与预测框 $\hat{G}$ 之间的变换关系:

$$
\begin{aligned}
\hat{G}_x &= P_w d_x(P) + P_x \\
\hat{G}_y &= P_h d_y(P) + P_y \\
\hat{G}_w &= P_w \exp(d_w(P)) \\
\hat{G}_h &= P_h \exp(d_h(P))
\end{aligned}
\tag{9-23}
$$

其中,P_w、P_h 分别表示候选框的宽与高,$P_w d_x(P)$表示 x 方向的平移,$P_h d_y(P)$表示 y 方向的平移,$\exp(d_w(P))$表示候选框宽度的缩放,$\exp(d_h(P))$表示候选框高度的缩放。

预测框 $\hat{G}$ 与真实目标框 G 之间可以用损失函数来表示预测的准确性:

$$
\text{Loss} = \sum_i^N (\boldsymbol{t}^i_{x,y,w,h} - \hat{\boldsymbol{W}}^{\mathrm{T}}_{x,y,w,h} P^i)^2 \tag{9-24}
$$

$\boldsymbol{t}_{x,y,w,h}$ 由以下四个公式共同表示:

$$\begin{cases} t_x = (G_x - P_x)/P_{\mathrm{w}} \\ t_y = (G_y - P_y)/P_{\mathrm{h}} \\ t_{\mathrm{w}} = \ln(G_{\mathrm{w}}/P_{\mathrm{w}}) \\ t_{\mathrm{h}} = \ln(G_{\mathrm{h}}/P_{\mathrm{h}}) \end{cases} \tag{9-25}$$

优化目标函数为

$$J(\boldsymbol{W}_{x,y,\mathrm{w},\mathrm{h}}) = \underset{\hat{\boldsymbol{W}}^{\mathrm{T}}_{x,y,\mathrm{w},\mathrm{h}}}{\operatorname{argmin}} \sum_{i}^{N} (\boldsymbol{t}^{i}_{x,y,\mathrm{w},\mathrm{h}} - \hat{\boldsymbol{W}}^{\mathrm{T}}_{x,y,\mathrm{w},\mathrm{h}} P^{i})^2 + \lambda \| \hat{\boldsymbol{W}}^{\mathrm{T}}_{x,y,\mathrm{w},\mathrm{h}} \|^2 \tag{9-26}$$

为求最小损失，则可以通过梯度下降法或最小二乘法获得对应的位移和缩放参数。要注意的是：图像处理中，采用将图像的像素值进行计算以获取相应的变换关系时，为降低计算量，候选框 P 与真实目标框 G 采用经过卷积网络后的特征为相应区域的值。

9.2.2　Fast R-CNN 原理及方法

R-CNN 作为一种典型的目标检测算法，取得了较好的检测效果，但是其存在计算量大的问题。为解决该问题，Ross Girshick 在 2015 年提出了 Fast R-CNN 的方法，该方法在 R-CNN 基础上进行改进，其在标准数据集上的训练速度、识别准确率以及识别速度较 R-CNN 算法有明显提高。

Fast R-CNN 目标检测算法分为三步。

(1) 将待检测图像生成多个候选区域。

(2) 将整张图像输入 CNN 得到特征图，将 Selective Search 算法生成的候选框投影到特征图上获取相应的特征矩阵。

(3) 将每一个候选框的特征矩阵通过 RoI 池化层缩放到 7×7 大小的特征图，将特征图展平通过全连接层得到预测结果。

从以上步骤可以看出，Fast R-CNN 方法与 R-CNN 方法在第(2)步与第(3)步有明显不同，其模型如图 9-6 所示。

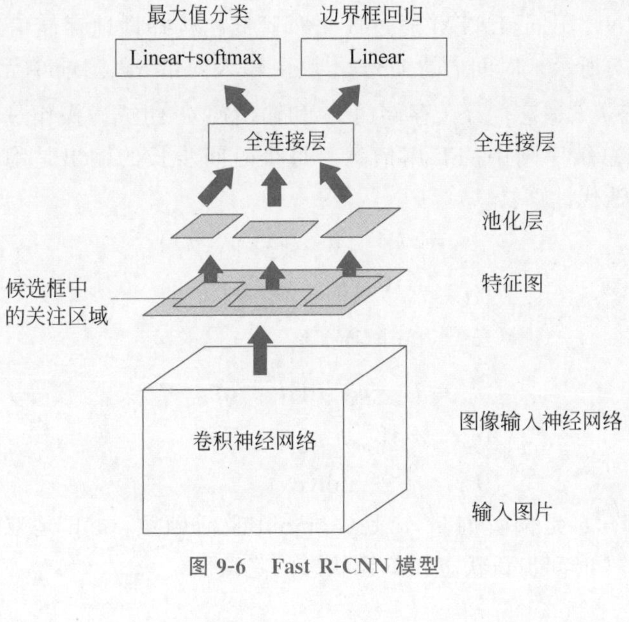

图 9-6　Fast R-CNN 模型

算法第(1)步已经在9.2.1节进行了详细介绍,因此本节将主要介绍算法的后续步骤。

1) 特征图生成

特征图仅使用CNN的网络层提取图像特征,将整幅图像送入网络层中,获得相应的特征图。该特征图与R-CNN不同之处在于其输入为整幅图像,避免了Selective Search算法中大量的重叠区域的重复计算。该特征图不仅包含了图像特征,同时也将Selective Search算法中区域信息包含在内。

2) RoI池化层

Selective Search算法提取了大量的候选框,其尺寸存在不一致性,为确保后续的识别,需要将不同尺寸的区域归一化到同一尺寸。具体步骤如下:

(1) 根据输入图像,将RoI(Selective Search算法获得区域)映射到特征图对应位置;

(2) 将映射后的区域划分为相同大小的区域;

(3) 对每个区域进行最大池化操作。

通过上述步骤可以将不同尺寸的区域转换成为固定大小的特征图。

依据Fast R-CNN算法解决了R-CNN重复计算问题,达到了较好的计算速度,并取得了较好的识别准确率。Ross Girshick在2016年提出了Faster R-CNN算法,该算法真正达到了端对端的识别速度。

9.3 LSTM模型

循环神经网络(Recurrent Neural Net,RNN)理论上可以在长时间间隔内建立状态之间的依赖关系。然而,由于实际中的爆炸梯度和消失梯度,使得RNN仅可以学习短期相关性。为了解决训练过程中RNN的梯度问题,在原有循环神经元结构的基础上对RNN神经元进行了改进。长短期记忆模型(Long Short Term Memory,LSTM),一种具有特殊结构的循环神经网络应运而生。LSTM是RNN的变体,其本质可以有效地处理序列数据。RNN在每个时刻保存隐藏层的值,然后在下一时刻使用它,这确保了每个时刻都包含上一时刻的信息。与RNN不同,LSTM通过3个"门"结构选择性地存储信息。LSTM模型的内部示意图如图9-7所示。时间t的LSTM块由输入向量$\boldsymbol{x}_t$、当前单元状态$\boldsymbol{c}_t$、临时单元状态$\check{\boldsymbol{c}}_t$、隐藏层状态$\boldsymbol{h}_t$、遗忘门f_t、存储门i_t和输出门o_t组成。操作过程是通过忘记旧状态和记忆新状态来总结序列中的有用信息。每个时间步长的输出是隐藏层状态。LSTM网络通过式(9-27)迭代计算:

$$\begin{cases} f_t = \sigma(\boldsymbol{W}_f[\boldsymbol{h}_{t-1}, \boldsymbol{x}_t] + \boldsymbol{b}_f) \\ i_t = \sigma(\boldsymbol{W}_f[\boldsymbol{h}_{t-1}, \boldsymbol{x}_t] + \boldsymbol{b}_i) \\ \check{\boldsymbol{c}}_t = \tanh(\boldsymbol{W}_c[\boldsymbol{h}_{t-1}, \boldsymbol{x}_t] + \boldsymbol{b}_c) \\ \boldsymbol{c}_t = f_t * \boldsymbol{c}_{t-1} + i_t * \check{\boldsymbol{c}}_t \\ o_t = \sigma(\boldsymbol{W}_o[\boldsymbol{h}_{t-1}, \boldsymbol{x}_t] + \boldsymbol{b}_o) \\ \boldsymbol{h}_t = o_t * \tanh(\boldsymbol{c}_t) \end{cases} \tag{9-27}$$

其中,$\boldsymbol{W}$是权重矩阵,$\boldsymbol{b}$是偏置向量,σ是sigmoid激活函数,tanh是双曲正切激活函数,$\boldsymbol{h}_{t-1}$和$\boldsymbol{c}_{t-1}$是$t-1$时间步长状态和单元状态的隐藏层。

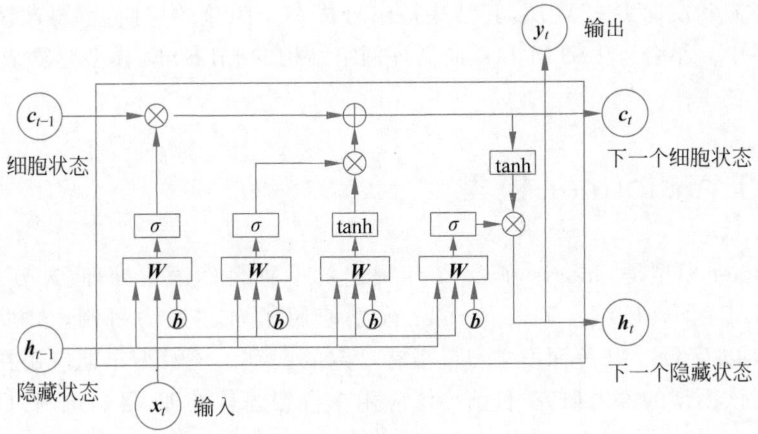

图 9-7 LSTM 模型内部示意图

在一些识别任务中，当前时刻的输出不仅与之前时刻有关，还与之后时刻有关。因此，可以添加以相反的时间顺序传输信息的网络层以增强网络的能力。考虑到前后序列的相关性，提出了一种双向分离网络结构，该结构沿时间维度前进和后退。双向递归神经网络(Bidirectional RNN，BiRNN)由两层递归神经网络组成，它们都输入序列 X，但信息以相反的方向传输。假设第一层按时间顺序发送信息，而第二层按相反的时间顺序输出，则在时间 t 时两层的隐藏状态分别为 $\boldsymbol{h}_t^{(1)}$ 和 $\boldsymbol{h}_t^{(2)}$。

假设第一层按时间顺序输出信息，而第二层按相反的时间顺序输出信息，则两层在时间 t 的隐藏状态，以及通过将 $\boldsymbol{h}_t^{(1)}$ 和 $\boldsymbol{h}_t^{(2)}$ 相加又获得的时间 t 的隐藏层状态 $\boldsymbol{h}_t$ 为

$$\begin{cases}\boldsymbol{h}_t^{(1)}=f(\boldsymbol{U}^{(1)}\boldsymbol{h}_{t-1}^{(1)}+\boldsymbol{W}^{(1)}\boldsymbol{x}_t+\boldsymbol{b}^{(1)})\\ \boldsymbol{h}_t^{(2)}=f(\boldsymbol{U}^{(2)}\boldsymbol{h}_{t-1}^{(2)}+\boldsymbol{W}^{(2)}\boldsymbol{x}_t+\boldsymbol{b}^{(2)})\\ \boldsymbol{h}_t=\boldsymbol{h}_t^{(1)}\oplus\boldsymbol{h}_t^{(2)}\end{cases}\tag{9-28}$$

LSTM 模型在捕获长距离依赖关系方面具有更好的性能，BiRNN 模型充分利用了序列前后信息的相关性，这两个模型结合起来形成了一个更复杂的双向长短期记忆模型，其网络结构如图 9-8 所示。BiLSTM 模型包括正向 LSTM 层和反向 LSTM 层，信息序列按照时间

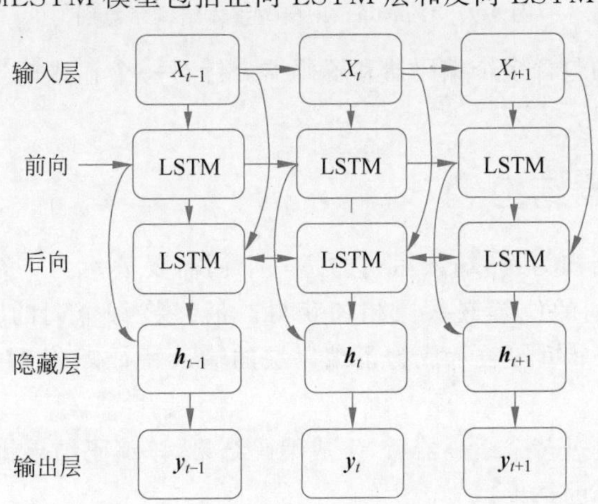

图 9-8 BiLSTM 模型网络结构示意图

顺序输入到正向和反向 LSTM 层，其结果被组合成一个隐藏的层向量，再被馈送到随后的完全连接的层中。结合了 LSTM 和双向循环网络结构的 BiLSTM 模型更复杂，但其学习能力也更好。

9.4 Transformer 模型

Transformer 模型是 Google 在 2017 年提出的一种自然语言处理(Natural Language Processing，NLP)经典模型。Transformer 模型使用了自注意力机制，该机制与过去的 CNN、R-CNN 以及 LSTM 等深度学习模型有一定的区别。该模型早期应用在语言翻译等领域。随着对该模型的深入研究，目前广泛应用在自然语言处理、目标识别、目标检测等多个领域。

Transformer 模型是由多个编码器和解码器共同构成，以一个典型的中英文翻译为例，其结构如图 9-9 所示。

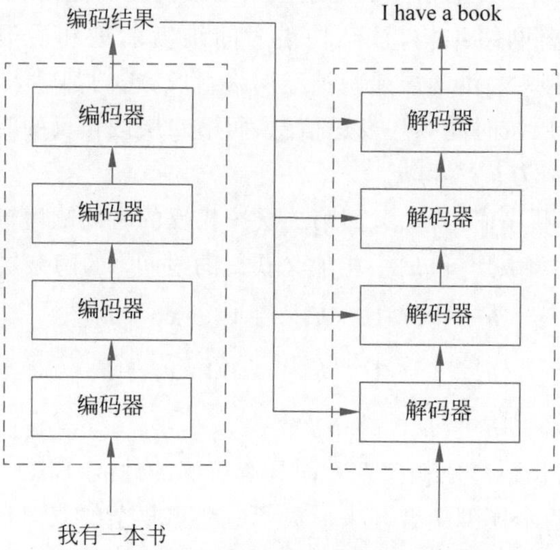

图 9-9 Transformer 模型整体结构示意图

编码层和解码层均包含多个编码器和解码器。针对一个输入的短句，通过编码层和解码层实现对短句的翻译。

9.4.1 编码器结构

以图 9-9 所示的结构为例，输入短句的每一个词需要表示为一个特征向量 $\boldsymbol{x}$，其特征向量由词嵌入层与该词的位置嵌入层相加获得。最终将每个词的特征向量合并为特征矩阵，该特征矩阵将一个短句表示成为了编码层的输入特征矩阵 $\boldsymbol{M}$。特征矩阵生成过程如图 9-10 所示。

该输入特征矩阵经过多个编码器后，生成编码结果，该编码结果将分别送入到解码层的多个解码器以达到翻译的结果。

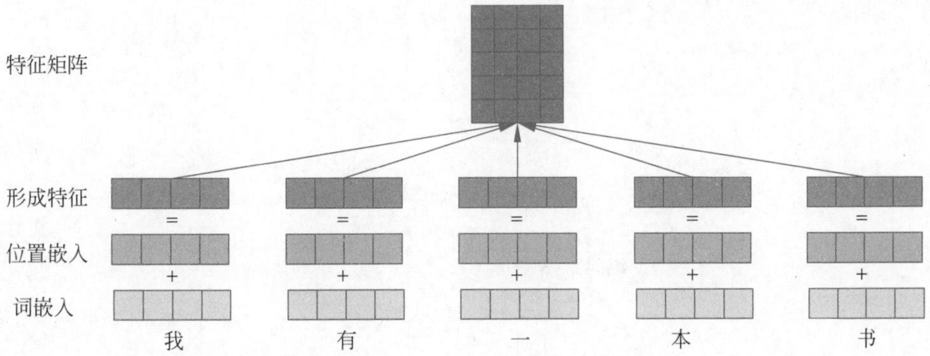

图 9-10 输入特征矩阵生成过程示意图

1. 词嵌入

词嵌入的特征提取有多种方法可以获取，通常采用 Word2vec、GloVe 等算法预训练得到，也可以在 Transformer 中训练得到。

2. 位置嵌入

位置嵌入表示词出现在短句中的位置。因为 Transformer 不采用 RNN 的结构，而是使用全局信息，所以不能利用单词的顺序信息，而这部分信息对于 NLP 来说非常重要。所以 Transformer 中需要使用位置嵌入来记录词在序列中的相对或绝对位置。

位置嵌入用 PE 表示，PE 的维度与词嵌入的特征向量在维度上一致。PE 可以通过训练得到，也可以使用公式计算得到。在 Transformer 中的计算方法为

$$\begin{cases} PE_{(pos,2i)} = \sin(pos/10000^{2i/d}) \\ PE_{(pos,2i+1)} = \cos(pos/10000^{2i/d}) \end{cases} \tag{9-29}$$

其中，pos 表示单词在短句中的位置，d 表示 PE 的维度（与词嵌入向量的维度一样），$2i$ 表示偶数的维度，$2i+1$ 表示奇数维度。

使用公式计算 PE 能够适应比训练集里面所有短句更长的短句；可以让模型容易地计算出相对位置，对于固定长度的间距 K，PE(pos$+K$)可以用 PE(pos)计算得到。将短句的词嵌入和位置嵌入相加，就可以得到单词的表示向量 $\boldsymbol{x}$，将 $\boldsymbol{x}$ 进行拼接就形成了 $\boldsymbol{M}$。$\boldsymbol{M}$ 为模型的输入特征矩阵。

3. 自注意力机制

Transformer 模型在编码器端针对输入短句的每个词进行词嵌入以及位置嵌入的特征提取，并采用如图 9-11 的结构形成编码层的结构模型。

从每个编码器的输入向量上创建 3 个向量。对于每个单词，创建一个 Query 向量，一个 Key 向量和一个 Value 向量。这些向量是通过词嵌入乘以训练过程中创建的 3 个训练矩阵而产生的(同一个 $\boldsymbol{x}$ 通过不同矩阵得到 Query、Key、Value)。

假设我们在计算第一个词“我”的自注意力，我们需要根据这个词对输入短句的每个单词进行评分。编码器端：Query 是当前词，Key、Value 是上下文单词，模型一次输入一个完整的短句，通过多头注意力矩阵并行计算。

4. 多头注意力机制

多头注意力机制使用了缩放点积注意力和多头注意力。缩放点积注意力是指在点乘的基础上额外加入了缩放计算，在实际操作时，Query、Key、Value 都合并成矩阵 $\boldsymbol{Q}$、$\boldsymbol{K}$、$\boldsymbol{V}$。

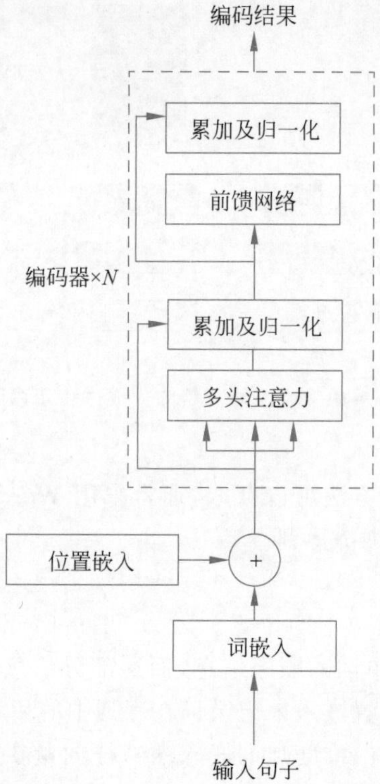

图 9-11 自注意力机制结构示意图

多头注意力是指将前面的 $\boldsymbol{Q}$、$\boldsymbol{K}$、$\boldsymbol{V}$ 进行不同的线性映射，生成多个头(head)，每个头被映射到不同的空间，学习到的侧重点也不同，由此更多的信息将能够参与到模型中。

9.4.2 解码器结构

解码器和编码器的结构相似，但解码器相较于编码器有以下点不同。

(1) 解码器结构的开始部分多了一个掩码多头。掩码多头通过添加掩码，在计算位置 i 的词的自注意力时仅与计算位置小于 i 的词进行计算，确保预测第 i 个位置时不会接触到未来的信息。

(2) 多头注意力的输入数据两者不相同。编码器部分的多头注意力输入的 Query、Key、Value 都来自上一层编码器的输出；而解码器部分的多头注意力输入的 Key、Value 来自编码器的最终输出，Query 来自掩码多头的输出。解码器部分：Query 是解码的单词，Key、Value 是编码器单词，模型每次计算当前词及其上文。

(3) 编码器可以并行计算，但解码器由于要使用前一个位置的输出作为当前位置的 Query 值，所以只能串行计算。

9.5 深度学习应用实例

字符识别是图像处理算法中的典型应用。本节以车轴字符为例，介绍深度学习在字符识别中的应用。字符识别算法流程如图 9-12 所示。

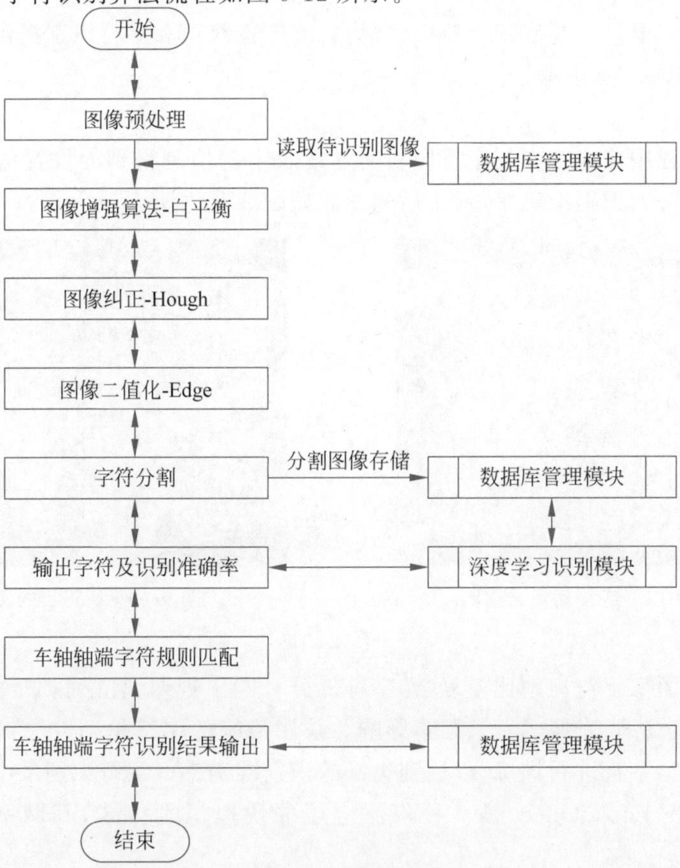

图 9-12　字符识别算法流程图

字符识别主要包含了图像增强、图像纠正、字符检测以及字符识别等核心技术。该部分主要包括以下四方面的实现内容。

1. 图像增强

图像增强可以提高图像的清晰度和对比度，使得字符在图像中更加明显和可见，从而提高字符检测和识别的准确性，增强后的图像如图 9-13 所示。

图 9-13　增强后的图像

2. 字符检测

字符检测的主要目的是确定字符位置，为后续图像纠正和字符识别提供字符位置信息，字符检测结果如图 9-14 所示。

3. 图像纠正

针对拍摄过程中普遍存在的字符倾斜问题以及字符检测得到的位置信息，对图像进行纠正以提高对字符的识别准确率，纠正后的图像如图 9-15 所示。

图 9-14　字符检测结果

图 9-15　纠正后的图像

4. 字符识别

自然场景的图像字符识别比较复杂，字符部分可能出现弯曲阵列、皱纹变形、不完整等各种形式，还会有纹理、光照等背景因素影响。采用传统的字符识别方法识别准确率较低，因此需要针对该类字符进行训练，以达到更好的识别准确率。字符识别采用深度学习网络，YOLO(You Only Look Once)是一种广泛应用的快速识别方式，其网络结构如图 9-16 所示。

该网络模型主要包括以下部分。

(1) 输入端。Mosaic 数据增强、自适应锚框计算、自适应图片缩放。

(2) Backbone。Focus 结构、CSP 结构。

(3) Neck。FPN＋PAN 结构。

(4) Prediction。GIOU_Loss。

在输入端，Mosaic 数据增强的部分主要起到的作用是丰富数据集。随机使用 4 张图片，随机缩放，再随机分布进行拼接，大大增加了检测数据集，特别是随机缩放增加了很多小目标，使网络的鲁棒性更好。

在 Backbone 处，将原始 608×608×3 的图像输入 Focus 结构，并采用切片操作，先变成 304×304×12 的特征图，再经过一次 32 个卷积核的卷积操作，最终变成 304×304×32 的特征图。

在 Neck 处，采用 FPN＋PAN 的结构，以提高对特定字符的识别精度。

以该深度学习模型为基础，构建字符识别模型，针对如图 9-17 所示的待识别字符的数字和字母进行识别。如图 9-18 所示，可以看到该网络针对轴端字符的识别能够有效地识别特定区域的字符，并给出相应的识别置信度。

本章介绍了深度学习的典型算法主要包括 R-CNN、LSTM 网络以及 Transformer 等模型，并结合图像处理及深度学习模型给出了一个字符识别案例。

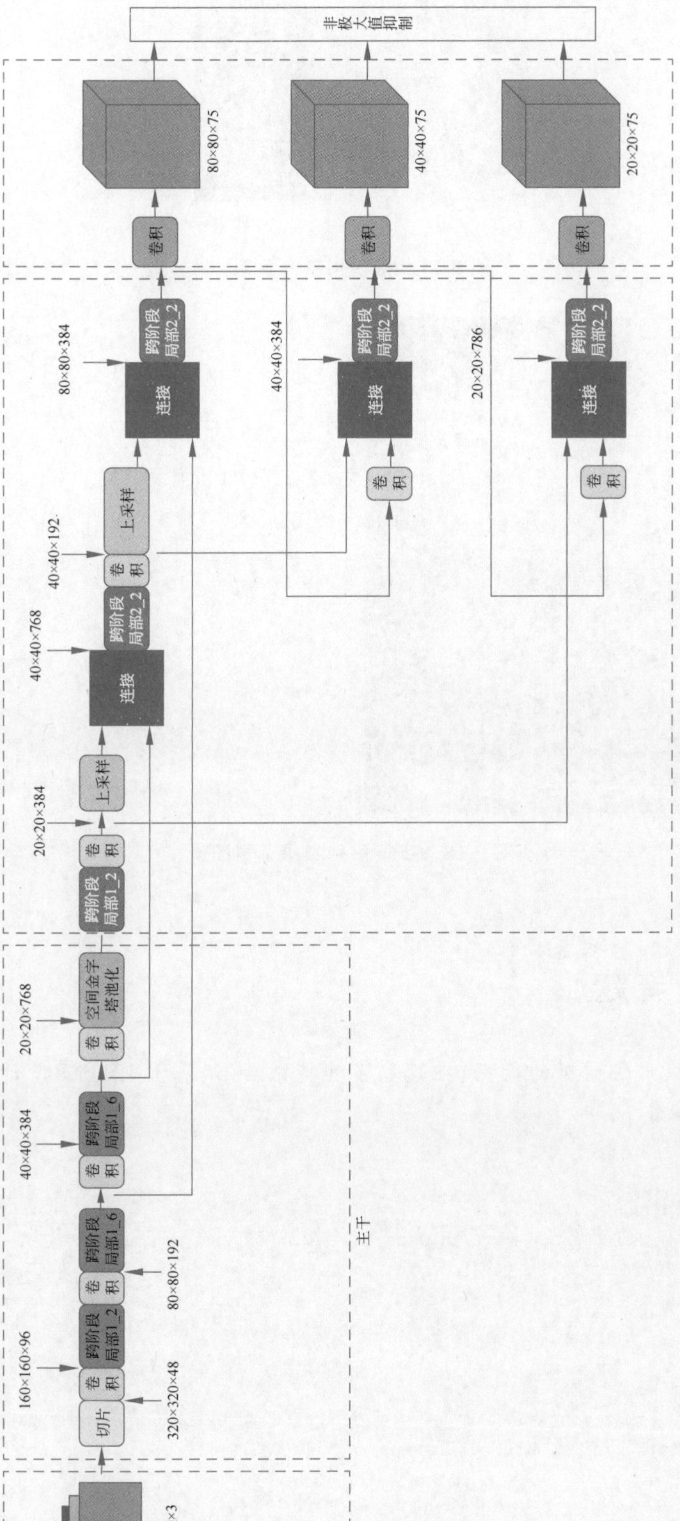

图 9-16 YOLO 深度学习模型的网络结构示意图

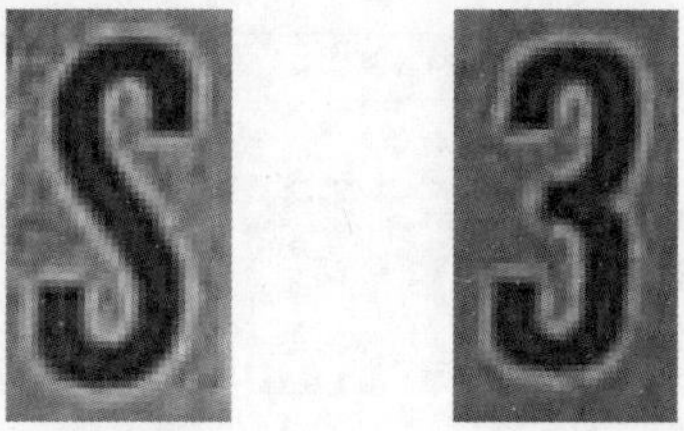

(a) 字母　　(b) 数字

图 9-17　待识别字符示例

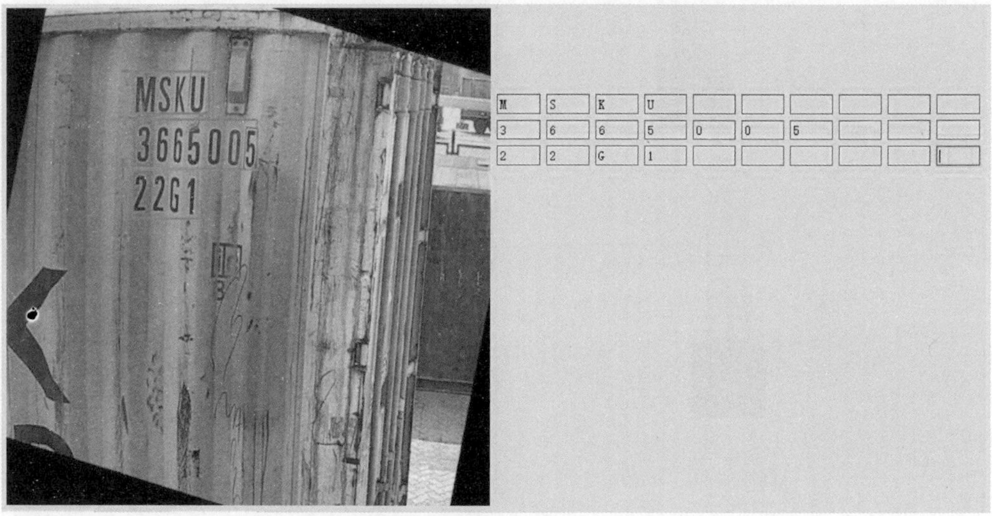

图 9-18　字符识别结果示意图

习题及思考题

9.1　针对一段水管监听的数据，在读取了其特征后，试基于 LSTM 设计模型实现对其管道中流量进行预测。

参考模型：

```
class CustomLSTM(nn.Module):
    def __init__(self, input_size, hidden_size, num_layers, output_size):
        super(CustomLSTM, self).__init__()
        self.lstm = nn.LSTM(input_size, hidden_size, num_layers, batch_first = True)
        self.fc = nn.Linear(hidden_size, output_size)

    def forward(self, x):
        h0 = torch.zeros(self.num_layers, x.size(0), self.hidden_size).to(x.device)
        c0 = torch.zeros(self.num_layers, x.size(0), self.hidden_size).to(x.device)

        out, _ = self.lstm(x, (h0, c0))
        out = self.fc(out[:, -1, :])  # 输出
        return out
```

9.2　试用多任务级联卷积神经网络(Multi-Task Cascaded Convolutional Networks, MTCNN)对Attributes Dataset (CelebA)人脸数据集中的人脸进行定位并显示相应的定位点。

参考模型：MTCNN-sample.py。

参考图像数据库：CelebA Dataset(cuhk.edu.hk)。

9.3　试用Vision Transformer(VIT)网络对交通道路上的人、车进行识别。

模型参考：https://github.com/google-research/vision_transformer。

参考数据集：The UA-DETRAC Benchmark Suite(albany.edu)。

第 10 章

CHAPTER 10

模式识别的工程应用

10.1 基于朴素贝叶斯的中文文本分类

随着网络技术的迅猛发展，文本挖掘已经成为人们获取有用信息时不可或缺的工具。其中，文本分类技术是文本挖掘的重要研究方向，它是指依据文本的内容和预定义的类别，为文本库中的每个文本确定所属的类别，以便实现信息的准确定位，提高用户查询和检索的效率。目前，文本分类技术在搜索引擎、信息过滤、信息定位中得到广泛应用。本节将理论与实际相结合，在介绍文本分类的相关原理和步骤的基础上，采用朴素贝叶斯分类算法实现对中文文本的分类。

第 33 集
微课视频

文本分类的过程主要包括文本表示、模型训练和分类算法三部分，其中分类算法是文本分类的核心。目前，主流的文本分类算法有 k 近邻算法、决策树算法、朴素贝叶斯分类算法等。k 近邻算法是一种基于统计的懒惰学习算法，该算法通过考查待分类文本和训练文本集中距离最近(最相似)的 k 篇文本，统计这 k 个近邻文本中多数属于哪一类文本，则该类文本即为待分类文本所属类别。由于该算法所有的计算都是在分类时完成的，当训练文本量很大时，计算量将非常大，分类过程将非常缓慢。决策树算法的经典算法之一是 ID3 算法。该算法的核心思想是依据文本各特征的信息增益选择测试属性，将信息增益最大的测试属性作为父节点递归地对训练文本构造成一个树结构分类器，然后将测试文本输入该树结构中实现文本的分类。这些算法的基本思想都是通过对预先分类好的文本集进行训练，建立一个判别规则或分类器，进而对未知类别的新样本进行自动分类。朴素贝叶斯分类算法是一种简单实用的分类算法，该算法通过引入贝叶斯条件概率公式对文本进行训练，然后依据训练得到的分类器将测试文本划分到使其后验概率最大的文本类中。

10.1.1 文本分类原理

1. 中文文本分类概念

中文文本分类是根据给定的文本的内容，将其判别为事先已经确定好的文本类别的某一个类或某几个类的过程。从数学上来讲，中文文本分类是一个映射过程，它将未标明类型的文本映射到已有的类别中，这里的映射可以是一对一，也可以是多对一。

2. 中文文本分类过程

本节采用朴素贝叶斯分类算法对中文文本进行分类，该算法的分类过程包括中文向量表示、分类器设计和测试样本分类。中文向量表示包括对测试样本分词、去停用词、特征提取等操作。分类器设计是根据贝叶斯决策理论设计朴素贝叶斯分类器，它是文本分类的关键所在。朴素贝叶斯分类器算法假设测试文本各个属性间相互独立，利用贝叶斯条件概率公式，通过计算未知测试文本属于不同类别训练文本的后验概率，最后依据最大后验概率把文本归于拥有最大后验概率的那个训练文本类。测试样本分类是将预处理后的特征向量和训练样本输入到朴素贝叶斯分类器中进行相关计算，包括计算类先验概率、类条件概率和后验概率，最后将测试样本划分到后验概率最大的那个类中。

10.1.2 文本特征提取

1. 语料获取

本节的训练语料集 C 选用从清华大学自然语言处理实验室推出的中文文本分类数据包中抽取的简化子集，该语料集中包含 5 个中文文本类别，分别为体育、娱乐、房产、教育、财经。其中训练集中每个类别分别包含各 2000 篇文章；测试集中每个类别各包含 500 篇文章。为了测试朴素贝叶斯分类器的分类准确率，选取训练集对朴素贝叶斯模型进行训练，并使用测试集对该模型进行测试，生成分类器报告和混淆矩阵。

2. 测试文本分词

文本分词是预处理过程中一个重要步骤，后续的分类操作需要使用文本中的单词来表征文本。词是能够独立运用的最小语言单位，中文的词与词之间没有空格，因此计算机处理中文面临的首要问题就是中文的自动分词问题。中文分词是指将汉字序列切分为一个一个单独的词，也就是让计算机系统在文本的词与词之间自动加上空格或其他边界标记。现有的中文分析技术大致有三类，它们分别是基于字符串匹配的分词、基于理解的分词、基于统计的分词。本节中调用 jieba 中文分词工具包对语料进行自动分词，该工具采用的方法是基于前缀词典实现高效的词图扫描，进而生成句子中汉字所有可能成词情况所构成的有向无环图，然后采用了动态规划查找最大概率路径，找出基于词频的最大切分组合。对于未登录词，采用了基于汉字成词能力的隐马尔可夫模型(**Hidden Markov Model，HMM**)，使用了维特比(**Viterbi**)算法。例如随机选取测试数据进行分词的代码如下：

```
input_text = "考研复试的机会得来不易，大家一定要端正态度，认真准备，不要认为进了复试就万事大吉"
text_with_spaces = ""
textcut = jieba.cut(input_text)
for word in textcut:
    text_with_spaces += word + ''
print(text_with_spaces)
```

运行结果如下：

```
考研 复试 的 机会 得来不易 ， 大家 一定 要端正 态度 ， 认真 准备 ， 不要 认为 进 了 复试 就 万事大吉
```

3. 测试文本去停用词

去停用词也是预处理过程中不可缺少的一部分，其目的是去掉对文本内容没有什么表现的字词，因为并不是文本中每一个单词或字符都能够表征这个文本。例如，文本中出现的一些数字、标点、虚词、量词、介词、连词等单词，这些词基本上在每类文本上大量出现，因此

它们基本不具有类别区分的能力,所以不能作为特征词使用。这些词被称为停用词,必须予以剔除。剔除的方法是预先将这些停用词构成停用词表,然后调用停用词表和已经分过词的测试样本进行对比,如果该词在停用表中,就将该词从候选特征词中去掉,否则保留该特征词。停用词表的选择也很重要,如果选择不合适,可能将文本中的关键词误删而影响分类结果。常用的停用词表有百度停用词表、哈尔滨工业大学停用词表和四川大学机器智能实验室停用词库。本节选用哈尔滨工业大学停用词表对分词后的单词去停用词,该停用词表中包含 767 个停用词,足以对大部分文本的停用词进行过滤。

将上面分词后的测试文本 D 去停用词后,结果为:"考研 复试 机会 得来不易 大家 一定 要端正 态度 认真 准备 不要 认为 进 复试 万事大吉"经过分词后从原文本中提取出了 15 个单词。

4. 测试文本特征提取

文本的特征提取是文本分类的重要的一部分,文本特征提取的目的是提取出与类别相关的特征项,去掉文本中与类别无关的噪声,从而对文本进行降维,提高分类精度。常用的基于统计的特征提取方法有 TF-IDF 法、词频方法、文本频次方法和交叉信息熵法等。这类算法的核心是构造评估函数,对文本集中的每个分词和去停用词后的单词进行评估,计算词语的相关于类别的权重,这样每个词语都获得一个评估值,又称为权值。然后将所有特征按权值大小排序,提取预定数目的最优特征作为提取结果的特征子集。TF-IDF 函数作为评估函数在文本分类领域取得很好的效果,其原理是一个词在某个文本 C_j 中出现的频率 TF(词频)值高,并且在其他文本中出现的总次数 1/IDF(反文本频率)低,则认为该词具有很好的类别区分能力,适合作为特征词参与分类。该算法实现公式如下。

TF 公式:

$$\mathrm{TF}_{i,j}=\frac{N_{i,j}}{\sum_{k=1}^{m}N_{k,j}} \tag{10-1}$$

式中,$N_{i,j}$ 表示单词 t_i 在文本 C_j 中出现的次数,k 表示文本 C_j 中单词的总个数,$\mathrm{TF}_{i,j}$ 表示单词 t_i 在文本 C_j 中出现的频率。

IDF 公式:

$$\mathrm{IDF}_i=\log\frac{|C|}{|\{j:t_i\in C_j\}|} \tag{10-2}$$

式中,$C=\{C_1,C_2,\cdots,C_n\}$为语料库,$|C|$表示语料库中文件个数,$|\{j:t_i\in C_j\}|$表示语料库中包含单词 t_i 的个数。IDF_i 表示单词 t_i 在其他文本中出现的频率的倒数,则 TF-IDF 公式为

$$\text{TF-IDF}_{ij}=\mathrm{TF}_{ij}\cdot\mathrm{IDF}_i \tag{10-3}$$

将分词和特征提取后的测试文本 D 结合训练文本集 C 运用 TF-IDF 法对其进行特征提取。

```
from sklearn.feature_extraction.text import TfidfVectorizer

stop_words = open(r'../stop/hit_stopwords.txt',
                  'r', encoding = 'utf-8').read()
stop_words = stop_words.encode('utf-8').decode('utf-8-sig')  # 列表头部处理
```

```
stop_words = stop_words.split('\n')   # 根据分隔符分隔

print("vectorizing train dataset ...")
t = time()
vectorizer = TfidfVectorizer(stop_words = stop_words, encoding = 'utf - 8',)
X_train = vectorizer.fit_transform((cut_words(d) for d in news_train.data))
print("n_samples: %d, n_features: %d" % X_train.shape)
print("number of non - zero features in sample [{0}]: {1}".format(
    news_train.filenames[0], X_train[0].getnnz()))
print("done in {0} seconds".format(time() - t))
```

运行结果如下：

```
vectorizing train dataset ...
n_samples: 10000, n_features: 158559
number of non - zero features in sample [E:/Data/THUCNews/Lite/train\财经\800371.txt]: 219
done in 109.7670476436615 seconds
```

测试文本 D 特征提取后各词的 TF-IDF 值见表 10-1。

表 10-1　特征提取结果

特　征　词	TF-IDF 值	特　征　词	TF-IDF 值
认真	0.1786	大家	0.1039
认为	0.0879	复试	0.6609
要端正	0.3304	准备	0.1161
考研	0.3027	不要	0.1323
机会	0.1065	万事大吉	0.3057
态度	0.1494	一定	0.0952
得来不易	0.3805		

10.1.3　朴素贝叶斯分类器设计

训练样本库 C 中所有文本被预先分为 5 个类别，分别记为 $C_1, C_2, \cdots, C_5$，其中每个文本类 C_i 中包含 2000 篇文本，记为 $C_i = \{d_1, d_2, \cdots, d_k\}$。待分类的测试文本记为 D，其中 D 由特征提取后的特征项组成，记为 $D = \{X_1, X_2, \cdots, X_N\}$，式中 X_N 表示测试文本中的特征词，N 表示测试文本中特征词的个数。在本实验中，D = {复试、端正、万事大吉、得来不易、进了、认真、考研}，那么将文本 D 判别为类别 C_i 的判别条件为

$$C_{\max} = \max\{P(C_i \mid D)\}, \quad i = 1, 2, \cdots, 5 \tag{10-4}$$

式中，$P(C_i | D)$ 为 C_i 类的后验概率，该式表明将 D 判定为使 C_i 的后验概率最大的那个文本类。由贝叶斯公式可得

$$P(C_i \mid D) = \frac{P(D \mid C_i)P(C_i)}{P(D)} \tag{10-5}$$

式中，$P(D)$ 为测试文本中特征词的证据因子，对所有类均为常数。

上式可简化为

$$P(C_i \mid D) = P(D \mid C_i)P(C_i) \tag{10-6}$$

则将未知测试样本 D 判定为 C_i 的条件为

$$P(C_i \mid D) = \max\{P(D \mid C_i)P(C_i)\}, \quad i = 1, 2, \cdots, 5 \tag{10-7}$$

由文本 D 中 N 个特征词相互独立性假设可得

$$P(D \mid C_i)=P((X_1,X_2,\cdots,X_N) \mid C_i)=\prod_{j=1}^{N} P(X_j \mid C_i) \tag{10-8}$$

式中，$P(X_j|C_i)$为待预测样本特征词 X_j 在训练文本 C_i 类中发生的概率，整个式子表示待预测样本所有特征词在训练文本 C_i 类中概率的连乘。因此，将训练文本 D 判定为 C_i 类的判别式为

$$P(C_i \mid D)=\max\{P(C_i)\prod_{j=1}^{N} P(X_j \mid C_i)\},\quad i=1,2,\cdots,5 \tag{10-9}$$

式中，先验概率 $P(C_i)$为 C_i 类训练文本在训练语料库中出现的概率，类条件概率 $P(X_j|C_i)$为待预测样本关键词 X_j 在训练文本 C_i 类中发生的概率。

```
# 多项式贝叶斯分类器
from sklearn.naive_bayes import MultinomialNB
clf = MultinomialNB(alpha = 0.1).fit(train_features, train_labels)
import numpy as np

test_words_list = ["考研 复试 的 机会 得来不易 大家 一定 要端正 态度 认真 准备 不要 认为 进复试 就 万事大吉"]

test_features = vectorizer.transform(test_words_list)
pred = clf.predict(test_features)
print("分类结果:", news_test.target_names[pred])
```

运行结果：

```
分类结果: 教育
```

10.1.4 测试文本分类

测试文本分类的过程实质是计算测试特征词在各类训练文本中的类先验概率、类条件概率和后验概率，最后将测试文本判别为后验概率最大的那类文本。

1. 类先验概率

由于类先验概率表示训练文本类别 C_i 在训练语料中出现的概率，与测试文本无关，所以类先验概率 $P(C_i)$可由如下公式确定：

$$P(C_i)=N_i/N \tag{10-10}$$

式中，N_i 表示类别 C_i 在语料库中的文本数，在本实验中每一类训练文本数都为 2000，即 $N_i=2000, i=1,2,\cdots,5$；N 表示语料库中训练文本总数，在本节中训练文本共有 10000 篇，即 $N=10000$。所以本节中各类文本的先验概率均为 $P(C_i)=N_i/N=2000/10000=1/5$。

2. 类条件概率

类条件概率 $P(X_j|C_i)$表示待预测样本关键词 X_j 在训练文本 C_i 类中发生的概率，本节采用词频型方法计算，该方法考虑特征词在训练文本中出现的频次，计算公式为

$$P(X_j \mid C_i)=\frac{1+\sum_{k=1}^{|D|} N(X_j,d_k)}{|V|+\sum_{s=1}^{|V|}\sum_{k=1}^{|D|} N(X_s,d_k)} \tag{10-11}$$

式中，$|V|$表示测试文本中特征词总数，$|D|$表示 C_i 类训练文本数，即$|D|=2000$，$N(X_j, d_k)$表示特征词 X_j 在训练文本 C_i 类文本 d_k 中出现的频次。

通过计算得到测试文本 D 中各特征词在各个训练文本类中的类条件概率如表 10-2 所示。

表 10-2 特征词的类条件概率

文本类别	特征词						
	考研	复试	得来不易	端正	认真	进了	万事大吉
体育	0.0598	0.0978	0.2	0.3158	0.2637	0.2	0.1741
娱乐	0.0818	0.3202	0.2	0.1318	0.2732	0.2	0.1250
房产	0.0578	0.0946	0.2	0.0798	0.0763	0.2	0.1026
教育	0.7395	0.3875	0.2	0.1996	0.2674	0.2	0.4555
财经	0.0609	0.0996	0.2	0.2727	0.1191	0.2	0.1425

根据已经求得的类条件概率，可求出待预测样本所有特征词在训练文本 C_i 类中概率的连乘 $\prod_{j=1}^{N} P(X_j \mid C_i)$，结果如表 10-3 所示。

表 10-3 特征词的类条件概率连乘结果

文本类别	连乘	文本类别	连乘
体育	0.00000339173	教育	0.000278664
娱乐	0.00000471564	财经	0.00000112292
房产	0.000000136632		

3. 后验概率

由类先验概率 $P(C_i)$和类条件概率 $P(X_j|C_i)$以及式(10-9)计算后验概率 $P(C_i|D)$，即在类条件概率连乘 $\prod_{j=1}^{N} P(X_j \mid C_i)$ 结果的基础上乘以类先验概率 $P(C_i)=1/5$，结果如表 10-4 所示。

表 10-4 后验概率计算结果

文本类别	后验概率	文本类别	后验概率
体育	0.000000678	教育	0.0000557
娱乐	0.000000943	财经	0.000000225
房产	0.0000000273		

由表 10-4 结果可知，和其他类别文本相比，教育类文本的后验概率 $P(C_i|D)$最高，故可将测试文本 D 判定为教育类别。最后将语料库中选取的每类 500 篇共计 2500 篇测试文本输入到朴素贝叶斯分类器中进行分类，分类之前也需要进行特征提取等操作，由表 10-4 文本分类结果可知，朴素贝叶斯分类器的平均分类准确率为 96%。

以上过程代码实现如下：

```
news_test = load_files(data_root + 'test')

print("vectorizing test dataset ...")
t = time()
X_test = vectorizer.transform((cut_words(d) for d in news_test.data))
```

```
y_test = news_test.target
print("n_samples: %d, n_features: %d" % X_test.shape)

test_labels = y_test
predicted_labels = clf.predict(X_test)

# 计算准确率
print('准确率为:', metrics.accuracy_score(test_labels, predicted_labels))
print('\n混淆矩阵:\n',confusion_matrix(test_labels, predicted_labels))
print('\n分类报告:\n',metrics.classification_report(test_labels, predicted_labels, target_
names = news_test.target_names))
```

运行结果如下：

```
loading test dataset ...
summary: 2500 documents in 5 categories.
done in 0.25537824630737305 seconds
vectorizing test dataset ...
n_samples: 2500, n_features: 158559

准确率为: 0.9636

混淆矩阵:
 [[479  20   0    1   0]
 [  0  498   0    1   1]
 [  2   2  455   5  36]
 [  2   5    3  485   5]
 [  0   0    6   2  492]]

分类报告:
              precision    recall   f1-score   support

        体育       0.99      0.96      0.97       500
        娱乐       0.95      1.00      0.97       500
        房产       0.98      0.91      0.94       500
        教育       0.98      0.97      0.98       500
        财经       0.92      0.98      0.95       500

    accuracy                          0.96      2500
```

第 34 集
微课视频

10.2 基于 PCA 和 SVM 的人脸识别

随着现代科学技术的发展和模式识别理论的不断丰富完善，人脸识别技术已在各个领域受到广泛应用，也越来越受到研究者的重视和关注。尤其在海关边检、网络安全、银行系统、身份认证、智能门禁、司机驾驶证验证、计算机登录等方面，人脸识别技术都起到了举足轻重的作用。人脸识别的基本原理是基于人的脸部特征，对输入的人脸图像或者视频流进行人脸判断。如果判断存在人脸，则给出每个脸的位置、大小和各个主要面部器官的位置信息，并且依据这些位置信息，提取每个人脸中所特有的身份特征，将其与已知的人脸进行对比，从而识别每个人脸的身份。识别率的高低是衡量人脸识别系统的重要依据，因此寻找一个好的特征提取方法和分类器是人脸识别成败的关键。

人脸识别的过程主要包括人脸检测、特征提取和分类识别三部分。国内外比较流行的人脸识别方法主要有：基于几何特征的人脸识别算法、基于彩色信息的人脸识别算法、基于模板的人脸识别算法和基于统计的人脸识别算法。基于统计的人脸识别算法一般是将人脸作为一个整体，以高维空间中的一个向量来表示，将人脸识别的问题转换为在高维中寻找分隔超平面的问题。基于统计的人脸识别算法包括基于特征的方法和基于神经网络的方法，SVM 算法是一种基于特征的统计分类算法，具有较高的准确率和较强的泛化能力，本节将基于 SVM 算法实现人脸识别。

基于 SVM 的人脸识别过程主要包括人脸图像预处理、特征提取和 SVM 的训练和分类。主要过程如图 10-1 所示。

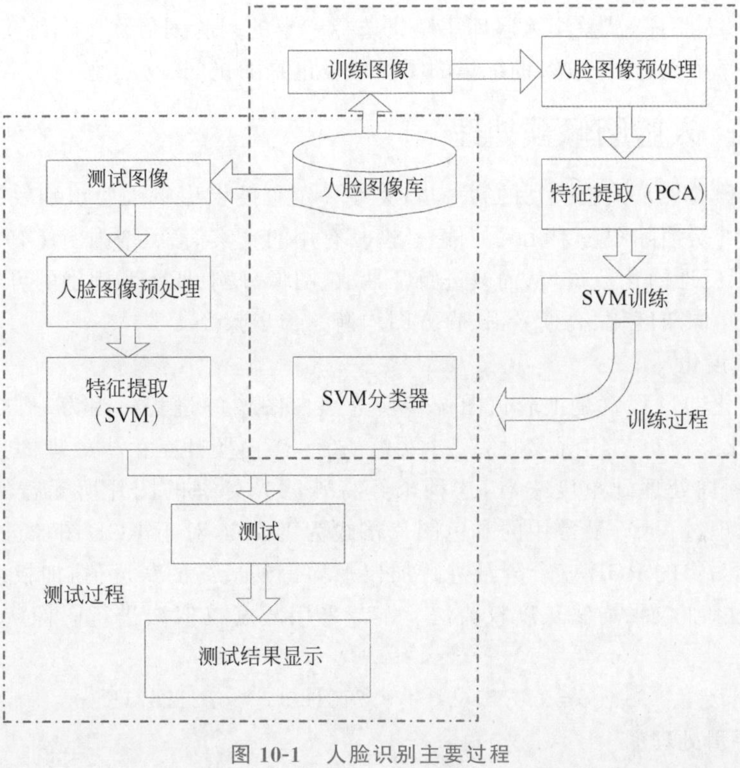

图 10-1 人脸识别主要过程

10.2.1 人脸图像获取

为了验证基于 SVM 算法的人脸识别过程的有效性，实验中采用剑桥大学 AT&T 实验室 ORL 作为人脸图像来源。ORL 人脸库中的部分人脸图像如图 10-2 所示。ORL 人脸库包含 40 个不同个体，每个个体包含 10 张不同姿态的人脸图像。人脸库中的人脸照片都是在不同时间采集的，它们在照明、面部表情（开/闭着眼睛，微笑/不微笑）、面部细节（戴眼镜/无眼镜）上存在很大差异。这里 scikit-learn 工具包已经把每张照片做了初片处理，裁剪成 64px×64px 大小，且人脸居中显示。这一步至关重要，否则我们的模型将被大量的噪声，即图片背景干扰。因为人脸识别的关键是五官纹理和特征，每张照片的背景都不同，人的发型也可能经常变化，这些特征应该尽量排除在输入特征之外。

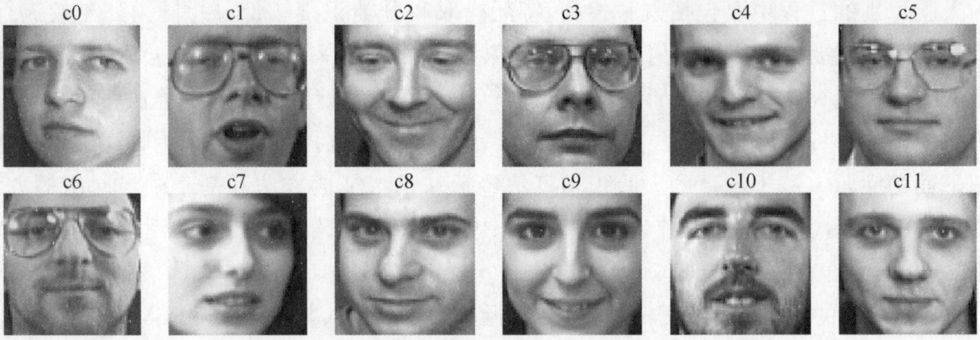

图 10-2 ORL 人脸库中的部分人脸图像

对于 ORL 人脸库，从整个人脸库中随机选择一半的人脸图像作为训练集，另一半作为测试集。对于每个人，选择放入训练集的图像数量也是随机的（2～8 张）。

10.2.2 人脸图像预处理

人脸图像预处理是人脸识别的第一步，它在一定程度上影响人脸识别效果的好坏。预处理的主要目的是消除图像中无关的信息，恢复有用的真实信息，增强图像有关信息的可检测性，并最大限度地简化数据，从而改进特征抽取、图像分割、匹配和识别的可靠性。图像预处理主要包括图像灰度化、高斯平滑、直方图均衡三个步骤。

1. 图像灰度化

图像灰度化的过程就是把彩色图像转换为黑白图像的过程。因为一方面，黑白照片数据量小，相比彩照更易实现实时算法；另一方面，黑白照片是由未处理的光线所形成的照片，因此从图像处理学角度来看，这种未经特殊滤光处理的图片所涵盖的信息更有价值。在图像处理过程中，最常用的彩色图片格式为 RGB。对于 RGB 图像进行灰度化，通俗地说就是对图像的 RGB 三个分量进行加权平均得到最终的灰度值，加权的方法包括分量法、最大值法、加权平均法灰度权值法。本节采用灰度权值法进行图像灰度化，其数学表达式为

$$\text{Gray} = 0.072169B + 0.715160G + 0.212671R \tag{10-12}$$

2. 高斯平滑处理

在图像的采集过程中，由于各种外界因素的影响，图像中不可避免会出现一些不规则的随机噪声。例如，在数据传输、存储时发生的数据丢失和损坏等，这些都会影响图像的质量，因此需要将图片进行平滑操作，以此来消除这些噪声对信息的干扰。一般而言，噪声点多是孤立的点，噪声点的像素灰度值与其周围邻近的像素灰度值有显著区别，即在该点附近灰度值有突变高频。高斯平滑算法的优点在于平滑后图像的失真少，算法更具备通用性，能去除不同的噪声干扰。

3. 直方图均衡

直方图均衡化的目的是使输入图像转换为在每一灰度级上都有相同的像素点数，它的中心思想是：把原始图像的灰度直方图从比较集中的某个灰度区间变成在全部灰度范围内的均匀分布。代码实现如下：

```
from sklearn.datasets import fetch_olivetti_faces
data_home = './data'          # 加载数据
faces = fetch_olivetti_faces(data_home = data_home)
X = faces.data
y = faces.target

from sklearn.model_selection import train_test_split
# 进行训练集和测试集的分割
X_train, X_test, y_train, y_test = train_test_split(
    X, y, test_size = 0.5, random_state = 5)
```

10.2.3 人脸图像特征提取

人脸的特征提取是人脸识别系统的核心部分。首先,人脸是一个三维非刚性物体,对于一般的二维人脸图像识别而言,其二维投影图像会受光照、表情、姿态、遮挡、胡须、眼镜、化妆等种种干扰因素的影响,同一个人的不同图像样本之间也存在很大差异。其次,对于计算机而言,人脸图像表现为像素的灰度值矩阵,样本的维数很高,导致直接计算困难,需要一种用较少信息来描述人脸的方法。特征提取正是满足上述要求的技术,主要达到两个目的:一是从配准好的人脸图像中提取出具有区分度特征;二是降低人脸图像中的信息冗余,减少样本维数,提高后续识别速度。特征提取的方法很多,常用的人脸图像特征提取方法有PCA、2DPCA、LDA。本节采用主成分分析(PCA)算法对人脸图像进行特征提取。PCA是基于代数方法的特征提取,该方法首先将描述人脸图像的向量按照统计理论进行组合,获得原始人脸图像的数据矩阵,并计算该矩阵的协方差矩阵,再利用协方差矩阵求得变换矩阵,然后通过线性变换寻找一组最优的单位正交基(即主成分),并用其中部分向量的线性组合来重建样本,将原始数据投影到由变换矩阵所确定的空间,进而获得所需特征。PCA的算法原理请读者参阅第6章的K-L变换。

用PCA人脸图像特征提取的Python算法计算10~300维的特征提取后的数据所保留的方差,代码实现如下:

```
from sklearn.decomposition import PCA

print("Exploring explained variance ratio for dataset ...")
candidate_components = range(10, 300, 30)
explained_ratios = []
for c in candidate_components:
    pca = PCA(n_components = c)
    X_pca = pca.fit_transform(X)
    explained_ratios.append(np.sum(pca.explained_variance_ratio_))
# 画图
plt.figure(figsize = (10, 6), dpi = 144)
plt.grid()
plt.plot(candidate_components, explained_ratios)
plt.xlabel('Number of PCA Components')
plt.ylabel('Explained Variance Ratio')
plt.title('Explained variance ratio for PCA')
plt.yticks(np.arange(0.5, 1.05, .05))
plt.xticks(np.arange(0, 300, 20));
```

在Scikit-learn(sklearn)中,可以从PCA模型的explained_variance_ratio_变量里获取

经 PCA 处理后的数据还原率——方差比重。此方差比重之和就是所选择 k 个维的数据还原率，数值越大说明失真越小，越接近于 1。尝试让 k 取值 10～300，每隔 30 进行一次取样，并计算该 k 个维度所对应的数据还原率，即方差比重之和。然后，根据数据还原率，选择适合的 k 值。

如图 10-3 所示，可见人脸图像经过 PCA 进行特征抽取后，当压缩后的特征维度为 140 时，数据仍然保留的原始数据的超过 95％的方差。

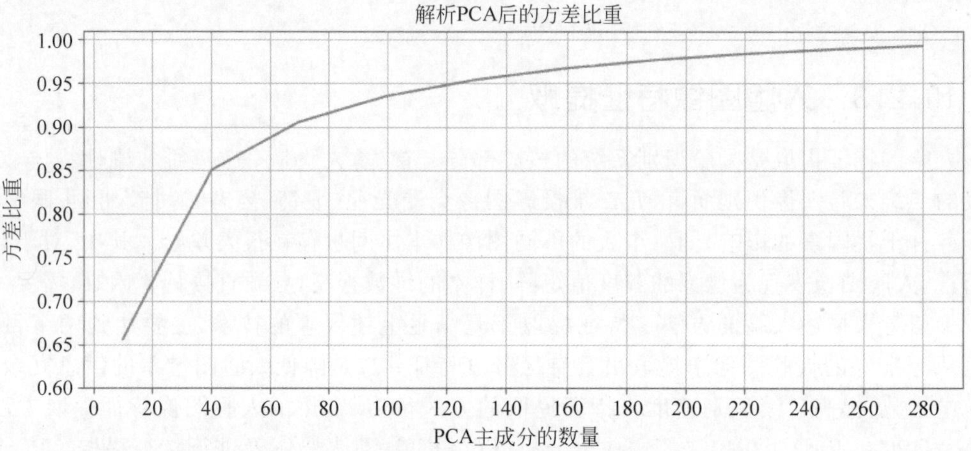

图 10-3　ORL 数据集进行 PCA 后的数据方差比重

通过将主成分中部分向量进行线性组合，将样本进行重构，分别得到拥有人脸样本共性的人脸特征子空间，从而实现人脸重构。该重构后的人脸包含人脸库中所有人脸的共同特征。人脸重构的 Python 代码如下，结果如图 10-4 所示。

```
plotting_titles = [title_prefix('orig', t) for t in sample_titles]
candidate_components = [140, 75, 37, 19, 8]
for c in candidate_components:
    print("变换并投影为 PCA(n_components = {}) ...".format(c))
    start = time.perf_counter()
    pca = PCA(n_components = c)
    pca.fit(X)
    X_sample_pca = pca.transform(sample_images)
    X_sample_inv = pca.inverse_transform(X_sample_pca)
    plotting_images = np.concatenate((plotting_images, X_sample_inv), axis = 0)
    sample_title_pca = [title_prefix('{}'.format(c), t) for t in sample_titles]
    plotting_titles = np.concatenate((plotting_titles, sample_title_pca), axis = 0)
    print("Done in {0:.2f}s".format(time.perf_counter() - start))

print("使用不同数量的 PCA 分量绘制样本图像 ...")
plot_gallery(plotting_images, plotting_titles, h, w,
    n_row * (len(candidate_components) + 1), n_col)
```

由图 10-4 可知，第一行为原始的人脸图像；第二行主成分维数 $k=140$ 时，数据还原率超过 95％，与原图没有太大差异；当 $k=8$ 时，图片依然能比较清楚地反映出人物的脸部特征轮廓。接下来，采用 $k=140$ 对训练集和测试集进行 PCA 特征提取，代码如下：

图 10-4　人脸重构后的特征脸示意图

```
n_components = 140
print("按 140 维对数据集进行 PCA 变换 ...")
pca = PCA(n_components = n_components, svd_solver = 'randomized', whiten = True).fit(X_train)
X_train_pca = pca.transform(X_train)
X_test_pca = pca.transform(X_test)
```

10.2.4　SVM 分类器的设计和分类

SVM 的构造主要依赖于核函数的选择，由于不同的核函数导致的分类结果有所不同，且目前也无有效的确定使用核函数的方法，通常只能通过实验尝试。因此，本节分别采用多项式函数、径向基函数和线性核函数来构造支持向量机，并测试这三种核函数的分类效果。

将经过 PCA 特征提取后的人脸特征向量作为输入训练 SVM，生成 SVM 分类器。本节中调用 Sklearn 工具包的训练 SVM 分类器。首先，进行 SVM 超参数的优化选择，这里调用 GridSearchCV 工具，即网格搜索和交叉验证。网格搜索，搜索的是参数，即在指定的参数范围内，按步长依次调整参数，利用调整的参数训练学习器，从所有的参数中找到在验证集上精度最高的参数，这其实是一个训练和比较的过程。

代码实现如下：

```
from sklearn.model_selection import GridSearchCV

print("搜索 SVC 的最佳参数 ...")
param_grid = {'C': [1, 5, 10, 50, 100],
              'gamma': [0.0001, 0.0005, 0.001, 0.005, 0.01]}
clf = GridSearchCV(SVC(kernel = 'rbf', class_weight = 'balanced'), param_grid, verbose = 2, n_
jobs = 4)
clf = clf.fit(X_train_pca, y_train)
print("通过网格搜索找到最佳参数:")
print(clf.best_params_)
```

运行结果如下：

```
搜索 SVC 的最佳参数 ...
通过网格搜索找到最佳参数:
{'C': 10, 'gamma': 0.001}
```

该程序返回一个最优超平面 SVM 分类器。其中，X_train_pca 为 PCA 特征提取后的人脸特征矩阵，y_train 为训练图像对应得类别标签，固定使用 rbf 核函数，在参数空间搜索优化的 C(错误代价系数)和 gamma(高斯核参数)，最终得到最优的超参数 C＝10 和 gamma＝0.001。接下来，使用测试集对分类器进行检测，生成混淆矩阵(如图 10-5 所示)和分类器报告(如图 10-6 所示)，代码如下。

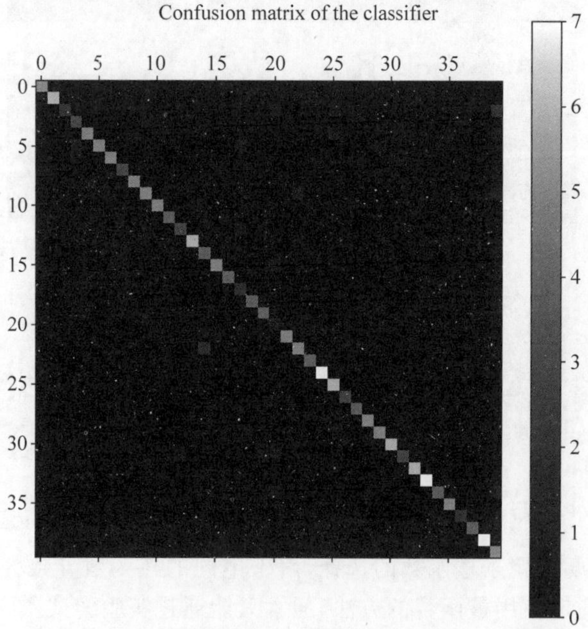

图 10-5 人脸 SVM 的混淆矩阵

```
              precision    recall  f1-score   support

          c0       1.00      1.00      1.00         5
          c1       1.00      1.00      1.00         6
          c2       1.00      0.33      0.50         6
          c3       0.60      1.00      0.75         3
          c4       1.00      0.71      0.83         7
          c5       1.00      0.62      0.77         8
          c6       1.00      0.83      0.91         6
          c7       1.00      1.00      1.00         3
          c8       1.00      1.00      1.00         5
          c9       1.00      0.71      0.83         7
         c10       1.00      1.00      1.00         5
         c11       1.00      1.00      1.00         4
         c12       0.75      0.75      0.75         4
         c13       1.00      1.00      1.00         6
         c14       0.67      1.00      0.80         4
         c15       1.00      0.83      0.91         6
         c16       1.00      1.00      1.00         4
         c17       0.50      1.00      0.67         2
         c18       1.00      1.00      1.00         4
         c19       0.80      1.00      0.89         4
         c20       0.20      1.00      0.33         1
         c21       1.00      1.00      1.00         5
         c22       0.83      0.71      0.77         7
         c23       1.00      1.00      1.00         4
         c24       1.00      1.00      1.00         7
         c25       0.75      1.00      0.86         6
         c26       1.00      1.00      1.00         3
         c27       1.00      1.00      1.00         4
         c28       1.00      1.00      1.00         5
         c29       0.83      1.00      0.91         5
         c30       1.00      1.00      1.00         6
         c31       1.00      0.50      0.67         6
         c32       1.00      1.00      1.00         6
         c33       1.00      1.00      1.00         7
         c34       1.00      0.67      0.80         6
         c35       1.00      1.00      1.00         5
         c36       1.00      1.00      1.00         2
         c37       1.00      1.00      1.00         4
         c38       1.00      1.00      1.00         7
         c39       0.50      1.00      0.67         5

    accuracy                           0.90       200
   macro avg       0.91      0.92      0.89       200
weighted avg       0.94      0.90      0.90       200
```

图 10-6 人脸 SVM 的分类器报告

```
print("Predict test dataset ...")
y_pred = clf.best_estimator_.predict(X_test_pca)
cm = confusion_matrix(y_test, y_pred, labels = range(n_targets))
print("confusion matrix:")
draw_confusion_matrix(cm)
print(classification_report(y_test, y_pred,
        target_names = target_names))
```

第 35 集
微课视频

第 36 集
微课视频

10.3 基于 ResNet 的图像分类

随着网络的加深,出现了训练集准确率下降的现象,可以确定这不是由于过拟合造成的。根据实验表明,随着网络的加深,优化效果反而越差,测试数据和训练数据的准确率反而降低了。这是由于网络的加深会造成梯度爆炸和梯度消失的问题。

何恺明(Kaiming He)等四名华人提出的残差网络(Residual Network,ResNet)通过给非线性的卷积层增加直连边(Shortcut Connection)的方式来提高信息的传播效率,缓解了在深度神经网络中增加深度带来的梯度消失问题。通过使用 ResNet Unit 成功训练出了 152 层的神经网络。残差网络在 2015 年 ImageNet 大规模视觉识别竞赛(ImageNet Large Scale Visual Recognition Challenge,ILSVRC)中取得 5 项第一,刷新历史。

10.3.1 ResNet10 与 Cifar10

本节通过自定义的 ResNet10 对 Cifar10 图像数据集完成分类任务。Cifar10 是小图片分类数据集,以该数据集具有的 50000 个 32×32 的彩色图片作为训练集,10000 个图片作为测试集。图片一共有 10 个类别。

首先,导入需要的 Python 工具包,并检测本机是否有可用的 GPU 资源。

```
import torch
import torch.nn as nn
import torchvision
from torchvision import models, transforms
from torchinfo import summary
from tqdm import tqdm
from torchvision.models import resnet

# 定义是否使用 GPU
device = torch.device("cuda" if torch.cuda.is_available() else "cpu")

trans = transforms.Compose((transforms.Resize(32), transforms.ToTensor()))
# 要对从 cifar 中下载的图像进行一些转变,所以这里先初始化 transform
batch_size = 30
trainset = torchvision.datasets.CIFAR10(
    root = r'./Data',
    train = True,
    download = False,
    transform = trans)            # 训练数据集
trainloader = torch.utils.data.DataLoader(
    trainset, batch_size = batch_size, shuffle = True,
    num_workers = 2)              # 生成一个个 batch 进行批训练,组成 batch 的时候顺序打乱取

PATH = './resnet_cifar_net.pth' # 模型的存盘路径

# 模型定义 - ResNet
net = models.resnet.ResNet(resnet.BasicBlock, [1, 1, 1, 1],  num_classes = 10, )
# 打印模型的结构
summary(net, (1, 3, 32, 32))
```

ResNet10 由四个残差块堆叠组成,每个单元中只包括一个基本残差单元。运行结果如图 10-7 所示。

ResNet 使用的两种残差单元如图 10-8 所示。图 10-8 中上半部分(Basic Block)对应的是浅层网络,而下半部分(Bottleneck)对应的是深层网络。对于短路连接,当输入和输出维度一致时,可以直接将输入加到输出上。但当维度不一致时(对应的是维度增加一倍),不能直接相加,有两种策略可以改善这个问题:

(1) 采用零填充(zero-padding)增加维度,此时一般要先做一个下采样,可以采用 stride=2 的池化操作,这样不会增加参数;

(2) 采用新的映射(projection shortcut),一般采用 1×1 的卷积,这样会增加参数,也会增加计算量。

短路连接除了直接使用恒等映射,都可以采用 projection shortcut。

如表 10-5 所示给出的是不同深度的 ResNet 的结构,以及卷积层的个数。可见,这里的 ResNet10 是将标准的 ResNet18 的深度进行了减半。

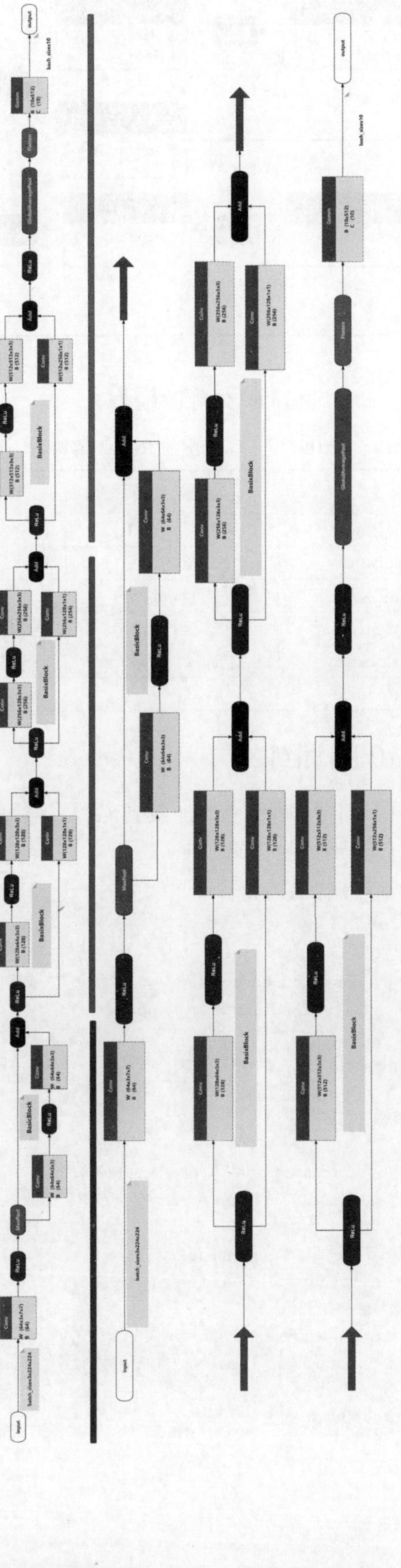

图 10-7 ResNet10 的网络结构

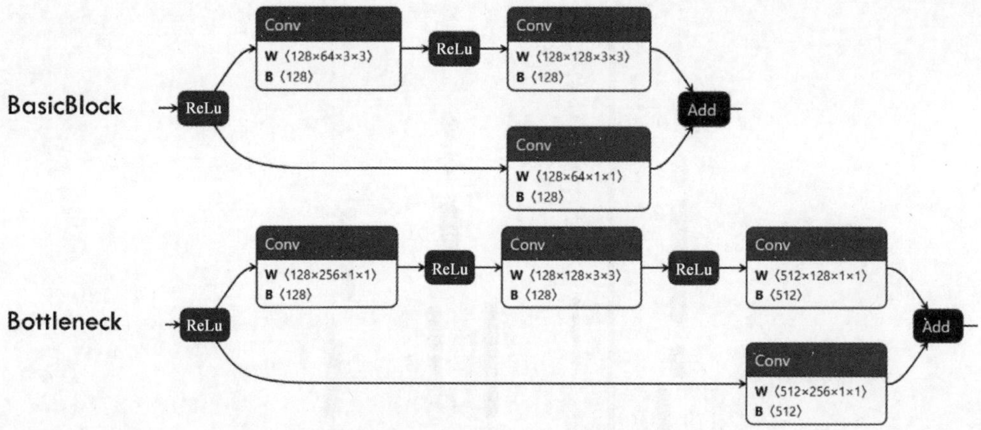

图 10-8 不同的残差单元

表 10-5 不同深度的 Resnet 架构

模　　型	核心结构	层数设定	卷积层数
ResNet10	BasicBlock	[1, 1, 1, 1]	1+[2+2+2+2]×1+1=10
ResNet18	BasicBlock	[2, 2, 2, 2]	1+[2+2+2+2]×2+1=18
ResNet34	BasicBlock	[3, 4, 6, 3]	1+[3+4+6+3]×2+1=34
ResNet50	Bottleneck	[3, 4, 6, 3]	1+[3+4+6+3]×3+1=50
ResNet101	Bottleneck	[3, 4, 23, 3]	1+[3+4+23+3]×3+1=101
ResNet152	Bottleneck	[3, 8, 36, 3]	1+[3+8+36+3]×3+1=152

10.3.2 ResNet10 的训练

首先，如果可以使用 GPU 计算，则将模型加载到 GPU。然后，定义损失函数和优化方式，进行十轮的训练过程。模型训练的代码如下。

```
net = net.to(device)

# 定义损失函数和优化方式
loss_fn = nn.CrossEntropyLoss().to(device)          # 损失函数为交叉熵,多用于多分类问题
optimizer = torch.optim.Adam(net.parameters(), lr = 1e - 3)     # 选好优化方式
num_epochs = 10                                     # 训练 10 个 epochs
for epoch in range(num_epochs):
    running_loss = 0
    running_correct = 0
    net.train()
    # 训练共 50000 张图片, batch_size = 30, 每个 batch 有 1667 个数据
    with tqdm(trainloader, desc = "training in Epoch {}/{}".format(epoch, num_epochs),)
as tq:
        for batchidx, (x, labels) in enumerate(tq):
            x, labels = x.to(device), labels.to(device)
            outputs = net.forward(x)                # 正向推理
            _, preds = torch.max(outputs.data, 1)   # 进行预测
            loss = loss_fn(outputs, labels)         # 计算 loss

            optimizer.zero_grad()
```

```
            loss.backward()
            optimizer.step()

            running_loss += loss.item()
            running_correct += torch.sum(preds == labels.data).item()
            # 计算本轮 Loss
            epoch_loss = running_loss / (batchidx + 1)
            epoch_acc = running_correct / (batchidx * batch_size + x.size(0))   # 计算准确率
            tq.set_postfix(Loss = epoch_loss, rain_acc = epoch_acc, )
torch.save(net.state_dict(), PATH)
```

运行结果如下：

```
training in Epoch 0/10: 100% |██████████| 1667/1667 [00:27 < 00:00, 61.23it/s,
Loss = 1.35, train_acc = 0.52]
training in Epoch 1/10: 100% |██████████| 1667/1667 [00:27 < 00:00, 61.05it/s,
Loss = 0.972, train_acc = 0.659]
training in Epoch 2/10: 100% |██████████| 1667/1667 [00:26 < 00:00, 63.03it/s,
Loss = 0.815, train_acc = 0.715]
training in Epoch 3/10: 100% |██████████| 1667/1667 [00:26 < 00:00, 63.40it/s,
Loss = 0.694, train_acc = 0.758]
training in Epoch 4/10: 100% |██████████| 1667/1667 [00:26 < 00:00, 62.49it/s,
Loss = 0.589, train_acc = 0.795]
training in Epoch 5/10: 100% |██████████| 1667/1667 [00:27 < 00:00, 60.64it/s,
Loss = 0.494, train_acc = 0.828]
training in Epoch 6/10: 100% |██████████| 1667/1667 [00:27 < 00:00, 60.12it/s,
Loss = 0.403, train_acc = 0.86]
training in Epoch 7/10: 100% |██████████| 1667/1667 [00:27 < 00:00, 60.36it/s,
Loss = 0.332, train_acc = 0.884]
training in Epoch 8/10: 100% |██████████| 1667/1667 [00:27 < 00:00, 60.26it/s,
Loss = 0.27, train_acc = 0.905]
training in Epoch 9/10: 100% |██████████| 1667/1667 [00:28 < 00:00, 59.33it/s,
Loss = 0.224, train_acc = 0.921]
```

可见，在第一轮的训练中训练集的准确率只有 0.52，训练集到了第十轮准确率上升到 0.92。最后，利用测试集对模型进行检测，并生成分类器报告。代码如下。

```
testset = torchvision.datasets.CIFAR10(
        root = r'D:/data',
        train = False,
        download = False,
        transform = trans)
testloader = torch.utils.data.DataLoader(testset,
                                          batch_size = 30,
                                          shuffle = True,
                                          num_workers = 2)
# ResNet 10
resnet = models.resnet.ResNet(resnet.BasicBlock, [1, 1, 1, 1],  num_classes = 10, )
resnet.load_state_dict(torch.load(PATH))      # 加载已经训练好的模型权重
resnet = resnet.to(device)

resnet.eval()
```

```
with torch.no_grad():
    y_labels = []
    y_preds = []
    with tqdm(testloader, desc = "testing ", ) as tq:
        # 测试集一共 10000 张图片,batch_size = 30 ,所以一共有 334 个 batch
        for images, labels in tq:
            images, labels = images.to(device), labels.to(device)
            outputs = resnet(images)
            _, predicted = torch.max(outputs.data, 1)

            y_labels.extend(labels.cpu().data.numpy())
            y_preds.extend(predicted.cpu().data.numpy())

classes = ('plane', 'car', 'bird', 'cat', 'deer', 'dog', 'frog', 'horse', 'ship', 'truck')
print("classifier report \n {} \n".
format(metrics.classification_report(y_labels, y_preds, digits = 4, target_names = classes)))
```

运行结果如下代码和图 10-9 所示。

```
testing : 100 % |█████████████| 334/334 [00:03 < 00:00, 93.44it/s]
```

```
classifier report
              precision    recall  f1-score   support

       plane     0.6849    0.8520    0.7594      1000
         car     0.8219    0.8630    0.8420      1000
        bird     0.5558    0.7570    0.6410      1000
         cat     0.5713    0.4810    0.5223      1000
        deer     0.7191    0.6810    0.6995      1000
         dog     0.7550    0.4930    0.5965      1000
        frog     0.7863    0.8170    0.8014      1000
       horse     0.8290    0.8000    0.8142      1000
        ship     0.8629    0.8500    0.8564      1000
       truck     0.8664    0.7910    0.8270      1000

    accuracy                         0.7385     10000
   macro avg     0.7453    0.7385    0.7360     10000
weighted avg     0.7453    0.7385    0.7360     10000
```

图 10-9 ResNet 的图像分类程序运行结果

参考文献

[1] 张学工,汪小我.模式识别:模式识别与机器学习[M].4版.北京:清华大学出版社,2021.
[2] 齐敏,李大健,郝重阳.模式识别导论[M].北京:清华大学出版社,2009.
[3] 蔡元龙.模式识别[M].西安:西北电讯工程学院出版社,1986.
[4] 沈清,汤霖.模式识别导论[M].长沙:国防科技大学出版社,1991.
[5] 边肇祺,张学工.模式识别[M].2版.北京:清华大学出版社,2000.
[6] 罗光耀,盛立东.模式识别[M].北京:人民邮电出版社,1989.
[7] WEBB A. Statistical pattern recognition[M]. West Sussex: John Wiley & Sons Ltd.,2002.
[8] 曲福恒,崔广才,李岩芳,等.模糊聚类算法及应用[M].北京:国防工业出版社,2011.
[9] 瓦普尼克.统计学习理论[M].许建华,张学工,译.北京:电子工业出版社,2015.
[10] 姜伟.子空间降维算法研究与应用[M].北京:科学出版社,2015.
[11] 宋丽梅,罗菁.模式识别[M].北京:机械工业出版社,2015.
[12] 李元章,何春雄.线性回归模型应用及判别[M].广州:华南理工大学出版社,2016.
[13] 马锐.人工神经网络原理[M].北京:机械工业出版社,2010.
[14] 杨淑莹,张桦.模式识别与智能计算MATLAB技术实现[M].北京:电子工业出版社,2015.
[15] 高彤,姜华,吕民.基于模板匹配的手写体字符识别[J].哈尔滨工业大学学报,1999,31(1):104-106.
[16] 蒙庚祥,方景龙.基于支持向量机的手写体数字识别系统设计[J].计算机工程与设计,2005,26(6):1592-1598.
[17] 毛群,王少飞.基于MATLAB的神经网络数字识别系统实现[J].中国西部科技,2010,9(19):22-24.
[18] 乔万波,曹银杰.一种改进的灰度图像二值化方法[J].电子科技,2008,21(11):63-64.
[19] 甘玲,林小晶.基于连通域提取的车牌字符分割算法[J].计算机仿真,2011,28(4):336-339.
[20] 赵斌,苏辉,夏绍玮.一种无约束手写体数字串分割方法[J].中文信息学报,1998,12(3):21-28.
[21] 田其冲,文灏.基于边缘的快速图像插值算法研究[D].武汉:华中科技大学,2013.
[22] 吴佑寿,丁晓青.汉字识别原理与实现[M].北京:高等教育出版社,1992.
[23] 余正涛,郭剑毅,毛存礼.模式识别原理及应用[M].北京:科学出版社,2014.
[24] 张庆国,张宏伟,张君玉.一种基于k近邻的快速文本分类方法[J].中国科学院研究生学报,2005,22(5):555-559.
[25] 田苗苗.基于决策树的文本分类[J].吉林师范大学学报,2008,29(1):54-56.
[26] 李静梅,孙丽华,张巧荣,等.一种文本处理中的朴素贝叶斯分类器[J].哈尔滨工程大学学报,2003,24(1):72-73
[27] 李颖,李志强.基于Lucene的中文分词方法设计与实现[J].四川大学学报(自然科学版),2008,45(5):1096-1099.
[28] 化柏林.知识抽取中的停用词处理技术[J].知识组织和与知识管理,2007,23(8):48-51.
[29] 王方美,刘培玉,朱振方.基于TFIDF的特征选方法[J].计算机工程与设计,2007,28(23):5795-5799.
[30] 袁方,苑俊英.基于类别核心词的朴素贝叶斯中文文本分类[J].山东大学学报,2006,41(3):47-49.
[31] 曾阳艳,叶柏龙.基于PCA方法的人脸特征提取和检测[J].人工智能及识别技术,2008:742-744.
[32] 蔡晓曦,陈定方.特征脸及其改进方法在人脸识别中的比较研究[J].计算机与数学工程,2007,35(4):117-119.
[33] 周昌军,白春光.基于个人特征脸图像重构的人脸识别[J].数据采集与处理,2008,23(6):688-690.
[34] 谢赛琴,沈福明,邱雪娜.基于支持向量机的人脸识别方法[J].计算机工程,2009,35(16):186-188.

[35] 宋晖,薛云,张良均.基于SVM分类问题的核函数选择仿真研究[J].计算机与现代化,2011(8):134-136.

[36] 王明齐.基于HMM的孤立词语音识别系统的研究[D].长沙:中南大学,2007.

[37] 路青起,白燕燕.基于双门限两级判决的语音端点检测方法[J].电子科技,2012,25(10):13-15.

[38] 张晶,范明,冯文全,等.基于MFCC参数的说话人特征提取算法的改进[J].语音技术,2009,33(9):61-64.

[39] 于江德,樊孝忠,尹继豪.隐马尔可夫模型在自然语言处理中的应用[J].计算机工程与设计,2007,28(22):5514-5516.

[40] 赵力.语音信号处理[M].北京:机械工业出版社,2003.

[41] 王钟裴,王彪.基于短时能量:LPCC的语音特征提取方法研究[J].计算机与数学工程,2012(11):79-80.

[42] 贾宾,朱小燕.消除溢出问题的精确Baum-Welch算法[J].软件学报,2000,11(5):707-710.

[43] 周志华.机器学习[M].北京:清华大学出版社,2016.

[44] 李航.机器学习方法[M].北京:清华大学出版社,2022.

[45] 西奥多里蒂斯,库特龙巴斯.模式识别[M].李品皎,王爱侠,王骄译.4版.北京:电子工业出版社,2021.

[46] 黄永昌.scikit-learn机器学习:常用算法原理及编程实战[M].北京:机械工业出版社,2018.

[47] 华校专,王正林.Python大战机器学习:数据科学家的第一个小目标[M].北京:电子工业出版社,2017.

[48] 邱锡鹏.神经网络与深度学习[M].北京:机械工业出版社,2021.

[49] REN S,HE K,GIRSHICK R,et al. Faster R-CNN: Towards real-time object detection with region proposal networks[J]. IEEE Transactions on Pattern Analysis & Machine Intelligence,2017,39(6):1137-1149.

[50] HOSANG J,BENENSON R,PIOTR D,et al. What makes for effective detection proposals? [J]. IEEE Transactions on Pattern Analysis & Machine Intelligence,2016,38(4):814.

[51] FELZENSZWALB P F, HUTTENLOCHERR D. Efficient graph-based image segmentation[J]. International Journal of Computer Vision,2004,59(2):167-181.

[52] GIRSHICK R. Fast R-CNN[C]//Proceedings of the 2015 IEEE International Conference on Computer Vision. Piscataway: IEEE Press,2015: 1440-1448.

[53] GREFF K,SRIVASTAVA R,JAN K,et al. LSTM: a search space odyssey[J]. IEEE Transactions on Neural Networks & Learning Systems,2016,28(10):2222-2232.

[54] HUANG Z, XU W, YU K. Bidirectional LSTM-CRF models for sequence tagging[J]. Computer Science,2015.

[55] BAHDANAU D,CHO K,BENGIO Y. Neural machine translation by jointly learning to align and translate[J]. Computer Science,2014.

[56] VASWANI A, SHAZEER N, PARMAR N, et al. Attention is all you need[C]//Proceedings of NIPS. [S. l.]: DBLP,2017.